"十四五"职业教育国家规划教材

高职高专计算机类专业教材·软件开发系列

MySQL 网络数据库设计与开发（第 3 版）

秦凤梅　丁允超　韩冬越　主　编

李菊芳　副主编

电子工业出版社

Publishing House of Electronics Industry

北京·BEIJING

内 容 简 介

本书结合编者多年一线教学经验及多年高等职业教育教学的研究与改革经验，由编者与重庆思庄科技有限公司、重庆芝诺大数据分析有限公司等企业深度合作，采用校企双元模式共同编写。

本书分为基础篇、编程篇、管理篇和实战篇，共 9 章 43 个学习任务，分别为认识数据库、数据库设计、安装与配置 MySQL 数据库、操作数据库与表、查询数据、MySQL 编程、管理 MySQL 用户与权限、数据库的备份与恢复、驾校学员信息管理系统数据库设计。本书采用模块化设计、活页式布局，教师可结合专业人才培养定位，灵活选取模块进行因材施教、分类教学；学生可结合自己的兴趣或职业面向来灵活选取学习模块。本书还参考了 Oracle 公司认证 OCA、OCP 的考试大纲，拓展了认证知识模块，包含部分原汁原味的英语考题，可供有意愿参加 OCA、OCP 认证考试的读者参考使用。

本书内容翔实、语言流畅、图文并茂、实用性突出，并提供了大量操作示例和代码，可以较好地将学习与应用结合在一起。本书可以作为高职高专院校计算机类或信息类专业的相关课程教材，也可以作为数据库系统设计人员、程序员等软件开发相关人员的参考用书。

本书提供配套的电子教学课件、微课视频、习题及参考答案等资源，读者可登录华信教育资源网（www.hxedu.com.cn）注册后免费下载。

图书在版编目（CIP）数据

MySQL 网络数据库设计与开发 / 秦凤梅，丁允超，韩冬越主编.—3 版. —北京：电子工业出版社，2022.1

ISBN 978-7-121-42746-6

Ⅰ. ①M… Ⅱ. ①秦… ②丁… ③韩… Ⅲ. ①关系数据库系统－高等学校－教材 Ⅳ. ①TP311.138

中国版本图书馆 CIP 数据核字（2022）第 014857 号

责任编辑：左 雅   特约编辑：田学清
印   刷：三河市鑫金马印装有限公司
装   订：三河市鑫金马印装有限公司
出版发行：电子工业出版社
　　　　　北京市海淀区万寿路 173 信箱　　　邮编　100036
开   本：787×1 092　1/16　印张：15.75　字数：413 千字
版   次：2014 年 7 月第 1 版
　　　　　2022 年 1 月第 3 版
印   次：2025 年 1 月第 10 次印刷
定   价：49.00 元

到理论基础适度、够用，实践环节强化应用，体现了课程内容与职业标准对接，符合新时代职业教育理念。本书相关特色如下。

1．模块设计，可分类施教。本书基于计算机类或信息类专业群对数据库知识与技能的要求，分成 4 个单元，单元 1 定位专业群通用模块，读者可结合具体专业人才培养定位及职业面向灵活组合其他单元，比如，单元 1+2+4 组合，可重点面向大数据开发工程师、软件开发工程师等岗位培养数据库设计能力；单元 1+3 组合，可重点面向 DBA 岗位培养数据库系统维护能力；单元 1+2+3 组合，不仅培养了数据库基本的设计、开发与维护能力，还介绍了部分 OCA、OCP 基础知识，读者可以在此基础上进一步深入学习并参加 OCA、OCP 考试；单元 1+2+3+4 组合，通过本书的学习，读者不但具备相关设计、开发与维护知识，而且对数据库项目设计与实施基本流程、规范及实施步骤有一定了解，甚至可以在此基础上反复实践，在强化专业技能的同时强化其职业素养。

2．活页布局，可活取活用。本书除了单元模块可灵活组合，还将每单元的对标检查、综合实训与认证拓展做成了活页。一是教师可以根据专业定位活选活教，可以按照单元章节顺序开展教学与评价，也可以集中组织开展对各单元能力的对标检查与综合实训；二是学生可以根据兴趣及职业面向来活取活学；三是活页布局便于编者随信息技术发展和产业升级及时动态更新教材内容，确保新技术能活灵活现。

3．校企双元，促书证融通。本书由郑全、裴晶晶、李捷、周伟、王远东等多名持有甲骨文 OCP、OCM 证书的资深数据库专家与学校教师"一对一"结对合作编写。其中，合作企业提供了大量商业项目案例；企业专家参与编写了 OCA、OCP 最新认证大纲，拓展了部分原汁原味的英文考题，将课程目标及内容与新技术、新工艺、新规范充分结合，使读者在职业素养养成和专业技术积累时，可以真正体验紧贴行业应用的认证考题，甚至可以继续提升相关技能并考取证书，做到书证融通。

4．循序渐进，便学懂悟透。必须坚持以学习者为中心，本书内容安排上，每个单元的开始有单元简介，单元的结束有单元对标检查、单元综合实训及单元认证拓展；知识目标、能力目标与素质目标始终贯穿全篇，目标导向强；遵循布鲁姆认知模型，每章设计了情景引入、任务目标、任务实施、任务小结、知识拓展、巩固练习，内容深入浅出、循序渐进，契合读者的普遍学习与认知规律，便于读者学懂悟透。

本书共 9 章，由重庆城市管理职业学院的专家教授及骨干教师组织编写，其中，第 1 章、第 2 章、第 4 章、第 5 章由重庆城市管理职业学院的秦凤梅教授编写，第 3 章由宁波职业技术学院韩冬越老师编写，第 6、第 9 章及附录由重庆城市管理职业学院的丁允超老师编写，第 7 章、第 8 章由重庆城市管理职业学院的李菊芳老师编写，秦凤梅负责全书统稿工作。重庆芝诺大数据分析有限公司的技术总监郑全，高级工程师王远东、周伟，系统架构师李捷等都参与了本书的代码正确性验证和技术前瞻性指导，在此特别感谢重庆思庄科技有限公司全程指导将行业实际应用中的新技术、新工艺、新规范与本书内容进行了有效融合；感谢在编写过程中一直给予支持的重庆城市管理职业学院大数据技术专业的历届同学，他们结合所学专业知识，站在使用者角度参与本书修订讨论，大胆提出意见或建议，促使教材内容及风格更加符合读者需求。

由于编写时间和编者水平所限，书中难免有疏漏和不足之处，恳请同行专家和广大读者批评指正。

编　者

《MySQL 网络数据库设计与开发（第 3 版）》是在"十三五"职业教育国家规划教材《MySQL 网络数据库设计与开发（第 2 版）》的基础上修订的。编者在修订前曾深度调研了大数据、云计算、软件等行业对技术技能型人才的需求，相关岗位应"具有数据库设计、应用与管理能力""具有软件系统安装、实施、维护，具有产品的调研分析及项目文档撰写能力""掌握数据库、数据表、表数据的操作和数据库编程相关知识"等任职要求。因此，本次修订后的内容更贴近行业应用。

"必须坚持系统观念"是二十大报告中提出的六个必须坚持之一，也是我们学以致用、融会贯通的关键要点和基本遵循。本书编写过程中坚持系统观念，内容共分为基础篇、编程篇、管理篇、实战篇。本书开篇采用人民网的"习近平系列重要讲话数据库"栏目作为情景引入，引导读者全面、系统了解数据库体系结构，熟练掌握数据库设计、安装、配置、应用和维护等系列相关数据库知识和技术。读者在逐篇逐章进阶学习掌握数据库技术技能同时，可依次阅读总书记关于"乡村振兴"、"人才振兴"、"科技强国"系列活动案例，深刻领悟总书记全面推进乡村振兴的信心和决心，以及为实现农业农村现代化所展现的勇于担当、敢为人先的不懈奋斗与创新精神。教材内容结构如下图所示。

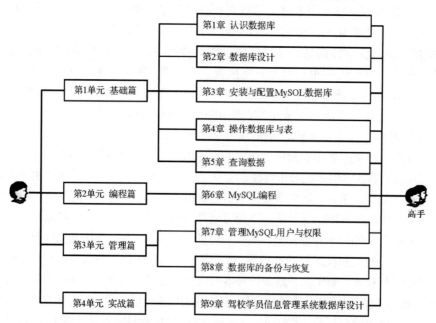

"必须坚持问题导向"是指导我们解决前进道路上各种难题的方法和路径。本书以解决学生日常接触的实际问题为切入点，阐述了数据库的基本原理及基础理论知识，以任务驱动方式重点讲解了 MySQL 数据库的应用方法和实施过程。本书采用模块化设计、活页式布局，同时参考了 Oracle 公司认证 OCA、OCP 的考试大纲，拓展了认证知识模块，基本做

Contents 目录

第 1 单元　基础篇

第1单元

基 础 篇

【单元简介】

本单元是后续单元的基础，共5章，各章简介如下。

第1章：认识数据库，主要任务：了解并认识数据库体系结构、数据库关系模型及关系完整性约束。通过本章的学习，读者能识别数据库体系结构及构成要素、数据库管理系统的组成及功能、概念模型和数据模型特征与联系，能定义实体完整性和参照完整性。

第2章：数据库设计，主要任务：全面认识数据库设计、调研分析数据库需求、数据库概念结构设计、数据库逻辑结构设计、数据库物理结构设计，以及部署与维护数据库。通过本章的学习，读者能规划数据库设计流程与步骤，能对项目进行需求分析，能根据需求分析文档进行数据库的概念结构设计、逻辑结构设计、物理结构设计，能配合开展数据库的测试、运行和维护工作。

第3章：安装与配置 MySQL 数据库，主要任务：安装、配置及登录与连接 MySQL 数据库。通过本章的学习，读者能下载并安装 MySQL 数据库，能配置、启动与停止 MySQL 数据库系统，能登录与连接 MySQL 数据库，能熟练使用 1~2 种图形管理工具并在图形界面中操作 MySQL 数据库。

第4章：操作 MySQL 数据库与表，主要任务：增、删、改、查数据库和表。能创建、查看、删除、修改数据库，能创建、查看、删除、修改数据表，能对满足 WHERE 条件的记录进行插入、删除、修改，能创建及维护表的完整性约束。

第5章：查询 MySQL 数据，主要任务：单表查询、多表查询，以及 SELECT、WHERE、ORDER BY、GROUP BY、LIMIT 等查询子句的嵌套使用。通过本章的学习，读者能正确运用子查询语法规则描述条件查询表达式，能对单表或多表进行数据查询，能对查询结果进行合并输出。

第1章

认识数据库

1.1 情景引入

小李是某高校大一学生，身为班里的学习委员，他经常需要管理和统计本班学生的各类信息，这对小李来说不是一项轻松的工作。于是，他想能不能用计算机完成这些大量数据的常规统计和管理呢？听说数据库可以帮助管理大量数据，小李非常兴奋，希望能早日开发一个学生信息管理系统来解决每天让自己因采集各类数据而头疼的问题。为了完成这项开发任务，小李现已迫不及待地想要学习和了解数据库的相关知识和技术。

数据库技术是一种数据管理技术，产生于20世纪60年代，经过多年的发展，已经形成了自己的理论体系，成为计算机科学的一个重要分支。数据库技术解决了计算机信息处理过程中如何有效组织和存储海量数据的问题，体现了先进的数据管理思想，使计算机应用渗透到社会各个领域，在当今的信息社会中发挥着越来越大的作用。

数据库与大数据是什么关系呢？大数据是一门研究数据的科学，重点研究数据的规律和现象，包括数据的获取、存储、管理、分析及数据的可视化等；数据库是数据的一种存储方式，主要用于组织、存储数据。数据库种类较多，可分为SQL关系型数据库和NoSQL非关系型数据库。

本章将带读者一起了解数据库体系结构及相关知识。

1.2 任务目标

➡ 知识目标

1. 了解信息与数据、数据库、数据库系统、数据库管理系统等术语的内涵及功能。
2. 掌握数据库管理系统的组成及功能。
3. 掌握数据模型的分类及特征。
4. 掌握数据关系完整性约束的分类及作用。

➡ 能力目标

1. 能全面识别数据库体系结构的构成要素。
2. 能充分识别数据库管理系统的组成及功能。
3. 能充分识别概念模型和数据模型的特征与联系。

4. 能充分识别实体完整性和参照完整性。

素质目标

1. 具备一定的数据科学素养。
2. 具备一定的数据安全、规范及道德规范意识。
3. 具备一定的数据全局设计、规划及统筹能力。
4. 具备一定的数据设计创新能力和实践能力。
5. 具备较强的团队合作意识和服务精神。
6. 具备较强的自我管理能力和自学能力。
7. 具备较强的责任意识与担当精神。

1.3 任务实施

任务 1.3.1 认识数据库体系结构

微课视频

1. 认识信息与数据

（1）信息：信息是客观事物在人脑中的反映，是以各种方式传播的关于某一事物的消息、情报或知识等，泛指人类社会传播的一切内容。人通过获得、识别自然界和社会的不同信息来区别不同事物，得以认识和改造世界。随着现代科学技术的发展，生产力水平大大提高，在经济、文化、军事等领域里需要人们掌握大量的信息，研究和分析这些信息，从中得出有用结论，并将其应用到社会实践活动中。计算机的问世和发展给人们提供了用计算机处理和管理信息的可能。人们在使用计算机处理信息的同时开发了信息资源。信息同能量、物质并列为当今世界三大资源，是国民经济和社会发展的重要战略资源。信息资源的开发和利用会进一步促进社会及生产的发展。

（2）数据：数据是描述客观事物的符号记录，是信息的表现形式和载体。在计算机系统中，各种字母、数字符号的组合与语音、图形、图像等统称为数据，数据经过加工就成为信息。在日常生活中，人们通常直接用自然语言描述事物信息，而在计算机中，为了存储和处理这些抽象的事物信息，人们通常抽取对这些事物感兴趣的特征值，并使用特定的符号加以描述。例如，在描述职工人事档案时，人们感兴趣的可能是职工的员工编号、姓名、性别、年龄、生日、籍贯、家庭住址、政治面貌、职称、行政职务等基本信息，针对这些信息可描述为：001、张三、女、36、1985、重庆市、重庆市渝中区、中共党员、高级工程师、处长。这里的职工人事档案记录就是数据。

（3）数据语义：数据的含义称为数据的语义，例如，以上记录中的每个数据项必须经过解释才能明确其含义。上述记录可以解释为"姓名为张三的女性员工，1985 年出生，现年 36 岁"等。

数据与信息是不可分的，数据是信息的符号表示；信息则是数据的内涵，是对数据的语义解释。

（4）数据管理：对信息数据进行收集、整理、组织、存储、传播、检索、分类、加工、计算、打印报表、输出等一系列活动可被称为数据信息处理或管理。数据管理是数据处理的基本环节，数据管理技术的优劣直接影响着数据处理的效果。数据库技术就是一种先进的数据管理技术。

2. 认识数据库

数据库（Database，DB）简单、形象地说，就是电子化的文件柜，是长期存储在计算机内的、有组织的、可共享的相关数据集合。数据库中保存的是以一定的组织方式存储在一起的具有相互关联的数据整体。也就是说，数据库不仅保存数据，还保存数据与数据之间的联系。数据库中的数据可以被多个应用程序的用户使用，从而达到数据共享的目的。

微课视频

数据库中的数据与应用程序之间可以彼此独立。在数据库应用系统中，数据的组织和存储方法与应用程序互不依赖、相互独立。应用程序不再与一个孤立的数据文件相对应，它所涉及的数据取自整体数据集合的某个子集，作为逻辑文件与应用程序相对应，并通过系统管理软件实现逻辑文件与物理数据之间的映射。

数据库中的数据是相互关联的。数据库中的数据不是孤立的，数据与数据之间存在相互联系。在数据库中不仅存放了数据本身，还存放了数据与数据之间的联系。例如，在教学管理系统中，数据库不仅存放了学生和课程的数据，还存放了哪些学生选修了哪几门课程，这就反映了学生数据与课程数据之间的联系。

综上所述，数据库是以一定的组织方式存放在一起的，能够被多个用户共享的，与应用程序彼此独立、相互关联的数据集合。

需要明确的是，数据库和数据仓库（Data Warehouse）不是同一个概念。数据仓库是在数据库技术的基础上发展起来的一个新的应用领域。

3. 认识数据库系统

1）数据库系统的定义

数据库系统（Database Systems）是为了适应数据处理的需要而发展起来的一种较为理想的数据处理系统，能够实现组织、存储大量相关数据。

2）数据库系统构成

数据库系统一般包括数据、硬件、软件和用户 4 个部分。

① 数据：数据是构成数据库的主体，是数据库系统的管理对象。

② 硬件：硬件是构成计算机系统的各种物理设备，包括存储所需的外部设备。硬件的配置应满足整个数据库系统的需要。

③ 软件：包括操作系统、数据库管理系统及应用程序。数据库管理系统是数据库系统的核心软件，是在操作系统的支持下，解决如何科学地组织和存储数据，如何高效地获取和维护数据的系统软件。

④ 用户：包括专业用户、非专业用户和数据库管理员。

➤ 专业用户指程序员，负责设计和编制应用程序，通过应用程序存取和维护数据库，为最终用户开发应用程序。

➤ 非专业用户即最终用户，是非计算机专业人员。他们通过应用系统提供的用户接口界面以交互方式操作使用数据库。交互式操作通常为菜单驱动、图形显示、表格操作等。

➤ 数据库管理员（Database Administrator，DBA），是负责管理和维护数据库管理系统的人。数据库管理员负责全面管理和控制数据库系统。对于大型数据库系统，则要求配备专门的数据库管理员。

数据库系统结构如图 1.1 所示。

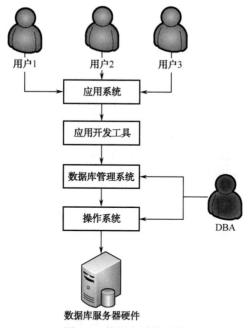

图 1.1　数据库系统结构

4．认识数据库管理系统

数据库管理系统（Database Management System，DBMS）是一种操纵和管理数据库的大型软件，负责对数据库资源进行统一的管理和控制，其职能是建立数据库、维护数据库、接受并完成用户提出的访问数据的各种请求，并为数据库的安全性和完整性提供保证。DBMS常见品牌包括：Sybase、DB2、Oracle、MySQL、Access、SQL Server、Informix、PostgreSQL 等。

DBMS 位于用户与操作系统之间，可以使多个应用程序和用户用不同的方法在同一时刻或不同时刻建立、修改和询问数据库。用户通过 DBMS 访问数据库中的数据，不必关注数据存放的细节，从而方便建立、使用和维护数据库；数据库管理员通过 DBMS 进行数据库的维护工作。DBMS 的主要组成及功能如下。

1）数据定义

DBMS 提供数据定义语言（Data Definition Language，DDL），主要用于建立、修改数据库的库结构，定义数据库的完整性约束条件和保证完整性的触发机制等。DDL 所描述的库结构仅仅给出了数据库的框架，数据库的框架信息被存放在数据字典（Data Dictionary）中。

2）数据操纵

DBMS 提供数据操作语言（Data Manipulation Language，DML），用户可以使用 DML 操纵数据，实现对数据库中数据的查询、插入、修改、删除等基本操作。国际标准数据库操作语言——SQL，就是 DML 的一种。

3）数据库运行管理与控制

DBMS 提供一系列系统运行控制程序，负责在数据库运行过程中对数据库进行管理和控制。所有访问数据库的操作都要在这些控制程序的统一管理下进行，以保证数据库系统的正常运行。

4）数据组织、存储与管理

DBMS 要分类组织、存储和管理各种数据，包括数据字典、用户数据、存取路径等，需要确定以何种文件结构和存取方式组织这些数据，如何实现数据之间的联系。数据组织和存储的基本目标是提高存储空间利用率，并选择合适的存取方法提高存取效率。

5）数据库的保护

数据库中的数据是信息社会的战略资源，所以数据的保护至关重要。DBMS 对数据库的保护通过数据库的安全性控制、完整性控制、并发控制，以及数据库的恢复来实现。DBMS 还有系统缓冲区的管理及数据存储的某些自适应调节机制等其他保护功能。

6）数据库的维护

DBMS 对数据库的维护包括数据的载入、转换、转储，数据库的重组、重构及性能监控等功能，这些功能分别由各个应用程序来完成。

7）通信

DBMS 具有与操作系统的联机处理、分时系统及远程作业输入的相关接口，负责处理数据的传送。在网络环境下的数据库系统，还应该包括 DBMS 与网络中其他软件系统的通信功能和数据库之间的相互操作功能。

任务 1.3.2 认识数据库的模型

提到模型，人们自然会联想到建筑模型、飞机模型等事物。从广义来说，模型是现实世界特征的模拟和抽象。在数据库中，使用数据模型（Data Model）对现实世界进行抽象。数据模型应满足以下 3 方面要求：一是能比较真实地模拟现实世界；二是容易被人理解；三是便于在计算机上实现。

1. 认识数据模型

在数据库系统中，针对不同的使用对象和应用目的，采用不同的数据模型。其中，根据模型的应用目的，可以将数据模型分为概念数据模型、逻辑数据模型和物理数据模型。

微课视频

（1）概念数据模型：简称概念模型，主要用来描述世界的概念化结构，使数据库的设计人员在设计的初始阶段，摆脱计算机系统及 DBMS 的具体技术问题，集中精力分析数据及数据之间的联系等，与具体的 DBMS 无关。概念数据模型只有转换成逻辑数据模型，才能在 DBMS 中实现。

（2）逻辑数据模型：简称数据模型，是用户从数据库中看到的模型，是具体的 DBMS 所支持的数据模型，如网状数据模型（Network Data Model）、层次数据模型（Hierarchical Data Model）等。此模型既要面向用户，又要面向系统，主要用于 DBMS 的实现。

（3）物理数据模型：简称物理模型，是面向计算机物理表示的模型，描述了数据在储存介质上的组织结构，它不但与具体的 DBMS 有关，还与操作系统和硬件有关。每一种逻辑数据模型在实现时都有对应的物理数据模型。

下面重点介绍概念数据模型和逻辑数据模型。

2. 认识概念数据模型

1）概念数据模型的相关术语

（1）实体（Entity）：客观存在并可相互区别的事物被称为实体。实体可以是人，可以是物，也可以是事；可以是实际对象，也可以是概念；可以是事物本身，可以是事物之间的联系，如一名学生、一辆轿车、一张椅子、一个部门等，也可以是抽象的事件，如一次足球比赛、一次借书等。

（2）属性（Attribute）：实体所具有的每个特性被称为属性。例如，学生实体可以由"学号、姓名、专业名、性别、出生日期、身高"等属性组成。比如，"101101，林琳，计算机软件，男，1991-8-10，175.5cm"这些属性组合起来表征了一名学生。属性可以分为简单属性、复合属性、单值属性和多值属性。

> 简单属性（Simple Attribute）：仅由单个元素组成的属性。简单属性是不能被进一步分解的。例如，实体"学生"的学号、身份证号就是简单属性。

> 复合属性（Composite Attribute）：由多个元素组成的属性，复合属性可以被进一步分解为多个独立存在的更小元素。例如，实体"学生"的姓名可以分为曾用名和现用名。

> 单值属性（Single-Valued Attribute）：实体的某个属性只有一个值。对具体的实体来说，大多数实体是单值属性。例如，实体"学生"的身份证号就只有一个，如411213×××3214。

> 多值属性（Multi-Valued Attribute）：实体的某个属性可以有多个值。例如，学生的个人爱好就可能有多个值，如篮球、足球等。

（3）关键字（Key）：能唯一地标识一个实体的属性的集合被称为关键字（或码）。例如，学生的学号就是实体"学生"的关键字。

（4）域（Domain）：每个属性都有一个取值范围，被称为该属性的值域。值域的类型可以是整型、实型或字符型等。例如，年龄的值域为整数，性别的值域为（男，女），学号的值域为若干个数字构成的字符串集合，姓名的值域为字符串集合。

（5）实体型（Entity Type）：一类实体所具有的共同特征或属性的集合被称为实体型。一般用实体名及其属性来抽象地刻画一类实体的实体型。例如，学生（学号、姓名、专业名、性别、出生日期、身高）就是一个实体型。

（6）实体集（Entity Set）：同类型实体的集合被称为实体集。例如，全体学生、所有汽车、所有学校、所有课程、所有零件都被称为实体集。由此可知：事物若干属性值的集合可表征一个实体，而若干个属性所组成的集合可表征一个实体的类型，同类型实体的集合组成实体集。

（7）联系（Relationship）：现实世界的事物普遍存在两类联系，一类是实体内各属性之间的联系；另一类是各种实体之间的联系。在考虑实体内部联系时，可以把属性看作实体。两个实体之间的联系一般可分为以下 3 种。

> 一对一（1∶1）联系：若对于实体集 A 中的每一个实体，实体集 B 中都有唯一的一个实体与之联系，反之亦然，则称实体集 A 与实体集 B 具有一对一联系，记作 1∶1，如图 1.2 所示。

例如，在学校一个班只有一个正班长，而一个班长只在一个班级中任职，则班级与班长具有一对一联系。观众与座位、乘客与车票、病人与病床、学校与校长都具有一对一联系。

> 一对多（1∶n）联系：若对于实体集 A 中的某个实体，实体集 B 中有 n 个实体（$n \geqslant 0$）与之联系；反之，对于实体集 B 中的每一个实体，实体集 A 中只有一个实体与之联系，则称实体集 A 与实体集 B 具有一对多联系，记作 1∶n，如图 1.3 所示。

例如，一个班级中有若干名学生，而一名学生只能在一个班级中学习，则班级与学生具有一对多联系；宿舍与学生也具有一对多联系。

> 多对多（$m:n$）联系：若对于实体集 A 中的每一个实体，实体集 B 中有 n 个实体（$n \geq 0$）与之联系；反之，对于实体集 B 中的每一个实体，实体集 A 中也有 m 个实体（$m \geq 0$）与之对应，则称实体集 A 与实体集 B 具有多对多联系，记作 $m:n$，如图 1.4 所示。

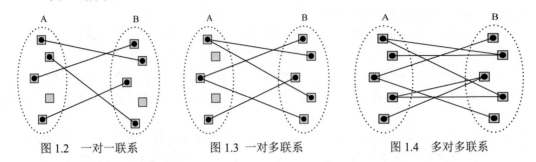

图 1.2　一对一联系　　　　图 1.3　一对多联系　　　　图 1.4　多对多联系

例如，一名学生可以选修若干门课程，而一门课程也可以有若干名学生选修，所以学生与课程具有多对多联系。

2）概念数据模型的表示方法

最常用的是实体-联系方法（Entity-Relationship Approach），简称 E-R 方法。该方法是由 P.P.S.Chen 在 1976 年提出的。E-R 方法采用 E-R 图来描述某一组织的概念数据模型，在这里仅介绍 E-R 图的要点。

> 长方形框：表示实体集，框内写上实体型名称。
> 椭圆形框：表示实体属性，并用无向边把实体框及其属性框连接起来。
> 菱形框：表示实体间的联系，框内写上联系名，用无向边把菱形框及其有关的实体框连接起来，并标明联系的种类（$1:1$，$1:n$ 或 $m:n$）。如果联系也具有属性，则把属性框和菱形框也用无向边连接上。

例如，学生、班长、班级、课程等实体间的 E-R 图，如图 1.5 所示。

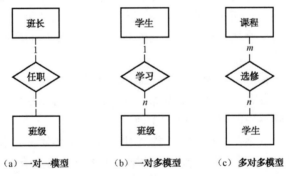

（a）一对一模型　　　　（b）一对多模型　　　　（c）多对多模型

图 1.5　实体间的 E-R 图

3）E-R 图的实例讲解

【例 1.1】　使用 E-R 图表示工厂库房管理系统的概念数据模型。

该库房信息如下。

> 库房：编号、名称、容量。
> 零件：零件号、零件名、型号规格。

➢ 职工：职工号、职工名、工种。

其中，每个库房有若干个职工，每个职工只能在一个库房工作；每个库房可存放若干种零件，每种零件可存放在不同的库房中。

因此，为系统建立概念数据模型其实就是为其设计对应的 E-R 图，其关键步骤如下。

第一步，确定实体和实体属性的 E-R 图，如图 1.6 所示。

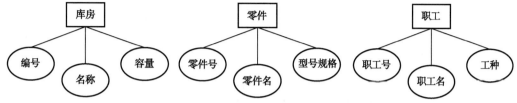

图 1.6　实体和实体属性的 E-R 图

第二步，确定实体之间的联系及联系类型的 E-R 图，如图 1.7 所示。

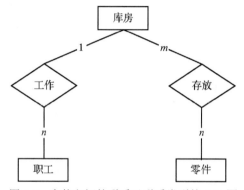

图 1.7　实体之间的联系及联系类型的 E-R 图

第三步，给实体和联系加上属性，即可完成工厂库房管理系统的 E-R 图，如图 1.8 所示。

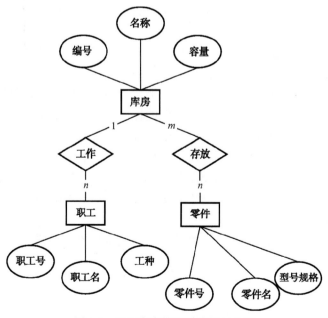

图 1.8　工厂库房管理系统的 E-R 图

【例 1.2】 假设某公司在多个地区设有分公司，经销本公司的各种产品，每个分公司聘用多个职工，且每个职工只属于一个分公司。分公司有公司名称、地区和联系电话等属性，产品有编码、名称和价格等属性，职工有编号、姓名和性别等属性，每个分公司销售产品有数量属性。要求根据上述语义画出 E-R 图。

根据题意可以确定：实体为分公司、职工和产品；分公司与职工之间为一对多（$1:n$）的联系，分公司与产品之间是多对多（$m:n$）的联系；数量应该作为分公司与产品之间联系的属性。则该公司销售系统的 E-R 图，如图 1.9 所示。

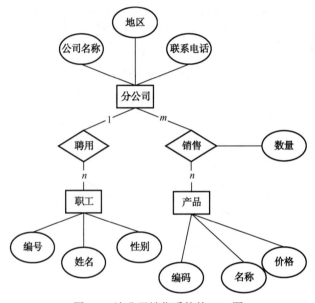

图 1.9　该公司销售系统的 E-R 图

3. 认识逻辑数据模型

逻辑数据模型反映的是系统分析设计人员对数据存储的观点。逻辑数据模型对概念数据模型进行了进一步的分解和细化，是根据业务规则确定关于业务对象、业务对象的数据项及业务对象之间关系的基本蓝图。逻辑数据模型的内容：所有的实体和关系，确定每个实体的属性，定义每个实体的主键，指定实体的外键，范式化处理等。逻辑数据模型的目标：尽可能详细地描述数据，但不考虑数据在物理上如何实现。逻辑数据建模不仅会影响数据库设计的方向，还会间接影响最终数据库的性能和管理。如果在实现逻辑数据模型时投入得足够多，那么在物理数据模型设计时就会有许多可供选择的方法。

逻辑数据模型是由数据结构、数据操作和数据约束 3 部分组成的。

> 数据结构：数据结构主要描述数据的类型、内容、性质，以及数据之间的联系，是整个逻辑数据模型的基础。而针对数据的操作和数据之间的约束都是建立在数据结构基础上的。

> 数据操作：主要定义了在相应的数据结构上的操作类型和操作方式。比如，数据库中的增、删、改、查等操作。

> 数据约束：数据约束主要用来描述数据库中数据结构之间的语法、词义联系，以及彼此之间的相互约束和制约关系。比如，在 MySQL 数据库中使用外键保证数据之间的数据完整性。

目前，数据库领域采用的逻辑数据模型有层次模型、网状模型和关系模型，其中应用最广泛的是关系模型。

1）层次模型

层次模型是最早用于商品数据库管理系统的逻辑数据模型，采用树形结构表示实体之间的联系。其典型代表是于 1968 年问世的，由 IBM 公司开发的数据库管理系统——IMS 层次数据库。在现实世界中，许多实体集之间的联系就是一种自然的层次关系。例如，行政机构、家族关系等都是层次关系。图 1.10 展示的就是学校中的部门层次模型。

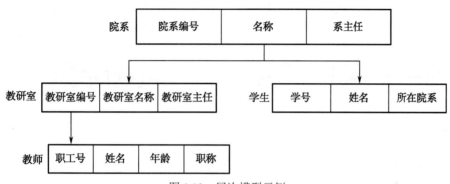

图 1.10　层次模型示例

层次模型的表示方法：树的节点表示实体集（记录的实体型），节点之间的连线表示相连两实体集之间的关系，这种关系只能是"1∶n"的。通常把表示"1"的实体集放在上方，称为父节点；表示"n"的实体集放在下方，称为子节点。层次模型具有以下特征。

➤ 有且仅有一个根节点。

➤ 除根节点以外的其他节点有且仅有一个父节点。

因此，层次模型只能表示"1∶n"的关系，而不能直接表示"m∶n"的关系。

在层次模型中，一个节点可以称为一个记录类型，用来描述实体集。每个记录类型可以有一个或多个记录值，即上层的一个记录值能对应下层的一个或多个记录值，而下层的每个记录值只能对应上层的一个记录值。

2）网状模型

网状模型的典型代表是数据库任务组（Database Task Group，DBTG）。DBTG 是美国数据系统语言协会（Conference on Data System Languages，CODASYL）的下属机构，它于 1971 年提出 DBTG 报告。DBTG 报告是一个网状模型的数据描述语言和数据操纵语言的规范文本。

网状模型是一个不加任何条件限制的采用有向图结构表示实体类型及实体联系的数据模型，更是一种具有普遍性的结构。网状模型具有以下特征。

➤ 可以有任意一个节点无双亲。

➤ 至少有一个节点有一个以上的双亲。

➤ 允许两个节点之间有一种或两种以上的联系。

在网状模型的 DBTG 标准中，基本结构为简单二级树，这被称为系。系的基本数据单位是记录，它相当于 E-R 图中的实体集，记录又由若干数据项组成，它相当于 E-R 图中的属性。图 1.11 所示为教师授课数据库的网状模型。

例如，一名学生可以选修若干门课程，某一课程可以被多名学生选修，因此，学生与课程之间是多对多联系。DBTG 模型中不能表示记录之间的多对多联系，为此引进一名学生选课的连接记录，它由 3 个数据项组成，即学号、课程号、成绩，表示某名学生选修的某一门课程及其成绩。其网状模型如图 1.12 所示。

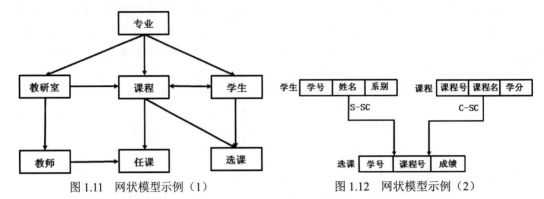

图 1.11　网状模型示例（1）　　　　　图 1.12　网状模型示例（2）

综上所述，网状模型明显优于层次模型。网状模型在一定程度上支持数据的重构，具有一定的数据独立性和共享特性，且运行效率较高。但网状模型在应用时存在以下问题。

➢ 网状结构较为复杂，增加了用户查询和定位的难度。

➢ 网状数据操作命令具有过程式性质。

➢ 不直接支持对于层次结构的表达。

3）关系模型

网状数据库和层次数据库已经很好地解决了数据的集中和共享问题，但是在数据独立性和抽象级别上仍有较大欠缺。用户在对这两种数据库进行存取时，仍需要明确数据的存储结构，指出存取路径。而后来出现的关系数据库较好地解决了这些问题。关系数据库理论出现于 20 世纪 60 年代末到 70 年代初。1970 年，IBM 的研究员 E.F.Codd 博士在发表的《大型共享数据银行的关系模型》一文中正式提出了关系模型的概念。

目前，关系模型是数据库领域中最重要的一种数据模型。关系模型的本质是一个二维表。在关系模型中，一个二维表就可以被称为一个关系，如表 1.1 就是一个关系。自 20 世纪 80 年代以来，计算机厂商推出的 DBMS 几乎都是关系型的，如 Oracle、Sybase、Informix、SQL Server、Visual FoxPro 等。

表 1.1　某班学生成绩表

学 生 学 号	姓　名	语文/分	数学/分	英语/分
20191001	张晶晶	89	67	90
20191002	王思雨	67	89	67
20191003	潘明明	90	90	87
20191004	秦小曼	76	60	89

注：虚构数据，仅用作图表示例。

下面以学生选课系统为例对关系模型进行说明。

【例 1.3】 学生选课系统的实体包括学生、教师、课程，其联系一般为：学生与课程之间是多对多联系，教师与课程之间也是多对多联系。学生可以同时选择多门课程，一门课程也可以同时被多名学生选择；一名教师可以教授多门课程，一门课程也可以由多名教师教授。因此，学生、教师、课程之间的联系如图 1.13 所示。

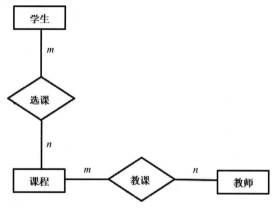

图 1.13　学生、教师、课程之间的联系

将图 1.13 映射为关系模型中的表格，如图 1.14 所示。从图 1.14 中可以看到学生与课程之间的联系，教师与课程之间的多对多联系都被映射成了表格。其中，选课表中的 stu_id 和 cour_id 分别是引用学生表和课程表的外键；教课表也是如此。

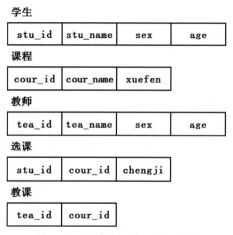

图 1.14　关系数据模型中的表格

关系模型通过规范化的关系为用户提供了一种简单的用户逻辑结构，具体特征如下。

① 在关系模型中，无论实体还是实体之间的联系都会被映射成统一的关系，即一个二维表。这样的表达方式简单、灵活，使用与维护也很方便。

② 关系型数据库可用于表示实体之间的多对多联系，借助第三个关系表即可，例如，学生选课系统中学生和课程之间表现出一种多对多联系，则需要借助第三个表，也就是选课表将二者联系起来。

③ 关系必须规范化，即每个属性都是不可分割的实体，不允许表中表的存在。

④ 关系模型中的存取路径对用户而言是完全隐蔽的，使程序和数据具有高度的独立性，其数据语言的非过程化程度较高。

但是，关系模型也存在不足之处，具体如下。

➢ 查询效率低。关系数据模型提供了较高的数据独立性和非过程化的查询功能（查询时只需指明数据存在的表和需要的数据所在的列，不用指明具体的查找路径），因此加大了系统的负担。

➢ 由于查询效率较低，因此需要 DBMS 对查询进行优化，加大了 DBMS 的负担。

任务 1.3.3　认识关系完整性约束

微课视频

在关系模型中，将能唯一地标识一个元组的属性或属性组称为候选码，一般选中其中一个作为该关系的主码；将包含在任何一个候选码中的属性均称为主属性；将不包含在任何候选码中的属性均称为非主属性。

关系模型定义了 3 种类型的完整性约束条件：实体完整性约束、参照完整性约束和用户定义完整性约束。前两类是关系模型必须满足的完整性约束条件，由关系数据库管理系统自动支持，而最后一类是用户针对特定的数据设置的约束条件。

1．实体完整性

实体完整性规则：若属性（指一个或一组属性）A 是基本关系 R 的主属性，则属性 A 不能取空值。

这个规则很容易理解，因为主码可以唯一标识关系中的元组，若构成主码的主属性取空值（所谓空值就是"不知道"或"无意义"的值），则该实体便失去唯一标识功能。例如，关系模型为学生（学号，姓名，性别，年龄，籍贯，专业名称），其中学号是主码，而主码对应的属性只有学号，所以学号也是主属性。根据实体完整性约束规则，学号不能取空值。如果学号取空值，那么这个实体就没有意义了。在学生选课关系模型中，选课（学号，课程号，成绩）中，属性组"学号，课程号"为主码，所以"学号"和"课程号"这两个属性均不能取空值。

实体完整性规则是针对基本关系而言的，即针对现实世界的一个实体集，而现实世界中的实体是可区分的。该规则的目的是利用关系模型中的主码及主属性来区分现实世界中的实体集中的实体，所以主属性不能取空值。

2．参照完整性

在关系模型中，实体与实体之间的联系采用关系模型来描述。通过引用对应实体的关系模型的主码来表示对应实体之间的联系。

比如，职工关系模型如下。

➢ 部门（部门编码，部门名称，电话，办公地址）。

➢ 职工（职工编码，姓名，性别，年龄，籍贯，所属部门编码）。

其中，"所属部门编码"与部门关系模型中的主码"部门编码"相对应，则"所属部门编码"是职工关系模型中的外码。职工关系模型通过外码来描述与部门关系模型的关联。职工关系中的每个元组（每个元组描述一个职工实体）通过外码表示该职工所属的部门。当然，被参照关系的主码和参照关系的外码可以同名，也可以不同名。被参照关系与参照关系可以是不同关系，也可以是同一关系。

比如，职工（职工编码，姓名，性别，年龄，籍贯，所属部门编码，班组长编码），其中的"班组长编码"与本身的主码"职工编码"相对应，属性"班组长编码"是外码，职工关系模型既是参照关系也是被参照关系。

参照完整性规则：若属性 F 是基本关系 R 的外码，并且属性 F 与基本关系 S 的主码 K 相对应，则对于基本关系 R 中每个元组在属性 F 上的值，必须等于基本关系 S 中某个元组的主码值，或者取空值。

在职工关系中，如果某一个职工"所属部门编码"取空值，则表示该职工未被分配到指定部门；如果某一个职工"所属部门编码"等于部门关系中某个元组的"部门编码"，则表示该职工隶属于指定部门。如果既不为空值，又不等于被参照关系，则表示该职工被分配到一个不存在的部门，这就违背了参照完整性规则。所以，参照完整性规则就是定义外码与主码之间的引用规则，也是关系模型之间的关联规则。

3．用户定义完整性

用户定义完整性是针对某一具体数据库的约束条件，反映了某一具体应用所涉及的数据必须满足语义要求。关系模型应提供定义和检验这一类完整性的约束机制，以便用统一的系统方法处理它们，而不是由应用程序来提供这一功能。

例如，在职工关系中，职工年龄的取值范围一般限定在 16～60，学生选课成绩的取值范围应该限定在 0～100，关系模型应该为用户提供定义和检验这一类完整性的约束机制，保证数据的正确性。

1.4　任务小结

- ➢ **任务 1**：认识数据库体系结构。通过学习，读者应当对数据、数据库、数据库系统、数据库管理系统等有了基本认识，对数据库体系结构有了比较全面地了解和认识，并了解到即将学习的 MySQL 数据库是 DBMS 的常见品牌之一。
- ➢ **任务 2**：认识数据库的模型。数据模型是数据库系统的核心和基础，本章重点介绍了概念数据模型的 E-R 图表示方法，实体与属性的划分原则，以及逻辑数据模型的层次模型、网状模型和关系模型等 3 种模型特征。通过学习，读者应当对数据模型有了比较全面的了解和认识，并了解到即将学习的 MySQL 数据库是关系型数据库。
- ➢ **任务 3**：认识关系完整性约束。通过学习，读者应当对实体完整性、参照完整性和用户定义完整性 3 种完整性约束有了比较全面地了解，并认识到完整性约束是为了防止数据库中存在不符合语义规定的数据，以及因错误信息的输入/输出造成无效操作或错误信息而提出的，从而进一步了解到存储在数据库中的所有数据值均需在正确的状态。

通过对本章的学习，读者可以将注意力集中在掌握数据库体系结构相关概念、术语等基本知识方面，为后面章节的学习奠定必备的理论基础。

1.5　知识拓展

常用的 5 种完整性约束条件

（1）主键（Primary Key）约束：指定表的一列或几列的组合值在表中具有唯一性，即能唯一指定一行记录。每个表中只能有一列被指定为主键，IMAGE 和 TEXT 类型的列不能被指定为主键，也不允许指定主键列有 NULL 属性。

（2）外键（Foreign Key）约束：外键定义了表之间的关系，当一个表中的一列或多列的组合和其他表中的主键定义相同时，就可以将这些列或列的组合定义为外键，并设定其适合将哪个表中的哪些列相关联。这样一来，当在定义主关键字约束的表中更新列值时，其他表中有与之相关联的外关键字约束的表中对应的外关键字列也将进行相同的更新。外关键字约束的作用还体现在：当向含有外关键字的表插入数据时，如果与之相关联的表的列中没有与插入的外关键字列值相同的值时，则系统会拒绝插入数据。与主键相同，不能使用一个定义为 TEXT 或 IMAGE 数据类型的列创建外键。

（3）唯一性（Unique）约束：指定一个或多个列的组合值具有唯一性，以防止在列中输入重复的值。唯一性约束指定的列可以有 NULL 属性。由于主键值是具有唯一性的，因此主键列不能再设定唯一性约束。

（4）默认值（Default）约束：通过定义列的默认值或使用数据库的默认值对象绑定表的列，来指定列的默认值。

（5）检查（Check）约束：对输入列或整个表中的值设置检查条件，以限制输入值，保证数据库的数据完整性。检查约束可以对每个列设置约束检查。

1.6　巩固练习

一、基础练习

1. 数据库系统一般包括_____、_____、_____和_____4 个部分。
2. 根据模型的应用目的，可以将数据库模型可以分为_____、_____和_____。
3. 常用的 5 种完整性约束条件是_____、_____、_____、_____、_____。
4. 在 E-R 图中，矩形表示_____。
5. 用二维表结构表示实体及实体间联系的数据模型被称为_____数据模型。
6. 解释概念模型相关术语：实体、实体型、实体集。

二、进阶练习

1. 简述数据库系统分别从哪些方面来保证数据的完整性和安全性。
2. 简述网状模型、层次模型、关系模型 3 种模型的特征及优缺点。
3. 简述什么是数据库管理系统，以及它的主要功能有哪些。
4. 设计题：有"商店"和"顾客"两个实体，"商店"属性包括商品编号、商店名、地址、电话，"顾客"属性包括顾客编号、姓名、地址、年龄、性别。假设一个商店有多个顾客购物，一个顾客可以到多个商店购物，顾客每次去商店购物都有一个消费金额和日期，并规定每个顾客在每个商店里一天最多消费一次，请根据上述语义画出 E-R 图。

第2章
数据库设计
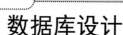

2.1　情景引入

　　小李在第 1 章中了解并认识了数据库体系结构及相关知识，现在学校需要开发一个学生成绩管理系统，用来实现对班级学生的各门功课成绩进行管理的功能，便于老师录入成绩，学生随时随地查询自己的成绩。这与之前小李的想法不谋而合，于是小李主动申请参加了这个项目的数据库设计任务。小李将如何配合项目组来完成数据库设计呢？

　　小李为了完成数据库设计任务，需要从以下几个阶段准备。

1. 需求分析阶段。
2. 数据库概念结构设计阶段。
3. 数据库逻辑结构设计阶段。
4. 数据库物理结构设计阶段。
5. 数据库实施阶段。
6. 数据库运行与维护阶段。

　　当然，小李要想按照数据库设计的步骤，设计一个结构合理、使用方便、能够高效运行和管理的数据库，还需具备如下知识和能力。

2.2　任务目标

➡ 知识目标

1. 了解数据库设计的流程与步骤。
2. 掌握数据库项目的需求分析方法。
3. 掌握数据库的概念结构设计方法。
4. 掌握 E-R 图的画法。
5. 掌握数据库的逻辑结构设计方法。
6. 掌握数据库的物理结构设计方法。
7. 熟悉数据库的测试、运行与基础维护的方法。

能力目标

1. 能结合项目规划对数据库设计的流程、步骤及实施计划进行策划。
2. 能结合项目进行需求分析并配合撰写需求分析文档。
3. 能根据需求分析文档进行数据库的概念结构设计。
4. 能进行数据库的逻辑结构设计。
5. 能进行数据库的物理结构设计。
6. 能配合开展数据库的常规运行与维护工作。

素质目标

1. 具备一定的数据科学素养及规范意识。
2. 具备一定的数据规划、设计与统筹能力。
3. 具备一定的观察、判断、推理及逻辑分析能力。
4. 具备较强的数据库设计规范意识与素养。
5. 具备一定的责任意识与担当精神。

2.3 任务实施

任务 2.3.1 全面认识数据库设计

1. 认识数据库设计的概念

数据库设计（Database Design）是指对于一个给定的应用环境，构造最优的数据库模型，建立数据库及其应用系统，使之有效地存储数据，以满足各个用户的各类应用需求。数据库设计内容包括两方面：一方面是数据库的结构设计（静态）；另一方面是数据库的行为设计（动态）。即对数据库的应用进行设计，这两方面的设计应结合进行。数据库设计的目标是满足应用的功能需求和实现良好的数据库性能。其设计质量的优劣，直接影响到数据库的应用及应用过程中的维护。

实际上，数据库已成为现代化信息系统的基础与核心部分。如果数据库模型设计得不合理，那么即使使用性能良好的 DBMS 软件，也很难使系统达到最佳状态，仍然会出现文件系统冗余、异常等问题。总之，数据库设计的优劣将直接影响信息系统的质量和运行效果。

在具备了 DBMS、操作系统和硬件环境后，数据库应用开发人员使用这个环境表达用户的需求，构造最优的数据库模型，据此建立数据库及其应用系统的过程被称为数据库设计。

2. 认识数据库设计的生命周期

数据库系统设计是一个比较复杂的软件设计问题。一个数据库应用系统的实质是一个应用软件系统，所以其设计过程总体上应遵循：由问题定义、可行性研究、需求分析、总体设计、详细设计、编码与单元测试、综合测试、软件维护等环节构成的软件生命周期的阶段划分原则。依照软件生命周期方法学，把数据库应用系统从开始规划、设计实现、运行使用到被新的系统取代而停止使用的整个过程，称为数据库设计的生命周期。并将这个生命周期分为数据库设计规划、数据库设计、数据库实现、数据库运行与系统维护 4 个阶段。其中，数据库设计阶段可进一步划分为用户需求分析、概念结构设计、逻辑结构设计、物理结构设计 4 个阶段；数据库实现阶段可进一步划分为数据库结构创建和数据库应用行为设计两个阶段。这样一来，数据库设计的生命周期，即数据库应用系统从开始规划到停止使用的全过程，就可以分为 8 个阶段。

3．认识数据库设计的任务与目的

数据库系统设计的基本任务就是根据一个组织部门的信息需求、处理需求，以及根据数据库的支持环境（包括 DBMS、操作系统和硬件）设计数据模式。数据库设计包括外模式、逻辑（概念）模式和内模式，以及典型的应用程序。其中：

（1）信息需求表示一个组织部门需要的数据内容及其结构需求，属静态要求。

（2）处理需求表示一个组织部门需要经常进行的数据处理需求，如工资计算、成绩统计等，属动态要求。

（3）DBMS、操作系统和硬件是建立数据库系统的软、硬件基础，也是其制约因素。

例如，某大学需要利用数据库来存储和处理若干学生、多门课程，以及每名学生所选课程及成绩等数据。

 ➢ 学生有属性：姓名（Name）、性别（Sex）、出生日期（Birthdate）、系别（Department）、入学日期（Enterdate）等。
 ➢ 课程有属性：课程号（Cno）、学时（Chours）、学分（Credit）、教师（Teacher）等。
 ➢ 学生和课程之间的联系：学生所选课程、课程成绩、所选课程考试通过情况等。

上述信息均为这所大学需要的数据，属于整个数据库系统的信息需求。而该校在数据库上做的操作，如统计每门课程平均分、每名学生的平均分等，则是该校需要的数据处理过程，属于整个数据库系统的处理需求。最后，运行数据库系统的操作系统（Windows、UNIX）、硬件环境（CPU 速度、硬盘容量）等，也是数据库系统设计需要考虑的因素。

信息需求主要定义了数据库系统将要用到的所有信息，包括描述实体、属性、关系及关系的性质。处理需求则定义了所设计的数据库系统将要进行的数据处理过程，不仅可以描述操作的优先次序和操作执行的频率、场合，还可以描述操作与数据之间的联系。需要明确的是，信息需求和处理需求的区分不是绝对的，只不过侧重点不同而已。信息需求需要反映处理的需求，处理需求自然也包括需求的信息。

通过上述分析可以看到，数据库系统设计有两个任务：一个是数据模式的设计；另一个是以数据库管理系统为基础的应用程序的设计。应用程序是随着业务发展而不断变化的，在一些数据库系统中（如情报检索），很难事先编写所需的应用程序或事务。因此，数据库系统设计的最基本任务是数据模型的设计。不过，数据模型的设计必须满足数据处理的要求，以保证常用的数据处理能够方便、快速地进行。

4．认识数据库设计的特点

数据库设计既是一项涉及多学科的综合性技术，又是一项庞大的工程项目。"三分技术，七分管理，十二分基础数据"是数据库建设的基本规律。同其他的工程设计一样，数据库系统设计有以下 3 个特点。

1）反复性（Iterative）

数据库系统的设计不可能"一气呵成"，需要反复推敲和修改才能完成。前阶段的设计是后阶段的设计的基础和起点，后阶段也可向前阶段反馈其要求。如此反复地修改，才能较为圆满地完成数据库系统的设计任务。

2）试探性（Tentative）

与解决一般问题不同，数据库系统设计的结果通常不是唯一的，所以设计过程基本上是一个试探过程。在设计过程中，由于数据库系统有各种各样的需求和制约因素，它们之间有时可能会相互矛盾，因此数据库系统的设计结果很难达到非常满意的效果，常常为了完成某些方面的优化而降低了其他方面的性能。这些取舍是经数据库系统的设计者权衡本组织、部门的需求后决定的。

3）分步进行（Multistage）

数据库系统设计常常由不同的人员分阶段进行。这样既可以使整个数据库系统的设计变得条理清晰、目的明确，又可以满足技术分工的需要。而且分步进行时可以分段把关，逐级审查，能够保证数据库系统设计的质量和进度。虽然后阶段可能会向前阶段反馈其要求，但是在正常情况下，这种反馈修改的工作量应该是比较少的。

5．掌握数据库设计的方法

1）手工试凑法

由于信息的结构复杂，应用环境多样，因此在相当长的一段时期内，数据库设计主要采用手工试凑法。但是，这种方法不仅对设计人员的经验和水平有很高要求，让数据库设计成为一种技艺而不是工程技术，还缺乏科学理论和工程方法的支持，使工程的质量难以保证，常常在数据库运行一段时间后发现各种问题，增加了系统维护代价。

2）规范设计法

规范设计法中比较著名的有新奥尔良（New Orleans）方法。它将数据库设计分为 4 个阶段：需求分析（分析用户要求）、概念设计（信息分析和定义）、逻辑设计（设计实现）和物理设计（物理数据库设计）。基于数据库 E-R 图、第三范式（3NF）、抽象语法规范的设计方法，规范设计法是在数据库设计的不同阶段上支持、实现的具体技术和方法。规范设计法从本质上看仍然是手工设计方法，其基本思想是过程迭代和逐步求精。

数据库系统是以数据为中心，进行信息查询、传播等操作的计算机系统，其设计既要满足用户需求，又要与给定的应用环境密切相关，因此数据库系统必须采用系统化、规范化的设计方法进行设计。目前数据库规范设计法的步骤包括需求分析、概念结构设计、逻辑结构设计、物理结构设计、数据库实施、数据库运行与维护，如图 2.1 所示。

图 2.1 反映了数据库系统设计过程中的需求分析、概念结构设计，它们独立于计算机系统（软件、硬件）。而逻辑结构设计阶段、物理结构设计阶段应根据应用的要求和计算机软硬件的资源（操作系统、DBMS、内存的容量、CPU 的速度等）情况进行设计。

需要指出的是，这个设计步骤既是数据库设计的过程，又包括了数据库应用系统的设计过程。在设计过程中把数据库的设计和对数据库中数据处理的设计紧密结合起来，将这两方面的需求分析、抽象、设计等环节在各个阶段并行开展、相互参照、互为补充，以完善整个系统设计。事实上，如果不了解应用环境对数据的处理要求，或者没有考虑如何去实现这些处理要求，则不可能设计出一个良好的数据库结构。

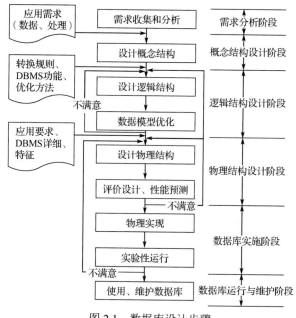

图 2.1　数据库设计步骤

任务 2.3.2　调研分析数据库需求

　　需求分析是在用户调研的基础上，分析用户的业务活动和数据种类、范围、数量，以及他们在业务活动中交流的情况，了解用户的信息需求和处理需求，确定用户对数据库系统的使用要求和各种约束条件等，并采用自顶向下、逐步分解的方法分析系统，以数据流图（Data Flow Diagram，DFD）、数据字典（Data Dictionary，DD）等进行描述，形成用户需求规约。

　　需求分析是整个设计过程的基础，是最困难、最耗时的一步。若需求分析做得不好，则会导致整个系统返工重做，所以其实施步骤建议如下。

1．深入调查

　　需求分析的任务就是详细调查组织、部门或企业等，充分了解其原来的手工系统或计算机系统的工作概况，明确用户显在或潜在的各种需求，然后在此基础上确定新系统功能。新系统必须充分考虑今后的扩展可能性，所以不能只按照当前的应用需求来设计数据库。调查的重点是"数据"和"处理"，通过调查、收集与分析，获得用户对数据库的要求如下。

➢ 信息要求：用户需要从数据库中获得信息的内容与性质。由信息要求可以导出数据要求，即在数据库中需要存储哪些数据。

➢ 处理要求：用户需要完成哪些处理功能，对处理的响应时间有什么要求，处理方式是批处理还是联机处理。

➢ 安全性和完整性要求。

2．收集信息

1）明确收集信息的目的

首先，要了解一个组织、部门的机构设置、主要业务活动和职能；其次，要了解该组织、部门的大致工作流程和任务划分范围。这一阶段的工作量大且很烦琐：一方面管理人员缺乏对计算机相关知识的了解，他们不知道或不清楚哪些信息对于数据库系统设计者是必需或重要的，甚至不了解计算机在管理中能起什么作用，做哪些工作；另一方面，数据库系统设计者缺乏对管理对象的了解，不了解管理对象内部的各种联系，不了解数据处理中的各种要求。由于管理人员与数据库系统设计者之间存在这些"距离"，因此需要管理部门和数据库系统设计者更加紧密配合，充分提供有关信息和资料，为数据库系统的设计打下良好的基础。

2）明确收集信息内容

➤ 外部要求：信息的性质，响应时间、频度及发生方式的规则，以及对经济效益的考虑和要求，信息安全性及完整性要求。

➤ 业务现状：这是调查的重点，包括信息的种类、信息的流程、信息的处理方式、各种业务工作过程和各种票据。

➤ 组织机构：了解本组织部门内部机构的作用、现状、存在的问题，以及是否适应计算机管理、规划中的应用范围和要求。

3）明确收集信息的方式

常用收集信息的方式包括开座谈会、跟班作业、发调查信息收集表、查看业务记录、票据、个别交谈。比如：

➤ 对高层负责人而言，收集信息最好采用个别交谈的方式。在交谈之前，应给他们一份详细的提纲，以便他们有所准备。从交谈中，可以获得有关该组织的高层管理活动和决策过程的信息需求、该组织的运行政策、未来发展变化趋势与战略规划等信息。

➤ 对于中层管理人员，可采用开座谈会、个别交谈或发调查信息收集表、查看业务记录的方式，目的是了解企业的具体业务控制方式和约束条件、不同业务之间的接口、日常控制管理的信息需求及预测未来发展的潜在信息要求；

➤ 对于基层操作人员，主要采用发调查信息收集表和个别交谈的方式来了解每项具体业务的过程、数据要求和约束条件。

3．整理信息

在调查、了解用户需求以后，还需要进一步分析和表达用户的需求。在众多的分析方法中，结构化分析（Structured Analysis，SA）方法是一种简单实用的方法。SA 方法从最上层的系统组织机构入手，采用自顶向下、逐层分解的方法分析系统。若想要把收集到的信息（如文件、图表、票据、笔记等）转化为下一设计阶段可用的信息，则必须对需求信息进行分析、整理的工作。

1）业务流程分析

业务流程分析的目的是获得业务流程和业务与数据之间联系的形式描述。一般采用数据流分析法，分析结果以数据流图表示。数据流图表达了数据和数据处理过程的关系，在 SA 方法中，处理过程的处理逻辑常常借助判定树或判定表来描述，系统中的数据则借助数据字典来描述。图 2.2 所示为一个数据流图的基本形式，图中的有向线段表示数据流，圆圈代表一个处理过程，带有名字的双线段表示存储的信息。

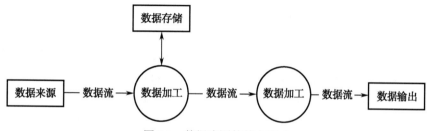

图 2.2　数据流图的基本形式

　　下面是对学校教学管理系统进行数据库系统设计的业务流程分析，原始的数据是学生成绩，系统要求统计学生成绩，并根据成绩统计的结果由奖学金评定委员会评选出奖学金的获得者，其数据流图如图 2.3 所示。

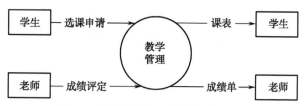

图 2.3　学校教学管理系统的数据流图

2）编制数据字典

　　数据字典是系统中各类数据描述的集合，是进行详细数据收集和数据分析所获得的主要成果。数据字典在数据库设计中占有重要地位。

　　数据字典通常包括数据项、数据结构、数据流、数据存储和处理过程 5 个部分。其中数据项是数据的最小组成单位，若干个数据项可以组成一个数据结构，数据字典通过对数据项和数据结构的定义来描述数据流、数据存储的逻辑内容。

　　➢ 数据项：数据项是不可再分的数据单位。对数据项的描述通常如下：

数据项描述={数据项名，数据项含义说明，别名，数据类型，长度，取值范围，
　　　　　　取值含义，与其他数据项的逻辑关系，数据项之间的联系}

　　其中，"取值范围""与其他数据项的逻辑关系"（如该数据项等于另几个数据项之和，该数据项等于另一个数据项的值等）定义了数据的完整性约束条件，是设计数据检验功能的依据。可以用关系规范化理论为指导，用数据依赖的概念来分析和表示数据项之间的联系。即按照实际语义，写出每个数据项之间的数据依赖。这些数据依赖是数据库逻辑设计阶段数据模型优化的依据。

　　➢ 数据结构：数据结构反映了数据之间的组合关系。一个数据结构可以由若干个数据
　　　　项组成，可以由若干个数据结构组成，也可以由若干个数据项和数据结构混合组成。
　　　　对数据结构的描述通常如下：

数据结构描述={数据结构名，含义说明，组成：{数据项或数据结构}}

　　➢ 数据流：数据流是数据结构在系统内传输的路径。对数据流的描述通常如下：

数据流描述={数据流名，说明，数据流来源，数据流去向，组成：{数据结构}，
　　　　　　平均流量，高峰期流量}

　　其中，"数据流来源"用于说明该数据流来自哪个过程。"数据流方向"用于说明该数据流到哪个过程去。"平均流量"是指在单位时间（每天、每周、每月等）里的传输次数。"高峰期流量"则是指在高峰时期的数据流量。

➢ 数据存储：数据存储是数据结构停留或保存的地方，也是数据流的来源和去向之一。它可以是手工文档或手工凭单，也可以是计算机文档。对数据存储的描述通常如下：

数据存储描述={数据存储名，说明，编号，输入的数据流，输出的数据流，组成：

{数据结构}，数据量，存取频度，存取方式}

其中，"存取频度"是指每小时、每天或每周存取几次，每次存取多少数据等信息。"存取方式"包括是批处理还是联机处理、是检索还是更新、是顺序检索还是随机检索等。另外，"输入的数据流"用于指出其来源，"输出的数据流"用于指出其去向。

➢ 处理过程：处理过程的具体处理逻辑一般通过判定表或判定树来描述。数据字典中只需要描述处理过程的说明性信息。对处理过程的描述通常如下：

处理过程描述={处理过程名，说明，输入：{数据流}，输出：{数据流}，处理：

{简要说明}}

其中，"简要说明"主要用于指出该处理过程的功能及处理要求。功能是指该处理过程用来做什么（而不是怎么做）；处理要求包括处理频度要求（如单位时间里处理多少事务、多少数据量、响应时间要求等），是后面物理设计的输入及性能评价的标准。

综上所述，数据字典是关于数据库中数据的描述，即元数据，而不是数据本身。数据字典是在需求分析阶段被建立的，在数据库设计过程中被不断地修改、充实并完善。

4．评审

评审的目的在于确认某一阶段的任务是否全部完成，以免出现重大疏漏和错误。在评审时，建议邀请项目组以外的专家和主管部门负责人参加，以保证评审工作的客观性和质量。评审常常会导致设计过程的回溯和反复，设计人员需根据评审意见修改所提交的阶段设计成果，有的修改需要回溯到前面的某一阶段，进行部分乃至全部重新设计，然后进行评审，直至达到全部系统的预期目标为止。最后需要注意以下两点。

（1）收集将来应用所涉及的数据是需求分析阶段一个重要而又困难的任务。设计人员应充分考虑到可能的扩充和改变，使设计易于更改，系统易于扩充。

（2）强调用户参与是数据库应用系统设计的特点。数据库应用系统和广大用户有密切的联系，用户要使用数据库，数据库设计和建立又可能对广大用户的工作环境产生重要影响。因此用户的参与是数据库设计不可分割的一部分。在数据分析阶段，任何调查研究过程中没有用户的积极参与都是寸步难行的，设计人员应该和用户充分交流并达成共识，帮助不熟悉计算机的用户建立数据库环境下的共同概念，并对设计工作的最后结构承担共同责任。

任务 2.3.3　数据库概念结构设计

微课视频

概念结构设计是在需求说明书的基础上，按照特定方法把它们抽象为一个不依赖于任何具体机器的数据模型，即概念模型，这个过程就是数据库概念结构设计。概念模型独立于数据库系统的逻辑结构、独立于数据库管理系统、独立于计算机系统，使设计者的注意力从复杂的实现细节中解脱出来，只集中在重要信息的组织结构和处理模式上。

1．概念模型的特点

（1）能真实、充分地反映现实世界。概念模型包括事物和事物之间的联系，能满足用户对数据的处理要求，是对现实世界建立的一个真实模型。

（2）易于理解。设计人员可以用概念模型和不熟悉计算机的用户交换意见，而用户的积极参与是数据库设计成功的关键。

（3）易于更改。当应用环境和应用要求改变时，容易对概念模型进行修改和扩充。

（4）易于向关系、网状、层次等各种数据模型转换。

2．概念结构设计的方法

概念结构设计的方法有以下两种。

（1）集中模式设计法：这种方法是根据需求由一个统一的机构或人员设计的一个综合的全局模式。这种方法简单方便，适合于小型或不复杂的系统设计。由于该方法很难描述复杂的语义关联，因此不适用于大型或复杂的系统设计。

（2）视图集成设计法：这种方法是将一个系统分解成若干个子系统，首先对每一个子系统进行模式设计，建立各个局部视图，然后将这些局部视图进行集成，最终形成整个系统的全局模式。

3．概念结构设计的过程

数据库概念设计常常使用 E-R 图和视图集成设计法进行设计。其设计过程如下：首先设计局部应用，并进行局部视图（局部 E-R 图）设计，然后进行视图集成得到概念模型（全局 E-R 图）。概念结构设计一般有 4 种策略。

（1）自顶向下：这种策略是从全局概念结构开始逐层细化，即首先定义全局概念结构的框架，然后逐步细化，如图 2.4（a）所示。

（2）自底向上：首先进行数据抽象并设计局部视图，然后将它们集成起来，得到全局概念结构，如图 2.4（b）所示。

（3）逐步扩张：首先定义最重要的核心概念结构，然后向外扩充，以滚雪球的方式逐步生成其他概念结构，直至形成全局概念结构，如图 2.4（c）所示。

（4）混合策略：这种策略就是将上述 3 种方法与实际情况结合起来使用，用自顶向下策略设计一个全局概念结构的框架，再以它为骨架集成自底向上策略中设计的各个局部概念结构。

通常，当数据库系统不是特别复杂且很容易掌握全局时，可以采用自顶向下策略；当数据库系统十分庞大且结构复杂很难一次性掌握全局时，一般采用自底向上策略；当时间紧迫，需要快速建立起一个数据库系统时，可以采用逐步扩张策略，但是该策略容易产生负面效果，所以要慎用。

视图经过合并形成初步 E-R 图，只有进行修改和重构，才能生成最后基本的 E-R 图。该 E-R 图作为进一步设计数据库的依据。

4．数据抽象与局部视图设计

概念结构是对现实世界的一种抽象。所谓数据抽象，就是对实际的人、物、事和概念进行人为处理，抽取所关心的共同特性，忽略非本质的细节，并把这些特性用各种概念精确地加以描述，从而组成某种模型。以 E-R 图为例，概念模型就是将需求分析中的信息抽象成一个一个的实体，并确定这些实体之间的关系。

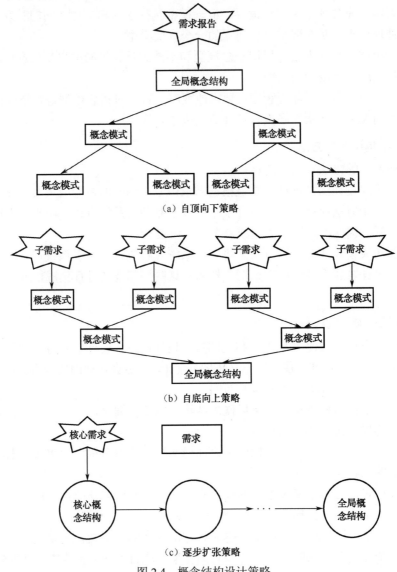

（a）自顶向下策略

（b）自底向上策略

（c）逐步扩张策略

图 2.4　概念结构设计策略

1）数据抽象的 3 种情况

① 分类（Classification）：将具有共同特性和行为的对象抽象成为一类。它抽象了对象值和实体型之间的"is member of"的语义，如将"王枫""李强""张政龙"抽象成"学生"；将"计算机""通信""管理"等抽象成"专业"。这些类既可以作为 E-R 图中的实体，又可以作为实体的属性。例如，在学校环境中，王枫是学生，表示王枫是学生中的一员，具有学生们共同的特性和行为，如在某个班学习某种专业，选修某些课程，如图 2.5 所示。

② 聚集（Aggregation）：找出从属于一个实体的所有属性，即定义某一类型的组成部分。它抽象了对象内部类型和组成部分之间"is part of"的语义，如"学号""姓名""专业"都从属于"学生"这个实体；"专业代码""专业名称""基本方向"都从属于"专业"这个实体。若一个实体中的所有属性都找到了，则这个实体的数据抽象也基本上完成了。在 E-R 图中，若干个属性的聚集可组成实体型，如图 2.6 所示。

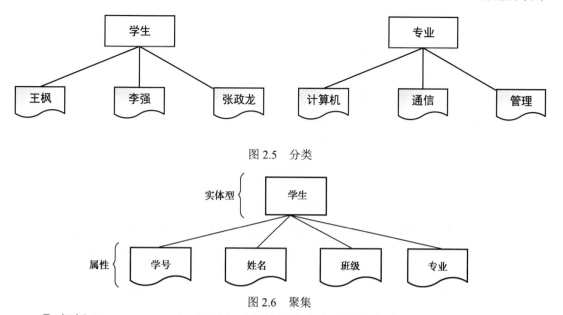

图 2.5　分类

图 2.6　聚集

③ 概括（Generalization）：从面向对象的角度来考虑实体与实体之间的关系，即类似于类之间的"继承"或"派生"关系。它抽象了类型之间的"is subset of"的语义，如"学生"派生出"大学生"，"大学生"派生出"专科生"；反过来看，"专科生"继承了"大学生"的属性，"大学生"继承了"学生"的属性，如图 2.7 所示。当然，原 E-R 图不支持概括这种抽象，除非对其进行扩充，允许定义超类实体和子类实体。

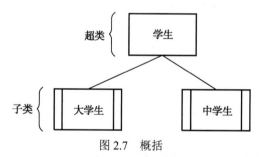

图 2.7　概括

比如，猫和动物之间是概括的关系，在 *Tom and Jerry* 中那只名为 Tom 的猫与猫之间是分类的关系，Tom 的毛色和 Tom 之间是聚集的关系。订单细节和订单之间，订单细节肯定不是一个订单，因此不是概括或分类的关系。订单细节是订单的一部分，因此只能是聚集的关系。

2）局部视图设计

概念结构设计的第一步就是利用上面介绍的抽象机制对需求分析阶段收集到的数据进行分类、组织（聚集），形成实体、实体的属性，标识实体的码，确定实体之间的联系类型（$1:1$、$1:n$、$m:n$），设计分 E-R 图。具体做法如下。

① 选择局部应用：根据某个系统的具体情况，在多层的数据流图中选择一个适当层次的数据流图作为设计分 E-R 图（又称局部 E-R 图）的出发点。同时，使这组图中每一部分对应一个局部应用。由于高层的数据流图只能反映系统的概貌，而底层的数据流图又过于分散和琐碎，因此人们往往以中层数据流图作为设计分 E-R 图的依据，而且中层的数据流图能较好地反映系统中各局部应用的子系统组成，如图 2.8 所示。

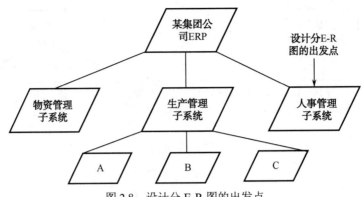

图 2.8　设计分 E-R 图的出发点

② 逐一设计分 E-R 图: 在选择好局部应用之后, 就要对每个局部应用逐一设计分 E-R 图。

在前面选好的某一层次的数据流图中, 每个局部应用都对应了一组数据流图, 局部应用涉及的数据都已经被收集在数据字典中了。现在需要将这些数据从数据字典中抽取出来, 参照数据流图, 标定局部应用中的实体、实体的属性、标识实体的码, 确定实体之间的联系及其类型。

事实上, 在现实世界中, 最具体的应用环境常常对实体和属性已经进行了大致的自然划分。在数据字典中,"数据结构""数据流""数据存储"都是有意义的若干属性的聚合, 已经体现了这种划分。在设计过程中, 可以先从这些内容出发定义 E-R 图, 再对 E-R 图进行必要的调整。调整 E-R 图遵循的原则是: 为了简化 E-R 图的设置, 现实世界的事物能作为属性对待的, 尽量作为属性对待。

设计过程中可能会发现: 有些事物既可以被抽象为实体, 又可以被抽象为属性或实体间的联系。对于这样的事物, 我们应该使用最容易被用户理解的概念模型来表示。在容易被用户理解的前提下, 若事物既可以被抽象为属性, 又可以被抽象为实体, 则尽量将其抽象为属性。

属性和实体之间并没有可以从形式上截然划分的界限, 但凡满足以下准则的均可视为属性。

➤ 作为"属性", 不能再具有需要描述的性质,"属性"必须是不可分的数据项, 不能包含其他属性。

➤ "属性"不能与其他实体有联系, 即 E-R 图中所表示的联系是实体之间的联系。

另外, 当描述发生在实体集之间的行为时, 最好采用联系。例如, 读者和图书之间的借书、还书行为, 顾客和商品之间的购买行为, 都应该作为联系。划分联系的属性应遵循如下原则: 和联系中的所有实体都有关的属性应作为联系的属性。例如: 学生和课程之间的选课联系中的成绩属性, 顾客和商品之间的销售联系中的数量属性等都应该作为联系的属性。

【例 2.1】某校关于学生课程管理系统的数据库系统, 在学校中有教务处和研究生院两个管理学生的部门, 在设计 E-R 图时, 可分别设计教务处学生课程管理和研究生院学生课程管理的局部的 E-R 图, 如图 2.9 和图 2.10 所示。

【例 2.2】在医院中, 一个病人只能住在一个病房, 病房号可以作为病人实体的一个属性。若病房还要与医生实体发生联系, 即一个医生负责几个病房的病人的医疗工作, 则病房也应作为一个实体。病房作为属性和实体的 E-R 图的变化如图 2.11 所示。

图 2.9　教务处学生课程管理的局部 E-R 图

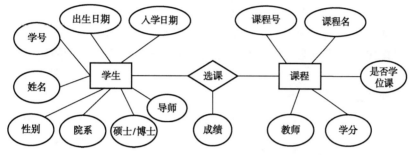

图 2.10　研究生院学生课程管理的局部 E-R 图

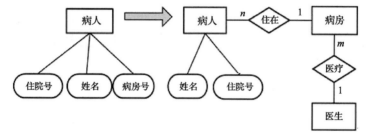

图 2.11　病房作为属性和实体的 E-R 图的变化

5．全局概念模式设计

局部 E-R 图设计从局部需求出发，比开始就设计全局模式要简单得多。有了各局部 E-R 图，就可通过局部 E-R 图的集成设计全局模式。在进行局部 E-R 图集成时，建议按照下面 3 个步骤进行。

（1）确认局部 E-R 图中之间是否有冲突。

常见的冲突有 4 类。

① 命名冲突：即有同名异义或同义异名。例如，"学生"和"课程"这两个实体集在例 2.1 的教务处学生课程管理的局部 E-R 图和研究生院学生课程管理的局部 E-R 图中含义是不同的，在教务处学生课程管理的局部 E-R 图中，"学生"和"课程"是指大学生和大学生课程，在研究生院学生课程管理的局部 E-R 图中，是指研究生和研究生课程，这属于同名异义；在教务处学生课程管理的局部 E-R 图中学生实体集有"何时入学"这一属性，在研究生院学生课程管理的局部 E-R 图中有"入学日期"这一属性，两者属于同义异名。

② 概念冲突：同一概念在一个局部 E-R 图中可能作为实体集，在另一个局部 E-R 图中可能作为属性或联系。

③ 域冲突：相同的属性在不同的局部 E-R 图中有不同的域。例如，"学号"在一个局部 E-R 图中可能作为字符串，在另一个局部 E-R 图中可能作为整数。相同的属性采用不同

的度量单位，被称为域冲突。

④ 约束冲突：不同局部 E-R 图可能有不同的约束。例如，对于"选课"这个联系，大学生和研究生选课数量的最低和最高的限定可能不一样。

（2）对局部 E-R 图进行某些修改，解决冲突。

解决冲突就是将存在的命名冲突、概念冲突、域冲突、约束冲突按照统一规范进行定义。例如，在例 2.1 中，"何时入学"和"入学日期"两个属性名可以统一成"入学日期"，"学号"统一用字符串表示，"学生"实体可以定义为"大学生"和"研究生"两类，"课程"实体也可以定义为"本科生课程"和"研究生课程"两类等。

（3）合并局部 E-R 图，形成全局模式。

在合并局部 E-R 图过程中，应尽可能合并对应部分，保留特殊部分，删除冗余部分，并在必要时对模式进行适当修改，力求使模式简明清晰。局部 E-R 图的集成并不限于两个局部 E-R 图集成，也可推广到多个局部 E-R 图集成。而多个局部 E-R 图集成比较复杂，一般使用计算机辅助设计工具进行。

【例 2.3】 在学校机构中设计学生课程管理数据库系统的全局 E-R 图，如图 2.12 所示。

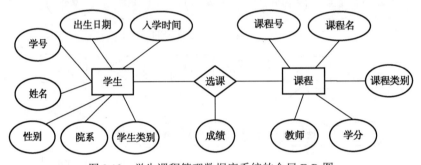

图 2.12　学生课程管理数据库系统的全局 E-R 图

其中，在"学生"实体的属性中，学生类别的域为本科生、研究生、博士生，如果是研究生、博士生，则应有他们的"指导老师"属性；在"课程"实体的属性中，课程类别的域为研究生课程、本科生课程。

【例 2.4】 设计一个工厂生产管理系统的 E-R 图。

分析：工厂生产由技术部门和供应部门提供保障。技术部门关心的是产品的性能参数、装配的零件数量、零件的耗用量等；供应部门关心的是产品价格、使用材料的价格及库存量等。分别设计技术部门和供应部门的 E-R 图，如图 2.13 和图 2.14 所示。

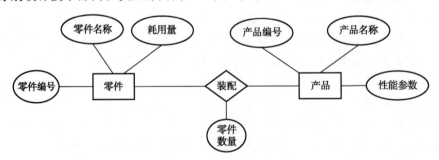

图 2.13　技术部门的 E-R 图

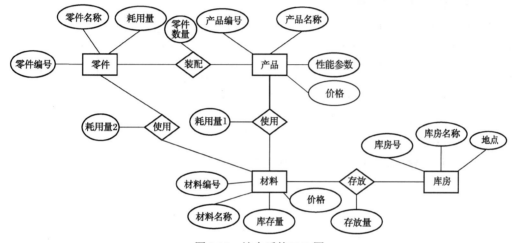

图 2.14　供应部门的 E-R 图

　　进一步分析：在图 2.13 和图 2.14 中，"产品"实体的实体名和含义是相同的，在综合成
E-R 图时可以合并为一个实体。在现实世界中，产品是通过消耗材料生产出来的，即产品和
材料之间也是有联系的；零件也是通过消耗材料生产出来的，即零件和材料之间也有消耗关
系。因此，图 2.13 和图 2.14 可以合并成全局的 E-R 图。综合后的 E-R 图如图 2.15 所示。

图 2.15　综合后的 E-R 图

　　分析：综合后的 E-R 图中存在数据冗余问题。产品对材料的"耗用量 1"可以通过组
成产品的零件所消耗材料的"耗用量 2"计算获得，因此"耗用量 1"为冗余数据，应该将
其从 E-R 图中删除，此时联系没有了属性，产品与材料之间的联系也可以从图中删除。每
一种材料的库存量可以通过各个仓库中这种材料的存放量计算获得，因此实体"材料"的
库存量为冗余属性，应该从图中删除。除去冗余后的 E-R 图如图 2.16 所示。

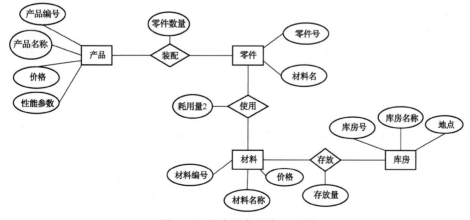

图 2.16　除去冗余后的 E-R 图

任务 2.3.4 数据库逻辑结构设计

概念结构是独立于任何一种数据模型的信息结构，而逻辑结构设计的任务是把基本 E-R 图转换为数据库管理系统产品所支持的与数据模型相符合的逻辑结构。

数据库逻辑结构设计是把系统概念模型转换为系统逻辑模型。数据库逻辑结构设计依赖于数据库管理系统，不同的数据库管理系统支持不同的数据模型，数据库的数据模型包括层次模型、网状模型和关系模型，其中，关系模型和关系数据库管理系统因有关系理论支持而得到广泛使用，成为当今数据库系统的主流。所以，本任务主要以关系模型和关系数据库管理系统为基础讨论数据库逻辑结构设计的方法。

1. 逻辑结构设计的步骤

逻辑结构设计一般分 3 个步骤进行，如图 2.17 所示。

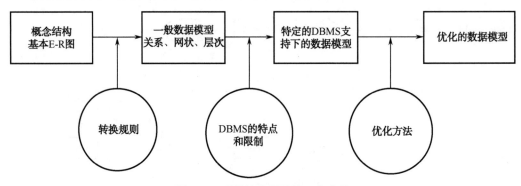

图 2.17　逻辑结构设计的 3 个步骤

第一步，将概念结构转换为一般的关系、网状、层次模型。

第二步，将转换后的关系、网状、层次模型向特定的 DBMS 支持下的数据模型进行转换。

第三步，对数据模型进行优化。

2. E-R 图向关系模型的转换

E-R 图向关系模型的转换需要将实体和实体间的联系转换为关系模式，并确定这些关系模式的属性和码。

关系模型的逻辑结构是一组关系模式的集合。E-R 图是由实体型、实体的属性和实体型之间的联系 3 个要素组成的。所以将 E-R 图转换为关系模型，实际上就是将实体、实体的属性和实体之间的联系转换为关系模式，这种转换一般遵循如下 6 条原则。

第一，一个实体型转换为一个关系模式。实体的属性就是关系的属性，实体的码就是关系的码（用属性加下画线表示）。

第二，一个 1∶1 联系可以转换为一个独立的关系模式，也可以与任意一端对应的关系模式合并。若转换为一个独立的关系模式，则与该联系相连的各实体的码及联系本身的属性均转换为关系的属性，每个实体的码均是该关系的候选码。若与某一端实体对应的关系模式合并，则需要在该关系模式的属性中加入另一个关系模式的码和联系本身的属性。

第三，一个 1∶n 联系可以转换为一个独立的关系模式，也可以与 n 端对应的关系模式合并。若转换为一个独立的关系模式，则与该联系相连的各实体的码及联系本身的属性均转换为关系的属性，而关系的码为 n 端实体的码。

第四，一个 $m:n$ 联系可以转换为一个独立的关系模式。与该联系相连的各实体的码及联系本身的属性均转换为关系的属性，而关系的码为各实体的码的组合。

第五，3 个或 3 个以上实体间的一个多元联系可以转换为一个关系模式。与该多元联系相连的各实体的码及联系本身的属性均转换为关系的属性，各实体的码是组成关系的码或关系码的一部分。

第六，具有相同码的关系模式可以合并。

【例 2.5】 学生管理系统的 E-R 图（见图 2.18）向关系模型转换。

按照上述转换规则，转换结果可以有多种，比如，可转换为如下结果。

课程表（课程号，课程名，开学学期，学分）。

学生表（学号，姓名，年龄，性别，系名）。

系表（系名，专业简介，教工号）。

系主任表（教工号，姓名，性别）。

成绩表（课程号，学号，成绩）。

说明：成绩表的（课程号，学号）是组合码。

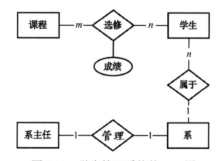

图 2.18 学生管理系统的 E-R 图

【例 2.6】 项目管理系统的 E-R 图（见图 2.19）向关系模型转换。

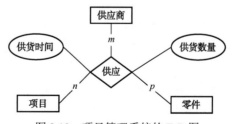

图 2.19 项目管理系统的 E-R 图

转换后的结果如下。

供应商表（供应商号，供应商名，地址）。

零件表（零件号，零件名，颜色，重量）。

项目表（项目号，项目名，地址）。

供应表（供应商号，零件号，项目号，供货时间，供货数量）。

3. 数据模型优化

数据库逻辑模型设计的结果可能有多种，但为了使设计出来的系统效率和可靠性更高，就必须对系统进行适当的修改，调整数据模型结构，这就是数据模型优化。若不进行数据模型优化，则可能导致大量数据冗余，还可能导致数据操作异常。现有图书销售信息关系如下。

图书销售信息表（顾客号，顾客姓名，<u>订单号</u>，订购日期，<u>书号</u>，书名，价格，图书类别号，图书类别名，数量）。

在这个关系中，每个顾客可拥有多张订单，每张订单却只属于一个顾客；每张订单可以包含多本图书，每本图书也可以被包含在多张订单中；每本图书属于一个类别，每个类别却可以有多本图书。在此关系中，订单号和书号的组合可以唯一确定一条记录，所以它们的组合是这个关系的主码。

若真将这个关系转换成一个表来存储数据，则会存在大量的数据存储冗余。例如，对于同一本图书的信息，包括书名、图书类别号、图书类别名等都存在重复存储的现象。数据的冗余不仅会占用大量的存储空间，更严重的是，在数据的操纵过程中，还可能引发数据不一致的问题。常见的异常情况，总结如下。

➢ 插入异常。

有一个顾客想要注册为会员，但是他还从未购买图书，该记录因为缺少部分主码（订单号），违反了实体完整性要求，所以在该关系中这个顾客的信息就无法被插入。

➢ 更新异常。

当需要更新关系中的数据时，例如，更新书号为 1 的图书的书名时，该图书因为信息重复存储，所以需要将所有书号为 1 的记录对应的书名同时更新，一旦有遗漏就会造成数据不一致现象。

➢ 删除异常。

当某个顾客只购买了一本书且需要将该订单信息删除时除掉，因为数据的插入、删除操作在数据库管理系统中总是以数据行为最小单位进行的，所以该顾客信息将被一起删除掉。

数据模型优化中有关函数依赖及范式的知识讲解，见本章知识拓展部分。

任务 2.3.5 　数据库物理结构设计

数据库物理结构设计阶段的任务是根据具体计算机系统（DBMS 和硬件等）的特点，为给定的数据库模型确定合理的存储结构和存取方法。所谓"合理"有两个方面的含义：一方面是要使设计出的物理数据库占用较小的存储空间，另一方面是对数据库的操作具有尽可能快的速度。

数据库物理结构设计一般分为两个步骤。

第一步，确定数据库的物理结构。在关系数据库中，主要指存取方法和存储结构。

第二步，对物理结构进行评价。评价的重点是实施时间和空间效率。

若评价结果满足原设计要求，则可以进入物理实施阶段，否则需要重新设计或修改物理结构，甚至需要返回数据库逻辑结构设计阶段修改数据模型。

1．获取数据库物理结构设计的参数

物理结构设计阶段实现的是数据库系统的内模式，它的质量直接决定了整个系统的性能。因此，在确定数据库的存储结构和存取方法之前，首先，对数据库系统所支持的事务进行仔细分析，获得数据库物理设计所需要的参数；然后，充分了解所用的关系数据库管理系统（Relational Database Management System，RDBMS）的内部特征，特别是系统提供

的存取方法和存储结构。

（1）对于数据库查询事务，需要得到如下信息。

➤ 查询的关系。

➤ 查询条件所涉及的属性。

➤ 连接条件所涉及的属性。

➤ 查询的投影属性。

（2）对于数据库更新事务，需要得到如下信息。

➤ 被更新的关系。

➤ 每个关系上的更新操作条件所涉及的属性。

➤ 修改操作要改变的属性值。

上述这些信息都是确定关系存取方法的依据。除此之外，还需要知道每个事务在各关系上运行的频率，以及某些事务可能具有严格的性能要求。例如，某个事务必须在 20 秒内结束。由于这种时间约束对于存取方法的选择有重大的影响，因此需要了解每个事务的时间约束。

值得注意的是，在进行数据库物理结构设计时，信息可能不完整，通常并不知道所有的事务。所以，可能需要修改根据现有信息设计的物理结构，以适应新事务的要求。

2．确定关系模型的存取方法

确定数据库的存取方法，就是确定建立哪些存储路径以实现快速存取数据库中的数据。现行的 DBMS 一般都提供了多种存取方法，如索引法、HASH 法等。其中，最常用的是索引法。

数据库的索引类似书的目录。在书中，目录允许用户不必浏览全书就能迅速地找到所需要的位置；在数据库中，索引也允许应用程序迅速找到表中的数据，而不必扫描整个数据库。在书中，目录就是内容和相应页号的清单；在数据库中，索引就是表中数据和相应存储位置的列表。使用索引可以大大减少数据的查询时间。

但需要注意的是，索引虽然能加快查询速度，但是为数据库中的每个表都设置大量的索引并不是一个明智的做法。这是因为增加索引也有其不利的方面：首先，每个索引都将占用一定的存储空间，如果建立聚簇索引（会改变数据物理存储位置的一种索引），则需要占用的存储空间会更大；其次，当对表中的数据进行增加、删除和修改时，需要动态地维护索引，这就降低了数据的更新速度。

在创建索引时建议遵循以下经验性原则。

➤ 在经常需要搜索的列上建立索引。

➤ 在主关键字上建立索引。

➤ 在经常用于连接的列上建立索引，即在外键上建立索引。

➤ 在经常需要根据范围进行搜索的列上创建索引，因为索引已经排序，其指定的范围是连续的。

➤ 在经常需要排序的列上建立索引，因为索引已经排序，这样查询可以利用索引的排序，加快排序查询的时间。

➤ 在经常成为查询条件的列上建立索引。也就是说，在经常使用 WHERE 子句的列上建立索引。

同样，对于某些列不应该创建索引。这时候应该考虑下面的指导原则。

> 对于那些在查询中很少使用和参考的列不应该创建索引。因为这些列很少被使用，所以有索引并不能提高查询的速度。相反，由于增加了索引，反而降低了系统的维护速度且增大了系统的空间需求。

> 对于那些只有很少值的列不应该建立索引。例如，人事表中的"性别"列，取值范围只有两项："男"或"女"。若在其上建立索引，则平均起来，每个属性值对应一半的元组，使用索引检索，并不能明显加快检索的速度。

3．确定数据库的存储结构

确定数据库物理结构主要是指确定数据的存放位置和存储结构，包括确定关系、索引、聚簇、日志、备份等存储安排和存储结构，确定系统配置等。确定数据的存放位置和存储结构需要综合考虑存取的时间、存储空间的利用率和维护代价 3 个方面。由于这 3 个方面常常相互矛盾，因此需要经权衡后选一个折中方案。比如，为了提高系统性能，应根据应用情况将数据的易变部分与稳定部分、经常存取部分和存取频率较低的部分分开存放。由于各系统所能提供的对数据进行物理安排的手段、方法差异很大，因此设计人员应仔细了解给定的 RDBMS 提供的方法和参数，针对应用环境要求，对数据进行适当的物理安排。常用的存储方式有顺序存放、散列存放和聚簇存放，具体如下。

> 顺序存放：平均查询次数为关系记录个数的 1/2。

> 散列存放：查询次数由散列算法决定。散列存放可以提高数据的查询效率。

> 聚簇（Cluster）存放："记录聚簇"是指将不同类型的记录分配到相同的物理区域中，充分利用物理顺序性的优点，提高访问速度，即把经常在一起使用的记录聚簇放在一起，以减少物理 I/O 次数。

4．确定系统配置

系统配置变量很多，例如，同时使用的用户数、同时打开的数据库对象数、内存分配参数、缓冲区分配参数、存储分配参数、物理块大小等。这些参数值会影响存取时间和存储空间的分配，在物理设计时就要根据应用环境确定这些参数值，以使系统性能最佳。虽然 DBMS 产品一般都提供了系统配置的默认参数，但是默认值不一定适合用户需要，因此要根据实际情况做适当调整。

任务 2.3.6 部署与维护数据库

在完成数据库物理设计后，设计人员需要使用 RDBMS 提供的数据定义语言和其他实用程序，将数据库逻辑结构设计和物理结构设计的结果严格描述出来，成为 DBMS 可以接受的源代码，再经过调试产生目标模式，就可以组织数据入库了，这就是数据库实施阶段。

数据库实施包含系列活动，如创建数据库、载入数据和测试数据库等。

1．创建数据库

创建数据库是指在计算机平台上执行 CREATE 命令，建立数据库及组成数据库的各种对象。在 DBMS 提供的用户友好接口（UFI）的支持下，可以交互式地建立各种数据库对象。也可将各 DDI 命令组织成 SQL 程序脚本，运行该脚本即可成批地创建各种数据库对象。在 MySQL 数据库环境下，可以编写和执行 SQL 脚本程序。

表（Table）是组成关系数据库的主要对象。因为实际数据都是存放在表中的，所以表的创建是必不可少的。其他数据库对象，如视图、索引、各种完整性约束等，既可以在创建数据库时与表一并创建，又可以在创建完数据库以后随时创建。

2．载入数据

上一步创建的数据库只是一个"框架"，只有装入实际数据后，才算真正建立了数据库。数据库实施阶段有两项重要工作：一是数据载入；二是应用程序的编码与调试。

首次在新建立的数据库（框架）中批量装入实际数据的过程，被称为数据载入（Load）。若之前的数据已经"数字化"，即已经存在于某些文件或其他形式的数据库中，则此时的载入工作主要是转换（Transformation），即将数据重新组织或组合，转换成满足新数据库要求的格式。现代 DBMS 一般都提供专门的实用程序或工具，以帮助实现上述工作。

若原始数据并未"数字化"，则需将它们通过人工批量录入数据库。在一般的数据库系统中，数据量都很大，而且数据来自部门中的不同的单位，数据的组织形式、结构和格式都与新设计的数据库系统有一定差距。此时要先将原始数据收集并整理好，然后借助专门开发的应用程序，将数据批量录入。

3．测试数据库

测试（Testing）是软件工程中的重要阶段。数据库作为一种软件系统，在投入运行之前一定要经过严格测试。数据库测试一般要和数据库应用程序的测试结合起来，通过试运行查找错误（或不足），并进行联合调试。

这一阶段要实际运行数据库应用程序，执行对数据库的各种操作，测试应用程序的功能是否满足设计要求。若不满足，则需要对应用程序进行修改、调整，直到符合设计要求为止。

对数据库本身的测试，重点放在两方面：第一，在通过操纵性操作（插入、删除、修改）后，判断数据库能否保持一致性，这里实际上要检查在数据库中定义的各种完整性约束能否有效实施；第二，要测试系统的性能指标，在对数据库进行物理设计时已初步确定了系统的物理参数值，由于设计时所考虑的内容在许多方面只代表估计内容，和实际的系统运行情况有一定差距，因此必须在试运行阶段实际测量和评价系统的性能指标。

在实践中一般分期、分批地载入数据。先输入小批量数据进行测试，等试运行合格后，再大批量输入数据。

4．运行与维护数据库

经过测试和试运行后，数据库开发工作就基本完成了，可将其投入正式运行。数据库的生命周期也进入运行和维护阶段。

数据库是企业的重要信息资源，支持多种应用系统共享数据。为了让数据库高效、平稳地运行，也为了适应应用环境及物理存储的不断变化，需要对数据库进行长期的维护。这也是设计工作的继续和提高。对数据库的维护工作主要由数据库管理员（Database Administrator，DBA）完成，其主要工作如下。

1）数据库的备份与恢复

这是系统非常重要的和经常性的维护工作。备份（Backup）就是定期或不定期地将数据库的全部或部分内容转储。通常将转储的副本保存在另外的计算机系统中，或者将副本存储在磁带等介质上脱机保存。这样一来，一旦数据库系统发生大的故障，可根据备份的副本进行系统恢复（Recovery），尽可能地减少损失。DBA 应根据系统的特点，制定合适的备份恢复计划。

2）数据库性能监控

在数据库运行过程中，监督系统运行、分析监测数据，以及找出改进系统性能的方法是 DBA 的重要任务。目前，主要的 DBMS 都提供了监测系统参数的工具，DBA 利用这些工具可以方便地得到系统在运行过程中一系列性能参数的值。DBA 应仔细分析这些数据，判断当前系统运行状态是否为最佳，应当做哪些改进。常见的改进手段包括调整系统物理参数，重组或重构数据库等。

3）数据库的重组与重构

在数据库运行一段时间后，由于记录不断被增加、删除、修改，因此会使数据库的物理存储情况变差，数据的存取效率降低，数据库性能下降，这时 DBA 就要对数据库进行重组（Reorganization）。在重组过程中，按照原设计要求重新安排存储位置、回收垃圾、减少指针链等，提高系统性能。重组要付出代价，却可以提高性能，两者相互矛盾。为了避免矛盾，最好利用计算机空闲时间进行重组。

数据库重组并不修改原设计的逻辑和物理结构，而数据库重构（Reconstruction）则不同，它是指修改部分数据库的逻辑和物理结构。

数据库的逻辑模式应是相对稳定的，但随着应用环境的变化、新应用的出现及原应用内容的更新，有时要求对数据库逻辑模式进行必要的变动，这时就要重构数据库。重构不是将一切推倒重来，而是在原来基础上进行修改和扩充。由于重构比重组复杂得多，因此必须在 DBA 的统一规划下进行。

目前，DBMS 一般都提供动态模式修改功能（如 SQL 中的 ALTER），但重构是一个可能产生错误和有待验证的过程，边重构、边运行基本上是不现实的。一般在原数据库运行的同时，另外创建一个新的数据库，在新数据库的基础上去完成重构工作，待新的数据库建立并通过验证后，再将应用程序转移到新数据库上，最后撤销原数据库。

重组对用户和应用是透明的，而重构一般不是。因此应让用户知道重构后的模式，并对应用做出相应的修改，以适应重构后的数据库模式。

2.4　任务小结

➢ **任务 1**：全面认识数据库设计。通过学习，读者应当了解数据库设计的概念、数据库设计的生命周期、数据库设计的任务与目的、数据库设计的特点，掌握数据库设计的基本方法。

➢ **任务 2**：调研分析数据库需求。其过程包括深入调查、收集信息、整理信息、评审等环节。建议重点掌握整理信息中的业务流程分析及数据字典的相关知识。

➢ **任务 3**：数据库概念结构设计。通过学习，读者应当了解概念模型的特点，概念结构设计的方法与过程。建议重点掌握数据抽象与局部视图设计，合并局部 E-R 图、形成全局模式，以及局部 E-R 图冲突的基本识别与解决方法。

➢ **任务 4**：数据库逻辑结构设计。通过学习，读者应当了解逻辑结构设计的方法与步骤。建议重点掌握 E-R 图向关系模型的转换，以及数据模型的优化。

➢ **任务 5**：数据库物理结构设计。通过学习，读者应当了解存储结构、存取方法的确定，以及物理结构相关参数的获取。

➢ **任务 6**：部署与维护数据库。通过学习，读者应当了解数据库实施，以及运行与维护数据库的相关活动。

通过对本章的学习，读者应重点掌握概念结构设计和逻辑结构设计，因为这两个步骤是将现实世界与机器世界联系起来的重要环节。另外，在设计过程中多检查与验证设计，即通过数据库设计所支持的应用程序原型检查数据库，保证用户检查了数据模型并查看了如何取出数据。

在学习完本章后，当遇到实际问题时，建议将所学理论知识与实际相结合，这样可以"少走弯路"，提高学习效率和质量。

2.5　知识拓展

1．函数依赖

函数依赖是最重要的一种数据依赖，在对关系进行规范化处理的过程中，主要使用函数依赖来分析关系中存在的数据依赖及其特点。比如，在图书销售信息关系中，每一个"顾客号"都有一个唯一的"顾客姓名"与之对应，则称"顾客号"函数决定"顾客姓名"，而"顾客姓名"函数依赖于"顾客号"；但反过来，因为可能存在顾客姓名重名的情况，所以"顾客姓名"不能函数决定"顾客号"。又如，在一张订单中，某种图书销售数量是一定的，使用"订单号"与"书号"的组合（它们共同构成关系的主码）可以函数决定"数量"，或者说"数量"函数依赖于"订单号"与"书号"的组合。

函数依赖可以分为部分函数依赖、完全函数依赖及传递依赖。

1）部分函数依赖与完全函数依赖

在图书销售信息关系中，"数量"属性函数依赖于"订单号"与"书号"属性的组合，并且是完全依赖于这个属性组合，其中任何一项属性都不能独立函数决定"数量"这个属性，这就是完全函数依赖。

虽然"价格"属性函数也函数依赖于"订单号"与"书号"属性的组合，但却不是完全依赖于这个属性组合，其中"书号"属性是可以独立函数决定"价格"属性的，这就是部分函数依赖。

2）传递依赖

在图书销售信息关系中，"订单号"属性函数决定"顾客号"属性，而且"订单号"属性不函数依赖"顾客号"属性（关系中是有可能存在相互依赖的情况），由于"顾客号"属性函数决定"顾客姓名"属性，因此"顾客姓名"属性也函数依赖于"订单号"这个主属性，但不是一种直接函数依赖，而是一种传递函数依赖。

2．关系范式

数据模型优化的指导方针是规范化，在规范化的过程中，可以用关系范式来消除关系中的数据冗余，消除数据依赖中的不合适部分，从而解决数据插入、更新、删除等操作中的异常问题。

1）第一范式（1NF）

若关系的所有属性都是简单属性，则称该关系属于第一范式，简称 1NF。数据模型规范化的第一步是使关系满足 1NF，即每个属性都是不可再拆分的简单属性。

【实例 2.7】

在表 2.1 中，"电话"属性将"小明"属性的属性值分成了两个，这种情况不满足第一范式。

表 2.1　学生信息表（1）

姓　　名	电　　话	年龄/岁
大宝	13974547594	21
小明	13893475485　　　010-58425744	22

表 2.2 同样不满足第一范式。它不仅不满足第一范式的数据库，还不是关系数据库，在任何关系数据库管理系统中，都设计不出这样的"表"。

表 2.2　学生信息表（2）

姓　　名	电　　话		年龄/岁
	手　　机	座　　机	
大宝	13974547594	021-45849854	21
小明	13893475485	010-58425744	22

针对上述情况进行修改，将"电话"属性改成了"手机"和"座机"两个属性，如表 2.3 所示。该关系满足第一范式。

表 2.3　学生信息表（3）

姓　　名	手　　机	座　　机	年龄/岁
大宝	13974547594	021-45849854	21
小明	13893475485	010-58425744	22

2）第二范式（2NF）

若某关系满足 1NF，并且每个不包含在主码中的属性都完全函数依赖于关系的主码（主码有可能是多个属性的组合），则称该关系属于第二范式，简称 2NF。数据模型规范化的第二步是使关系满足 2NF。在图书销售信息关系中，除了"数量"属性对主码（"订单号"与"书号"属性的组合）是完全函数依赖的，其他非主码的属性相对主码都是部分函数依赖。但是，这些属性可能完全函数依赖于主码组合中的某个属性或更小组合，如"书名""价格""图书类别号""图书类别名"属性都完全依赖于"书号"属性。

首先将那些部分函数依赖于主码的属性从关系中取出，并将它们所函数依赖的主码（在 DBMS 中，也被称为主键）中的部分属性或更小组合复制出来作为主码（主键），构成一个新的关系，剩下的属性构成另一个关系。在重新得到的这些关系中，可能存在公共属性，这些公共属性就形成了一种相互参考引用的关系，被称为主-外键关系。往往将不能做主码（主键）或者不能独立做主码（主键）的属性参考引用另一关系的主码（主键），这就是外键，在关系模型中可用斜体字来表示。这就是一个关系分解过程，分解后的关系还需再次检查及分解，直到所有新的更小关系都满足 2NF。比如，"图书销售信息"关系在被分解后，就可以得到如下关系。

订单（<u>订单号</u>，订购日期，顾客号，顾客姓名）。

图书（<u>书号</u>，书名，价格，图书类别号，图书类别名）。

订单明细（<u>订单号</u>，<u>书号</u>，数量）。

尽管如此，被分解后的关系仍然存在数据冗余，比如，在"订单"关系中，如果一个顾客存在多张订单，则会重复存储顾客信息。同样地，图书类别的信息也可能存在大量重复。

3）第三范式（3NF）

符合 2NF，并且消除传递依赖，也就是每个非主属性都不传递函数依赖于候选键（判断传递函数依赖，指的是若存在"A → B → C"的决定关系，则 C 传递函数依赖于 A），则称该关系属于第三范式，简称 3NF。数据模型规范化的第三步是使关系满足 3NF。在"订单"关系中，主码"订单号"属性函数决定"顾客号"属性，"顾客号"属性函数决定"顾客姓名"属性，因为"顾客号"属性不能函数决定"订单号"属性，所以"顾客姓名"属性传递函数依赖于主键"订单号"属性，即该关系不满足 3NF。

消除非主码属性对主码的传递函数依赖。为了"订单"和"图书"关系满足 3NF，可以将对主码存在传递函数依赖的属性从原关系中取出，再复制其所函数依赖的属性作为新关系的主码来构成一个新关系，将剩下的属性构成另一个关系。在重新得到的这些关系中，公共属性也会形成相互参考引用的关系，即主-外键关系，主键用下画线表示，外键则用斜体字来表示。在有的关系中，主键也可能同时是外键。为了满足 3NF，"图书销售信息"关系可以分解为如下关系。

图书类别（<u>图书类别号</u>，图书类别名）。

顾客（<u>顾客号</u>，顾客姓名）。

订单（<u>订单号</u>，订购日期，*顾客号*）。

图书（<u>书号</u>，书名，价格，*图书类别号*）。

订单明细（<u>订单号</u>，<u>书号</u>，数量）。

通过关系模型的优化过程可以看出，关系模型的优化规范往往是通过将一个关系拆分为更多关系来实现的。在数据库设计理论中还有更高级别的范式，但并不是规范化程度越高的关系模式就越好，比如，当数据库的操作主要是查询操作而修改操作较少时，为了提高查询效率，宁可保留适当的数据冗余也不能将关系分解得太小，否则为了查询数据，经常需要做大量的连接运算，反而会花费大量时间，降低查询效率。

2.6 巩固练习

一、基础练习

1. 数据库设计包括概念设计、_____和物理设计。

2. 从 DBMS 角度看，数据库系统通常采用三级模式结构，即数据库系统由_____、_____和_____组成。

3. 将需求分析得到的用户需求抽象为信息结构，即概念模型的过程，就是概念结构设计，概念结构设计通常有 4 种策略：_____、_____、_____和混合策略。

4. 创建数据库是指在计算机平台上执行系列_____命令，建立数据库及组成数据库的各种对象的过程。

5. 数据库的备份就是_____。

6. 数据库重组并不修改原设计的_____，而数据库重构则不同，它是指部分修改数据库的_____。

二、进阶练习

1. 学校有若干个系，每个系都有若干个班级和教研室，每个教研室都有若干名教师，每名教师只教一门课，每门课可由多名教师任教；每个班有若干名学生，每名学生选修若干门课程，每门课程可由若干名学生选修。请先用 E-R 图画出该学校的概念模型，并注明联系类型；再将 E-R 图转换为关系模型，并进行关系模型的规范化处理，至少满足 3NF。

2. 工厂生产的每种产品由不同的零件组成，有的零件可用于不同的产品。这些零件由不同的原材料制成，不同的零件所用的材料可以相同。一个仓库可以存放多种产品，一种产品被存放在一个仓库中。零件按照所属的不同产品被分别存放在仓库中，原材料按照类别被存放在若干个仓库中（不存在跨仓库存放）。请用 E-R 图画出题中关于产品、零件、材料、仓库的概念模型，注明联系类型，再将 E-R 图转换为关系模型。

第3章
安装与配置 MySQL 数据库

3.1 情景引入

通过前两章的学习，小李已经对数据库体系及数据库设计有了比较全面的认识，并跟随导师完成了项目需求分析及数据库设计。目前，小李急需了解如何通过数据库去实现数据管理。经导师介绍得知，目前比较常用的 DBMS 有很多，如 MySQL、SQL Server、Oracle 等，其中 MySQL 数据库是 MySQL AB 公司的 DBMS 软件，是最流行的开放源代码（Open Source）的关系型数据库管理系统。如今很多大型网站已经选择 MySQL 数据库来存储数据。

MySQL 数据库有很多的优势，主要列举以下 4 点。

第一，MySQL 数据库是开放源代码的数据库。

第二，MySQL 数据库的跨平台性。

第三，价格低廉。

第四，功能强大且使用方便。

因此，小李决定选择 MySQL 数据库作为学生成绩管理系统的开发工具。

3.2 任务目标

➡ 知识目标

1. 掌握下载和安装 MySQL 数据库的方法。
2. 掌握配置 MySQL 数据库、启动或停止服务的方法。
3. 熟悉常用的数据库图形管理工具。

➡ 能力目标

1. 能熟练下载并安装 MySQL 数据库。
2. 能熟练配置、启动与停止 MySQL 数据库系统。
3. 能熟练登录与连接 MySQL 数据库。
4. 在 Linux 环境下，能熟练使用构建本地 YUM 光盘源的方式安装 MySQL 数据库。

➡️ **素质目标**

1. 具备较强的自主学习能力。
2. 具备科学的工作方法。
3. 具备勇于实践与创新的工匠精神。
4. 具备规范操作数据库的职业素养。
5. 具备较强的团队协作能力与责任意识。

3.3 任务实施

微课视频

任务 3.3.1 在 Windows 环境下下载并安装 MySQL 数据库

1. 下载 MySQL 数据库

MySQL 数据库安装包可到 Oracle 官方网站下载。Oracle 官方网站会实时更新最新安装文件，请根据最新安装文件确定安装方式。下载安装包的具体步骤如下。

（1）用浏览器打开 Oracle 官方网站，根据网站指引，进入 MySQL 官方网站的首页，如图 3.1 所示。

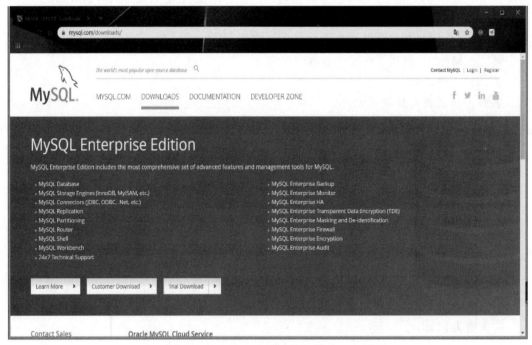

图 3.1　MySQL 官方网站的 Downloads 子菜单

（2）滚动页面，在如图 3.2 所示的页面中单击 MySQL Community (GPL) Downloads 超链接，进入 MySQL Community Downloads 页面，如图 3.3 所示。

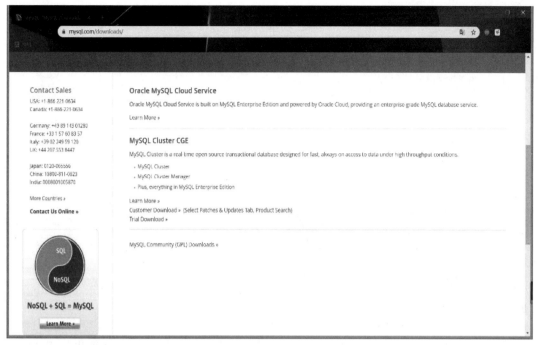

图 3.2　MySQL Downloads 页面

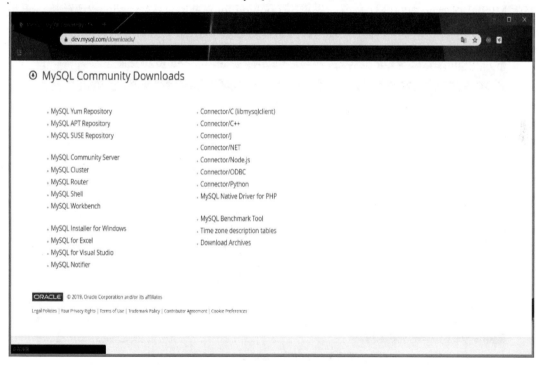

图 3.3　MySQL Community Downloads 页面（1）

（3）单击 MySQL Community Server 超链接，将进入 MySQL Community Server 下载页面，如图 3.4 所示。

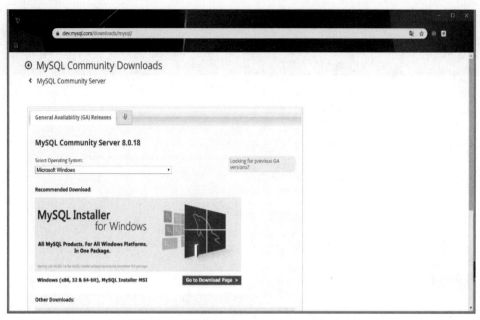

图 3.4　MySQL Community Server 下载页面

（4）用户根据自己的版本需求可下载对应的版本。这里以 Windows 32 位操作系统的完整版 MySQL Server 为例进行介绍：先单击 Looking for previous GA versions?超链接，再单击下面的 Go to Download Page 按钮，进入 MySQL Intaller 下载页面，如图 3.5 所示。

图 3.5　MySQL Installer 下载页面

（5）单击图 3.5 中的 Download 按钮，进入 MySQL Community Downloads 页面，如图 3.6 所示。单击 No thanks, just start my download.超链接，下载安装文件。

2. 安装 MySQL 数据库

在 MySQL 数据库的安装文件 mysql-installer-community-5.7.28.0.msi 下载完成后，双击该文件进行 MySQL 数据库的安装，安装步骤如下。

图 3.6　MySQL Community Downloads 页面（2）

（1）打开安装向导，进入 MySQL Installer 的 Choosing a Setup Type 页面。在该页面中，包含 Developer Default（开发者默认）、Server only（仅服务器）、Client only（仅客户端）、Full（完全）、Custom（自定义）5 种安装类型，这里选择 Developer Default，如图 3.7 所示。

图 3.7　Choosing a Setup Type 页面

（2）单击 Next 按钮，进入 Path Conflicts 页面，在该页面中，用户可以根据自己的实际情况选择安装路径和数据存放路径，这里保持默认设置，如图 3.8 所示。

（3）单击 Next 按钮，进入 Check Requirements 页面，在该页面中检查系统是否已安装所必需的.NET4.0 框架和 Microsoft Visual C++ 2010 32-bit runtime，如果未安装，则单击 Execute 按钮，将在线安装所需插件，如图 3.9 所示。

（4）单击 Execute 按钮，进入微软软件许可条款页面，勾选 I have read and accept the

license terms 复选框，然后单击 Install 按钮，如图 3.10 所示。

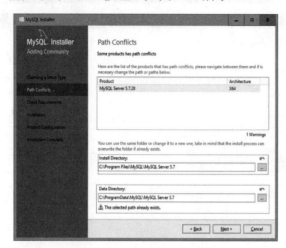

图 3.8　Path Conflicts 页面

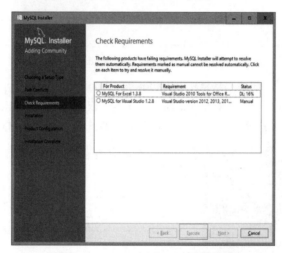

图 3.9　Check Requirements 页面（1）

图 3.10　微软软件许可条款页面

（5）在安装完成后，将显示 Check Requirements 页面，如图 3.11 所示。

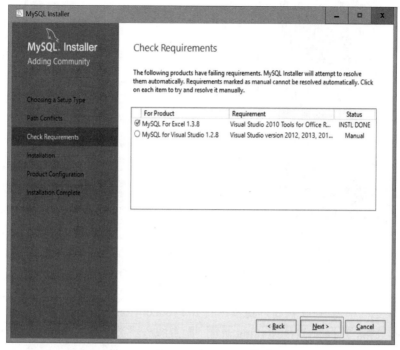

图 3.11　Check Requirements 页面（2）

（6）单击 Next 按钮，进入未安装完成的 Installation 页面，如图 3.12 所示。

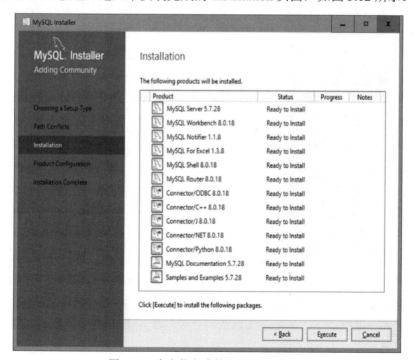

图 3.12　未安装完成的 Installation 页面

（7）单击 Execute 按钮，开始安装，并显示安装进度。在安装完成后，将显示安装完成的页面，如图 3.13 所示。

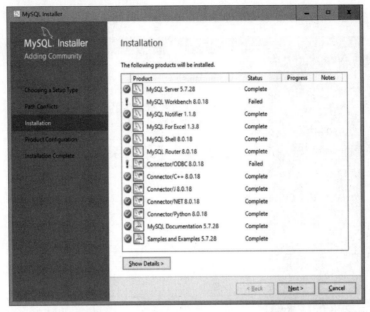

图 3.13　安装完成的 Installation 页面

（8）连续三次单击 Next 按钮，将依次打开 Product Configuration 页面、MySQL Server Configuration 页面、Type and Networking 页面，配置服务器类型和网络选项，如图 3.14 所示。

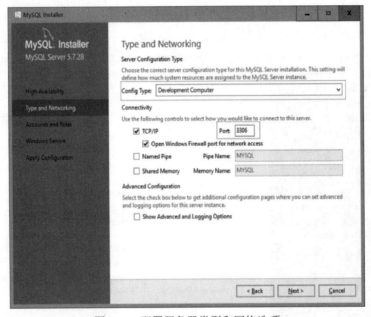

图 3.14　配置服务器类型和网络选项

注意：MySQL 数据库使用的默认端口是 3306，在安装时，可以修改为其他端口（如 3307）。但是在一般情况下，不要修改默认端口号，除非 3306 端口已经被占用。服务器类型可根据需求选择。

（9）单击 Next 按钮，进入 Accounts and Roles（用户管理）页面，在该页面中，不仅可以设置 root 用户的登录密码，还可以添加新用户。这里只设置 root 用户的登录密码，其他均采用默认设置，如图 3.15 所示。

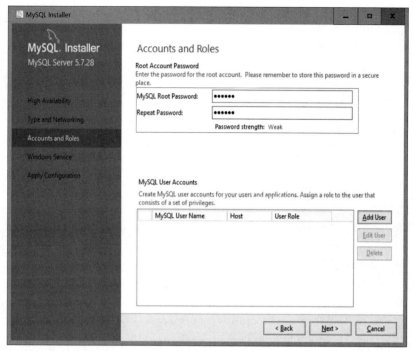

图 3.15　设置 root 用户的登录密码

（10）单击 Next 按钮，进入 Windows Service 页面，开始配置 MySQL 服务器，这里采用默认配置，如图 3.16 所示。

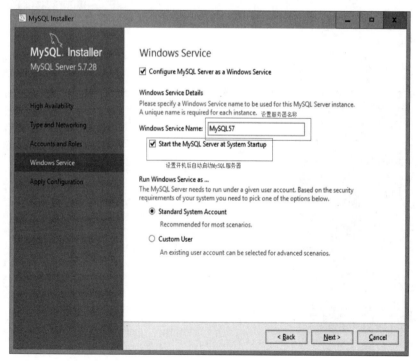

图 3.16　Windows Service 页面

（11）单击 Next 按钮，进入 Apply Configuration 页面。在该页面中，单击 Execute 按钮，开始安装。在安装完成后，将显示安装完成页面，如图 3.17 所示。

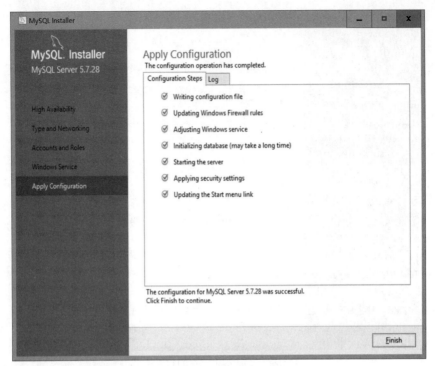

图 3.17　安装完成页面

（12）单击 Finish 按钮，进入 Connect To Server 页面，如图 3.18 所示。

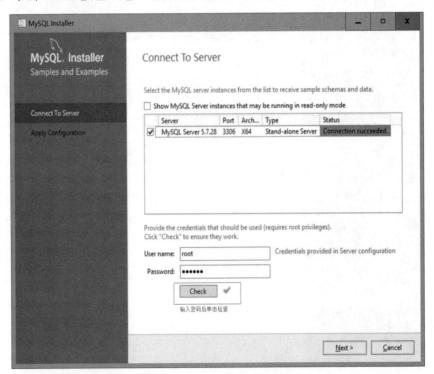

图 3.18　Connect To Server 页面

（13）单击 Next 按钮，进入最终的 Apply Configuration 页面，在该页面中单击 Execute 按钮，完成安装。最终的 Apply Configuration 页面，如图 3.19 所示。

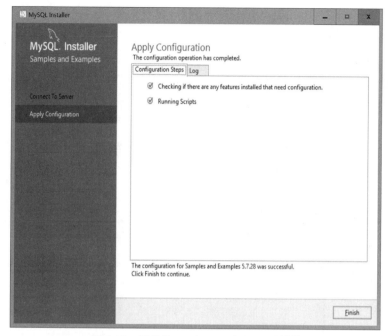

图 3.19　最终的 Apply Configuration 页面

任务 3.3.2　在 Windows 环境下配置 MySQL 服务器

在安装完 MySQL 数据库后，MySQL 服务器采用的是默认配置，这很难满足所有用户的需求，不过用户可以手动更改配置文件，以此满足生产开发时所面临的各种需求。下面详细介绍配置 MySQL 服务器的方法。

1）设置环境变量

在使用命令连接 MySQL 服务器时，若弹出连接 MySQL 服务器出错的信息，如图 3.20 所示，则说明用户未设置系统环境变量。

图 3.20　连接 MySQL 服务器出错

　　也就是说，因没有将 MySQL 服务器的 bin 文件夹位置添加到 Windows 的环境变量→Path 中而导致命令不能运行。

　　下面介绍环境变量的设置方法，其步骤如下。

　　（1）右击"此电脑（计算机）"图标，在弹出的快捷菜单中选择"属性"命令，然后在弹出的"控制面板"界面中选择"高级系统设置"选项，最后弹出"系统属性"对话框，如图 3.21 所示。

图 3.21　"系统属性"对话框

　　（2）在"系统属性"对话框的"高级"选项卡中，单击"环境变量"按钮，弹出"环境变量"对话框，如图 3.22 所示。

图 3.22　"环境变量"对话框

（3）在"环境变量"对话框中，选择"系统变量"列表框中的 Path 选项，并单击"编辑"按钮，弹出"编辑环境变量"对话框，如图 3.23 所示。

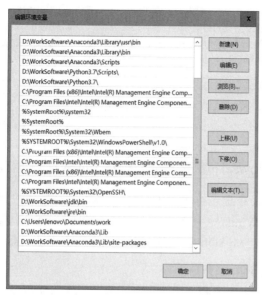

图 3.23　"编辑环境变量"对话框

（4）在"编辑环境变量"对话框中，单击"新建"按钮，将 MySQL 服务器的 bin 文件夹位置（C:\Program Files\MySQL\MySQL Server 5.7\bin）添加到"变量值"文本框中，最后单击"确定"按钮。

在环境变量设置完成后，使用 mysql 命令即可成功连接 MySQL 服务器。

注意： Windows 7 操作系统无"新建"按钮，需要直接将 bin 文件夹位置添加至"变量值"文本框中，使用";"与其他变量值进行分隔。

2）更改 MySQL 数据库配置文件

用户可以通过修改 MySQL 数据库配置文件的方式进行配置。这种配置方式更加灵活，但是难度系数略大。初级用户可以通过手工配置的方式来学习 MySQL 数据库的配置，这样可以对知识了解得更加透彻，下面介绍手工配置 MySQL 数据库的方法。

在手工配置 MySQL 数据库之前，用户需要对 MySQL 数据库的文件有所了解。前面已经介绍过，MySQL 数据库的配置文件安装在 C:\Program Files\MySQL\MySQL Server 5.7 目录下，而 MySQL 数据库的数据文件安装在 C:\Program Data\MySQL\MySQL Server 5.7 目录下。在 MySQL 数据库中使用的配置文件是 my.ini，因此，只要修改 my.ini 中的内容，就可以达到更改配置的目的。

my.ini 中的内容分为两部分：Client Section 和 Server Section。Client Section 用来配置 MySQL 客户端参数；Server Section 用来配置 MySQL 服务器端参数。下面介绍 my.ini 中的主要参数。

（1）Client Section。

```
[client]
port = 3306                          # 设置 MySQL 客户端连接服务器端时默认使用的端口
[mysql]
default-character-set=utf8           # 设置 MySQL 客户端默认字符集为 UTF8
```

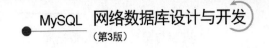

（2）Server Section。

```
[mysqld]
port=3306           #  MySQL 服务器端默认监听（Listen on）的 TCP/IP 端口
basedir="C:/Program Files/MySQL/MySQL Server 5.7/"       # 软件的根目录
datadir="C:/Program Files/MySQL/MySQL Server 5.7/Data"   # MySQL 数据库文件所在目录
# 设置服务器端使用的默认字符集（在设置时需要取消注释）
#character-set-server=
default-storage-engine=INNODB                         # 在创建新表时使用默认的存储引擎
sql-mode="STRICT_TRANS_TABLES,NO_AUTO_CREATE_USER,NO_ENGINE_SUBSTITUTION"
                                                        # SQL 模式为 STRICT 模式
```

任务 3.3.3　在 Windows 环境下登录与连接 MySQL 数据库

通过系统服务器或命令提示符（DOS）可以启动、连接、断开和停止 MySQL 服务器，操作非常简单。下面以 Windows 10 操作系统为例，讲解 MySQL 服务器的具体操作流程。在通常情况下，不要停止 MySQL 服务器，否则数据库将无法使用。

1. 启动、停止 MySQL 服务器

启动、停止 MySQL 服务器的方法有两种：系统服务器和命令提示符（DOS）。这里介绍通过系统服务器启动、停止 MySQL 服务器。

若 MySQL 数据库服务被设置为 Windows 服务，则首先通过执行"开始→设置"命令，在"Windows 设置"页面的搜索框中输入"控制面板"，即可打开"控制面板"对话框；然后在"控制面板"对话框中执行"系统和安全→管理工具→服务"命令，打开"服务"对话框；最后在"服务"对话框的列表中找到"MySQL 服务"并右击，在弹出的快捷菜单中选择相关命令，完成 MySQL 数据库服务的各种操作（启动、重新启动、停止、暂停和恢复），如图 3.24 所示。

图 3.24　通过系统服务启动、停止 MySQL 服务器

2. 连接和断开 MySQL 服务器

下面分别介绍连接和断开 MySQL 服务器的方法。

1）连接 MySQL 服务器

MySQL 服务器是通过 mysql 命令实现连接的。在 MySQL 服务器启动后，使用 Win+R 快捷键打开"运行"对话框，然后在"运行"对话框中的"打开"文本框中，输入 cmd 命令，按 Enter 键进入 DOS 窗口，在命令提示符下输入如下语句：

```
\>mysql -h127.0.0.1 -uroot -p
```

注意：在连接 MySQL 服务器时，MySQL 服务器所在地址（如-h127.0.0.1）可省略不写。

在输入完命令语句后，按 Enter 键输入密码，即可连接 MySQL 服务器，如图 3.25 所示。

图 3.25　连接 MySQL 服务器

2）断开 MySQL 服务器

在连接到 MySQL 服务器后，可以通过在命令提示符下输入 exit 或 quit 命令断开 MySQL 服务器的连接，格式如下：

```
\>quit;
```

3. 打开 MySQL 5.7 Command Line Client

在 MySQL 服务器安装完成后，用户就可以通过 MySQL 服务器提供的 MySQL 5.7 Command Line Client 程序来操作 MySQL 数据库中的数据了。这时，就必须打开 MySQL 5.7 Command Line Client 程序，并登录 MySQL 服务器了，具体步骤如下。

（1）在"开始"菜单中，选择 MySQL 5.7 Command Line Client 选项，进入 MySQL 5.7 Command Line Client 窗口，如图 3.26 所示。

图 3.26　MySQL 5.7 Command Line Client 窗口

（2）在该窗口中输入 root 用户的密码，将完成 MySQL 服务器的登录操作，如图 3.27
所示。

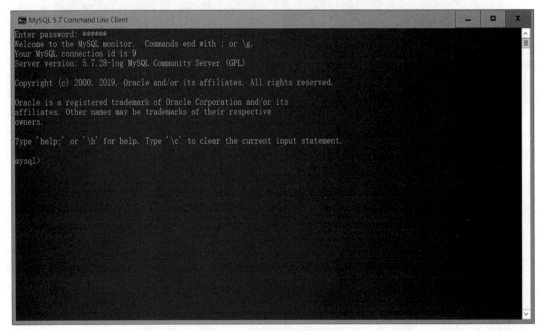

图 3.27　登录 MySQL 服务器

任务 3.3.4　在 Linux 环境下安装 MySQL 数据库

　　MariaDB 数据库管理系统是 MySQL 数据库的一个分支，也是目前最受关
注的 MySQL 数据库的衍生版，被视为开源数据库 MySQL 的替代品。MariaDB

微课视频

主要由开源社区维护，采用 GPL 授权许可 MariaDB 的目的是完全兼容 MySQL 数据库，包括 API 和命令行，使其轻松成为 MySQL 数据库的代替品。在存储引擎方面，使用 XtraDB 来代替 MySQL 数据库中的 InnoDB。

1. 构建本地 YUM 仓库

在 Linux 平台上安装 MySQL 数据库服务一般可采用在线安装或源码安装，当服务器因某种原因不能连接互联网时，可通过构建本地 YUM 光盘源替代。因为在 Linux 的镜像文件中集成了众多稳定的软件，其中包括 MySQL 数据库。在这里，用户可以通过构建本地 YUM 光盘源的方式安装 MySQL 数据库服务。

构建本地 YUM 光盘源，其原理是通过查找光盘中的软件包实现 YUM 软件安装，配置步骤如下。

（1）将 CentOS-7-x86_64-DVD-1804.iso 镜像加载至虚拟机 CD/DVD，并将镜像文件挂载至服务器/mnt 目录，如图 3.28 所示，挂载命令如下：

```
mount /dev/cdrom /mnt/
```

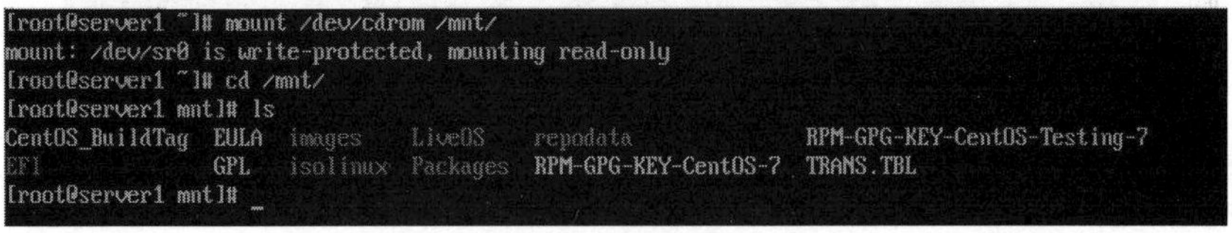

```
[root@server1 ~]# mount /dev/cdrom /mnt/
mount: /dev/sr0 is write-protected, mounting read-only
[root@server1 ~]# cd /mnt/
[root@server1 mnt]# ls
CentOS_BuildTag  EULA  images    LiveOS    repodata              RPM-GPG-KEY-CentOS-Testing-7
EFI              GPL   isolinux  Packages  RPM-GPG-KEY-CentOS-7  TRANS.TBL
[root@server1 mnt]# _
```

图 3.28　挂载镜像文件

（2）在将目录/etc/yum.repos.d/下的所有文件备份后，删除所有文件，同时在该目录下创建名为 local.repo 的文件，并编写配置文件，如图 3.29 所示，具体写入内容如下：

```
[local]
name=local                 YUM 源显示名称
baseurl=file:///mnt/       ISO 镜像挂载目录
enabled=1                  是否启用 YUM 源
gpgcheck=0                 是否检查 GPG-KEY
```

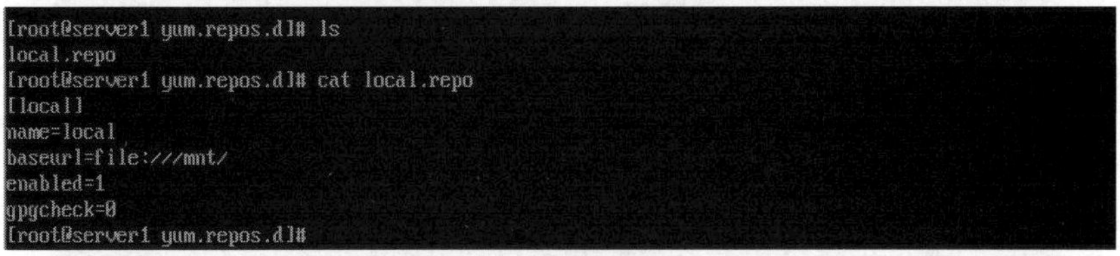

```
[root@server1 yum.repos.d]# ls
local.repo
[root@server1 yum.repos.d]# cat local.repo
[local]
name=local
baseurl=file:///mnt/
enabled=1
gpgcheck=0
[root@server1 yum.repos.d]#
```

图 3.29　编写配置文件

（3）执行 yum clean all 命令清空缓存，然后执行 yum list 命令刷新 YUM 仓库，最后执行 yum -y install tree（安装 tree）命令验证 YUM 仓库，安装结果如图 3.30 所示。

（4）YUM 光盘源构建完毕，在使用 YUM 光盘源时，会遇到部分软件无法安装的情况，这是因光盘中软件包不完整导致的。同时光盘源只能本机使用，其他局域网服务器无法使用。

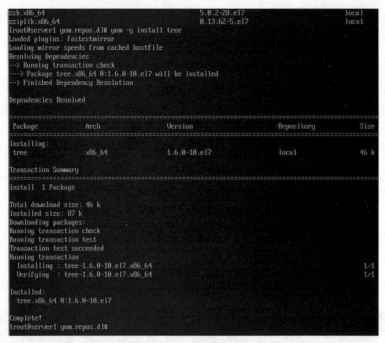

图 3.30　安装结果

2. 安装 MySQL 数据库服务

（1）采用 YUM 光盘源的方式安装 MySQL 数据库服务，如图 3.31 所示，执行命令如下：

```
yum -y install mariadb-server mariadb-libs
```

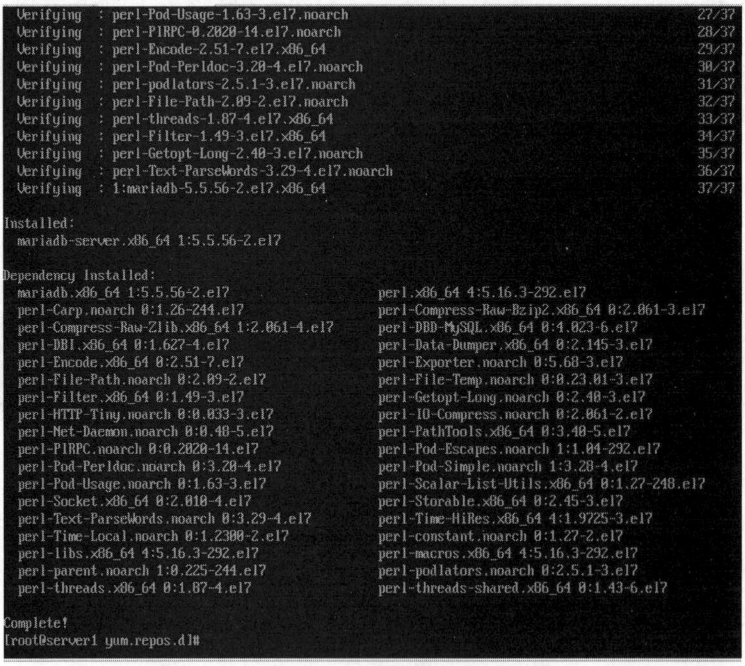

图 3.31　安装 MySQL 数据库

（2）启动 MySQL 数据库服务并连接 MySQL 数据库，通过 show databases 命令查看已有的数据库是否成功安装。成功登录 MySQL 数据库，如图 3.32 所示。

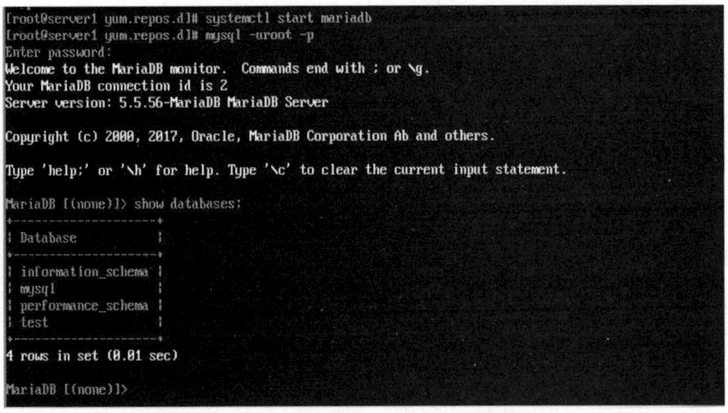

图 3.32 成功登录 MySQL 数据库

3.4 任务小结

➤ **任务 1**：在 Windows 环境下下载并安装 MySQL 数据库。通过对本任务的学习，读者不仅可以根据不同的版本需求，掌握正确下载 MySQL 数据库软件的方法，还可以根据图形化界面安装向导，熟练完成 MySQL 数据库的安装、Path 系统变量配置等操作。

➤ **任务 2**：在 Windows 环境下配置 MySQL 服务器。本任务重点介绍 MySQL 服务器配置的两种方式，读者需要熟练掌握默认配置和手工更改两种方式以完成数据库配置任务。

➤ **任务 3**：在 Windows 环境下登录与连接 MySQL 数据库。通过对本任务的学习，读者需要熟练掌握通过系统服务器和命令提示符两种方式启动、连接、断开、停止 MySQL 服务器的操作，以及如何成功登录 MySQL 数据库。

➤ **任务 4**：在 Linux 环境下安装 MySQL 数据库。通过对本任务的学习，读者需要熟练掌握使用构建本地 YUM 光盘源的方式安装 MySQL 数据库。

通过本章的学习，读者不仅要掌握 MySQL 数据库的下载、安装、配置、启动等操作，还要了解 MySQL 数据库常用的几种图形管理工具。

3.5 知识拓展

作为本章的知识拓展部分，将给读者介绍一些常用的 MySQL 图形管理工具。在命令行中操作 MySQL 数据库时，需要使用很多的命令。然而，MySQL 图形管理工具可以在图形界面上操作 MySQL 数据库，使用鼠标单击即可，这使数据库的操作变得更加简单。

MySQL 图形管理工具有很多，常用的有 MySQL GUI Tools、phpMyAdmin、Navicat 等。这些图形管理工具可以使 MySQL 数据库的管理更为方便。每种图形管理工具都各有特点，下面分别对其进行简单介绍。

（1）MySQL GUI Tools：MySQL 官方提供的图形化管理工具，功能强大，提供了 4 个非常好用的图形化应用程序，方便数据库管理和数据查询。这些图形化管理工具可以大大提高数据库管理、备份、迁移、查询的效率，即使没有丰富的 SQL 语言基础的用户也可以自如应用。这 4 个图形化应用程序的介绍如下。

- ➤ MySQL Migration Toolkit：MySQL 数据库迁移工具。
- ➤ MySQL Administrator：MySQL 管理器。
- ➤ MySQL Query Browser：用于数据查询的图形化客户端。
- ➤ MySQL Workbench：DB Design 工具。

MySQL GUI Tools 的安装方法非常简单，使用起来也相当容易。虽然该工具只有英文版，但是这些英文单词都较为简单，很容易看懂。

（2）phpMyAdmin：最常用的 MySQL 维护工具，也是一个用 PHP 开发的基于 Web 方式架构的 MySQL 图形管理工具，支持中文，对数据库管理也非常方便。phpMyAdmin 的使用范围非常广泛，尤其是在 Web 开发方面。

（3）Navicat：Navicat for MySQL 是一款专为 MySQL 数据库设计的高性能的图形化数据库管理及开发工具。它可以用于 3.21 及以上任何版本的 MySQL 服务器，并且支持大部分 MySQL 最新版本的功能，包括触发器、存储过程、函数、事件、视图、管理用户等。Navicat 使用图形化的用户界面，可以让用户在使用和管理上更为轻松，该软件支持中文，有免费版本，和微软 SQL Server 的管理器很类似，易学易用。

（4）SQLyog：业界著名的 Webyog 公司出品的一款简洁、高效、功能强大的图形化 MySQL 数据库管理工具，而且该工具完全免费。SQLyog 可以快速、直观地让用户在世界的任何角落通过网络来维护远端的 MySQL 数据库。

（5）MySQL-Front：一款小巧的、管理 MySQL 数据库的高性能图形化应用程序，支持中文界面操作。其主要特性包括：多文档界面、语法突出、拖曳方式的数据库和表格、可编辑/增加/删除域、可编辑/插入/删除记录、可显示成员、可执行 SQL 脚本、提供与外部程序的接口、保存数据到 CSV 文件等。MySQL-Front 是一个非常好用的 MySQL 图形管理工具，它可以让用户很明了地知道数据库中有哪些表和字段，对应的字段是什么类型等，对处理包含众多字段的数据库表显得尤其方便。

3.6　巩固练习

一、基础练习

1．在 MySQL 数据库的安装过程中，若勾选 TCP/IP 复选框，启用 TCP/IP 网络，则 MySQL 数据库会默认选用的端口号是_____。

2．在 MySQL 数据库安装成功后，系统会默认建立一个_____用户。

3．MySQL 数据库的安装包括典型安装、定制安装和_____3 种安装类型。

4．保存在 MySQL 数据库安装目录中的选项文件名是_____。

二、进阶练习

1．简述在 Windows 环境下，MySQL 数据库安装的步骤及需要注意的问题。

2．简述 MySQL 数据库更改配置的方式。

3．请列举两个常用的 MySQL 客户端管理工具，并阐述其优缺点。

4．简述 MySQL 数据库的系统特性。

第4章

操作数据库与表

4.1 情景引入

小李已对 MySQL 数据库有了初步认识，并在电脑上正确安装了 MySQL 数据库。现在，小李为了完成开发学生成绩管理系统的任务，需要在 MySQL 数据库中创建学生信息数据库及相应的数据表，并在数据表中进行数据的插入、修改、删除等操作。

小李接下来需要完成的任务大概有如下几类。

1. 创建数据库对象：根据需要创建相应数据库、数据表。

2. 查看数据库对象：查看已存在的数据库、数据表，以及表的存储结构。

3. 修改数据库对象：根据系统业务需要，对已经创建好的数据库及数据表做相应的修改（如修改数据库的相应参数，修改已存在的数据表的存储参数及表结构等）。

4. 删除数据库对象：对于已创建好的数据库及表结构，当用户不再需要时，可以将其删除。

以上这些操作，MySQL 数据库都提供了良好的支持，这些操作可以使用 MySQL 图形管理工具完成，也可以通过 mysql 命令完成。

4.2 任务目标

🠖 知识目标

1. 掌握创建、查看、删除、修改数据库的基本语法。
2. 掌握创建、查看、删除、修改表的基本语法。
3. 掌握 WHERE 语句的语法规则及使用方法。
4. 掌握创建及维护表的完整性约束。

🠖 能力目标

1. 能熟练创建、查看、删除、修改数据库。
2. 能熟练创建、查看、删除、修改数据表。
3. 能熟练对满足 WHERE 条件的记录进行插入、修改、删除。
4. 能创建及维护表的完整性约束。

素质目标

1. 具备一定的数据安全意识。
2. 具备一定的数据操作规则与运行秩序意识。
3. 具备一定的观察、判断、推理及逻辑分析能力。
4. 具备一定的团队协作能力。
5. 具备一定的责任意识与担当精神。
6. 具备规范操作数据库的职业素养。

4.3 任务实施

微课视频

任务 4.3.1 操作 MySQL 数据库

数据库，顾名思义，是存放数据的仓库。只不过这个仓库是在（存在于）计算机存储设备上的，而且数据是按照一定格式存放的。严格来讲，数据库是指长期存储在计算机内的、有组织的、可共享的数据集合。其存储方式有特定的规律，方便数据的处理。数据库的操作包括创建数据库和删除数据库，这些操作都是数据库管理的基础。本任务主要讲解创建数据库和删除数据库的方法。

1. 创建数据库

创建数据库是指在系统磁盘上划分一块区域用于数据的存储和管理。创建数据库是表操作的基础，也是数据库管理的基础。在 MySQL 数据库中，创建数据库是通过 SQL 语句 CREATE DATABASE 实现的，基本语法格式如下：

```
CREATE    DATABASE    [IF NOT EXISTS]    db_name
[create_specification [, create_specification] ...]
```

其中，create_specification 可分为两个子句，如下：

```
[DEFAULT] CHARACTER SET charset_name
| [DEFAULT] COLLATE collation_name
```

温馨提示：中括号的内容为可选项，其余为必选项。

语法剖析如下：

➢ CREATE DATABASE：创建数据库的固定语法，不能省略。
➢ IF NOT EXISTS：包含在中括号里，为可选项，意思是，在创建数据库之前，判断即将创建的数据库名是否存在。若不存在同名数据库，则创建该数据库；若已存在同名数据库，则不创建任何数据库。但是，若存在同名数据库且没有指定 IF NOT EXISTS，则会出现错误。
➢ db_name：即将创建的数据库名称，该名称不能与已经存在的数据库相同。数据库中相关对象的命名要求，如表 4.1 所示。除了在表 4.1 内注明的限制，识别符不可以包含 ASCII 码中值为 0 或 255 的字节。数据库、表和列名不应以空格结尾。在识别符中可以使用引号识别符，但应尽可能避免这样使用。

表 4.1　数据库中相关对象的命名要求

识　别　符	最大长度（字节）	允许的字符
数据库	64	目录名允许的任何字符，不包括 "/" "\" "。"
表	64	文件名允许的任何字符，不包括 "/" "\" "。"
列	64	所有字符
索引	64	所有字符
别名	255	所有字符

➢ create_specification：用于指定数据库的特性，存储在数据库目录中的 db.opt 文件中。CHARACTER SET 子句用于指定默认的数据库字符集，COLLATE 子句用于指定默认的数据库排序。

注意：在 MySQL 数据库中，每一条 SQL 语句都以 "；" 作为结束标志。

【例 4.1】　创建一个名为 student 的数据库。其语法形式如下：

```
CREATE DATABASE student;
```

代码执行结果如图 4.1 所示。

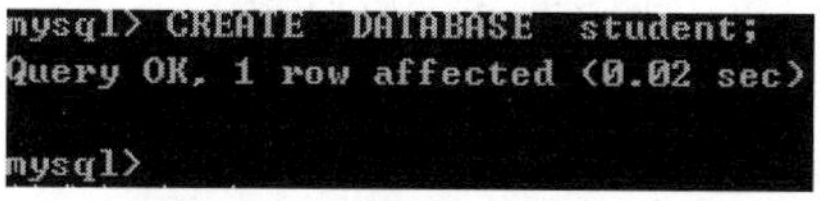

图 4.1　创建数据库成功

结果显示 Query OK, 1 row affected (0.02 sec)，表示数据库创建成功。

温馨提示：在进行此操作及后续操作之前，请确定 MySQL 服务器已经连接成功。

若服务器上已经存在名为 student 的数据库，则会有错误提示，如图 4.2 所示。

图 4.2　错误提示

完整的创建数据库的代码如下，但是，一般会省略 IF NOT EXISTS。

```
CREATE DATABASE IF NOT EXISTS student;
```

【例 4.2】　创建一个名为 studentinfo 的数据库，并指定其默认字符集为 UTF8。其语法形式如下：

```
CREATE DATABASE IF NOT EXISTS studentinfo;
DEFAULT CHARACTER SET UTF8;
```

代码执行结果如图 4.3 所示。

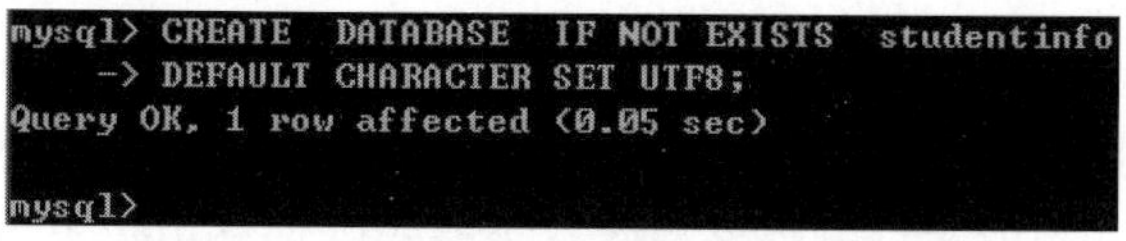

图 4.3　创建数据库并指定其默认字符集

在创建数据库之后，可以使用 SHOW DATABASES 命令查看效果。

2．查看数据库

为检验在数据库系统中是否已经存在名为 student 的数据库，可以使用 SHOW DATABASES 命令查看效果。其语法形式如下：

```
SHOW DATABASES;
```

在执行 SHOW DATABASES 命令后，将列出 MySQL 服务器主机上的所有数据库。

温馨提示：*此处为 DATABASES，而非 DATABASE，初学者很容易混淆。*

代码执行结果如图 4.4 所示。

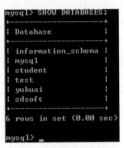

图 4.4　查看数据库结果

从显示的结果可以看出，已经存在 student 数据库，说明 student 数据库创建成功。

3．选择数据库

在创建 student 数据库后，用户可以使用 USE 命令选择需要的数据库。其语法形式如下：

```
USE db_name;
```

该语句可以通知 MySQL 数据库把 db_name 数据库当作默认（当前）数据库使用，用于后续语句。该数据库保持为默认数据库，直到语段的结尾，或者直到运行另一个不同的 USE 语句。也可理解为，从一个数据库切换到另一个数据库，在使用 CREATE DATABASE 语句创建了数据库后，刚才创建的数据库不会自动成为当前数据库，需要用这条 USE 语句来指定。

【例 4.3】　分别从 db1、db2 两个数据库中的 mytable 中查询数据。其语法形式如下：

```
mysql> USE db1;
mysql> SELECT COUNT(*) FROM mytable;    # selects from db1.mytable
mysql> USE db2;
mysql> SELECT COUNT(*) FROM mytable;    # selects from db2.mytable
```

前面用 CREATE DATABASE 命令创建了 student 数据库，如果需要将 student 数据库作为当前操作的数据库，则需要使用下面的命令进行操作。

```
USE student;
```

4．删除数据库

删除数据库是指在数据库系统中删除已存在的数据库。在删除数据库后，原来分配的空间将被收回。值得注意的是，删除数据库会永久删除该数据库中所有的表及其数据，因此，应谨慎使用 DROP 命令删除数据库。

在 MySQL 数据库中，删除数据库是通过 SQL 语句 DROP DATABASE 实现的。其语法形式如下：

DROP {DATABASE} [IF EXISTS] db_name

DROP {DATABASE} db_name 为固定用法，此命令可以删除名为 db_name 的数据库，当 db_name 数据库在 MySQL 服务器主机中不存在时，系统就会出现错误提示，如图 4.5 所示。

```
mysql> DROP DATABASE DB_NAME;
ERROR 1008 (HY000): Can't drop database 'db_name'; database doesn't exist
mysql>
```

图 4.5　删除不存在的数据库出现错误提示

【例 4.4】　删除一个名为 student 的数据库。其语法形式如下：

DROP DATABASE student;

或者

DROP DATABASE IF NOT EXISTS student;

代码执行结果如图 4.6 所示。

```
mysql> DROP DATABASE STUDENT;
Query OK, 0 rows affected (0.00 sec)

mysql>
```

图 4.6　删除数据库执行结果

5. MySQL 存储引擎

在 MySQL 数据库中提到了存储引擎的概念，简而言之，存储引擎是指表的类型。数据库的存储引擎决定了表在计算机中的存储方式。下面将讲解存储引擎的内容和分类，以及如何选择合适的存储引擎。

使用 SHOW ENGINES 语句可以查看 MySQL 数据库支持的存储引擎类型。其语法形式如下：

SHOW ENGINES;

SHOW ENGINES 语句可以用 ";" 结束，也可以用 "\g" 或 "\G" 结束。"\g" 与 ";" 的作用相同，"\G" 可以让结果显示得更加美观。SHOW ENGINES 语句查询的结果显示如下：

```
mysql> SHOW ENGINES\G;
*************************** 1. row ***************************
  Engine: MyISAM
Support: YES
Comment: Default engine as of MySQL 3.23 with great performance
*************************** 2. row ***************************
  Engine: MEMORY
Support: YES
Comment: Hash based, stored in memory, useful for temporary tables
*************************** 3. row ***************************
  Engine: InnoDB
Support: DEFAULT
Comment: Supports transactions, row-level locking, and foreign keys
*************************** 4. row ***************************
  Engine: BerkeleyDB
Support: NO
Comment: Supports transactions and page-level locking
```

```
*************************** 5. row ***************************
   Engine: BLACKHOLE
  Support: YES
  Comment: /dev/null storage engine (anything you write to it disappears)
*************************** 6. row ***************************
   Engine: EXAMPLE
  Support: NO
  Comment: Example storage engine
*************************** 7. row ***************************
   Engine: ARCHIVE
  Support: YES
  Comment: Archive storage engine
*************************** 8. row ***************************
   Engine: CSV
  Support: NO
  Comment: CSV storage engine
*************************** 9. row ***************************
   Engine: ndbcluster
  Support: NO
  Comment: Clustered, fault-tolerant, memory-based tables
*************************** 10. row ***************************
   Engine: FEDERATED
  Support: YES
  Comment: Federated MySQL storage engine
*************************** 11. row ***************************
   Engine: MRG_MYISAM
  Support: YES
  Comment: Collection of identical MyISAM tables
*************************** 12. row ***************************
   Engine: ISAM
  Support: NO
  Comment: Obsolete storage engine
12 rows in set (0.00 sec)
```

在查询结果中，Engine 表示存储引擎的名称；Support 表示 MySQL 数据库是否支持该类引擎，YES 表示支持；Comment 表示对该引擎的评论。从查询结果中可以看出，MySQL 数据库支持的存储引擎包括 MyISAM、MEMORY、InnoDB、BLACKHOLE、ARCHIVE、FEDERATED 和 MRG_ MYISAM 等。其中 InnoDB 为默认（DEFAULT）存储引擎。

在 MySQL 数据库中，使用 SHOW 语句可以查询 MySQL 数据库所支持的存储引擎。其代码如下：

```
SHOW VARIABLES LIKE 'have%';
```

代码执行结果如下：

```
mysql> SHOW VARIABLES LIKE 'have%';
+----------------------+----------+
| Variable_name        | Value    |
+----------------------+----------+
| have_archive         | YES      |
| have_bdb             | NO       |
| have_blackhole_engine| YES      |
```

```
| have_compress          | YES        |
| have_crypt             | NO         |
| have_csv               | NO         |
| have_dynamic_loading   | YES        |
| have_example_engine    | NO         |
| have_federated_engine  | YES        |
| have_geometry          | YES        |
| have_innodb            | YES        |
| have_isam              | NO         |
| have_merge_engine      | YES        |
| have_ndbcluster        | NO         |
| have_openssl           | DISABLED   |
| have_ssl               | DISABLED   |
| have_query_cache       | YES        |
| have_raid              | NO         |
| have_rtree_keys        | YES        |
| have_symlink           | YES        |
+----------------------+----------+
20 rows in set (0.00 sec)
```

在查询结果中，第一列 Variable_name 表示存储引擎的名称；第二列 Value 表示 MySQL 数据库对存储引擎的支持情况，YES 表示支持，NO 表示不支持，DISABLED 表示支持但还未开启。Variable_name 列有取值为 have_innodb 的记录，对应 Value 的值为 YES，表示支持 InnoDB 存储引擎。在创建表时，若没有指定存储引擎，则表的存储引擎将为默认的存储引擎。下面将介绍使用 SHOW 语句查看默认的存储引擎。

在 MySQL 数据库中，使用 SHOW 语句还可以查询默认存储引擎，代码如下：

```
SHOW VARIABLES LIKE 'storage_engine';
```

代码执行结果如下：

```
mysql> SHOW VARIABLES LIKE 'storage_engine';
+----------------+--------+
| Variable_name | Value   |
+----------------+--------+
| storage_engine | InnoDB |
+----------------+--------+
1 row in set (0.03 sec)
```

结果显示，默认的存储引擎为 InnoDB。如果用户想更改默认的存储引擎，可以在 my.ini 中进行修改，将 default-storage-engine=INNODB 更改为 default-storage-engine= MyISAM，然后重启服务，这样修改便生效了。下面介绍 3 种常见的 MySQL 存储引擎。

1）InnoDB 存储引擎

InnoDB 存储引擎是 MySQL 数据库的一种存储引擎。InnoDB 存储引擎给 MySQL 表提供了事务、回滚、崩溃修复能力，并保障多版本并发控制的事务安全。从 MySQL 3.23.34a 版本开始包含 InnoDB 存储引擎，该存储引擎是 MySQL 数据库中第一个提供外键约束的表引擎，且拥有事务处理的能力，是 MySQL 数据库中其他存储引擎所无法比拟的。InnoDB 存储引擎的特点及其优缺点如下。

InnoDB 存储引擎支持自动增长列 AUTO INCREMENT，自动增长列的值不能为空，且值必须唯一。MySQL 数据库规定了自动增长列必须为主键，在插入值时，若自动增长列不输入值，则插入的值为自动增长后的值；若输入的值为 0 或空（NULL），则插入的值也为自动增长后的值；若插入某个确定的值，且该值在前面没有出现过，则可以直接插入。

InnoDB 存储引擎支持外键（FOREIGN KEY），外键所在的表为子表，外键所依赖的表为父表，父表中被子表外键关联的字段必须为主键。当删除、更新父表的某条信息时，子表也会有相应的改变。

InnoDB 存储引擎创建的表，其表结构存储在".frm"文件中。数据和索引存储在 innodb_data_home_dir 和 innodb_data_file_path 定义的表中。

InnoDB 存储引擎的优点是提供了良好的事务管理、崩溃修复能力和并发控制，缺点是读写效率稍差、占用的数据空间较大。

2）MyISAM 存储引擎

MyISAM 存储引擎曾是 MySQL 数据库默认的存储引擎。它是基于 ISAM 存储引擎发展起来的，并且增加了很多有用的扩展。

MyISAM 存储引擎的表可以存储为以下与表名相同的 3 种文件类型，其扩展名包括 frm、MYD 和 MYI。其中，frm 表示存储表的结构；MYD 表示存储数据，是 MYData 的缩写；MYI 表示存储索引，是 MYIndex 的缩写。

基于 MyISAM 存储引擎的表支持 3 种不同的存储格式，即静态型、动态型和压缩型。其中，静态型为 MyISAM 存储引擎的默认存储格式，其字段长度是固定的；动态型包含变长字段，记录的长度是不固定的；压缩型需要使用 myisampack 工具创建，占用的磁盘空间较小。

MyISAM 存储引擎的优点是占用空间小、处理速度快，缺点是不支持事务的完整性和并发性。

3）MEMORY 存储引擎

MEMORY 存储引擎是 MySQL 数据库中的一类特殊存储引擎，可以使用存储在内存中的内容来创建表，并且所有数据都被放在内存中。这些特性与 InnoDB 存储引擎、MyISAM 存储引擎的特性均不相同。

每个基于 MEMORY 存储引擎的表实际对应一个磁盘文件，该文件名与表名相同，类型为 frm 类型。该文件只存储表的结构，其数据文件存储在内存中。这样有利于数据的快速处理，提高整个表的处理效率。值得注意的是，服务器需要有足够的内存来维持 MEMORY 存储引擎表的使用，若不需要使用，则可以释放这些内存，甚至可以删除不需要的表。

MEMORY 存储引擎默认使用哈希（HASH）索引，其速度比使用 B 型树（BTREE）索引快。若用户希望使用 B 型树索引，则可以在创建索引时选择使用。

MEMORY 表的大小是受到限制的，表的大小主要取决于两个参数，分别是 max rows 和 max_heap_table_size。其中，max rows 参数可以在创建表时指定；max_heap_table_size 参数的大小默认为 16MB，可以按照需要进行扩大，因此，这类表的处理速度非常快。但是，因为 MEMORY 存储引擎具有数据易丢失、生命周期短等特性，所以用户必须谨慎选择 MEMORY 存储引擎。

每种存储引擎都各有优势，在实际工作中，如何选择一个合适的存储引擎是一个很复杂的问题。从事务安全、存储限制、空间使用、内存使用、插入数据的速度和对外键的支持这 6 个角度对存储引擎进行对比，如表 4.2 所示。

表 4.2 存储引擎的对比

特 性	InnoDB	MyISAM	MEMORY
事务安全性	支持	无	无
存储限制	64TB	有	有
空间使用	高	低	低
内存使用	高	低	高
插入数据的速度	低	高	高
对外键的支持	支持	无	无

➢ InnoDB 存储引擎：支持事务处理、外键、崩溃修复能力和并发控制。如果对事务的完整性要求比较高，同时要求实现并发控制，那么选择 InnoDB 存储引擎更具优势；如果数据库需要频繁地进行更新、删除操作，那么也可以选择 InnoDB 存储引擎，因为它可以实现事务的提交（Commit）和回滚（Rollback）。

➢ MyISAM 存储引擎：插入数据的速度快，空间和内存使用比较低。如果表主要是用于插入新记录和读取记录，那么选择 MyISAM 存储引擎能在处理过程中体现其高效率；如果对应用的完整性、并发性要求很低，那么也可以选择 MyISAM 存储引擎。

➢ MEMORY 存储引擎：所有数据都在内存中，数据的处理速度快，但安全性不高。若需要很快的读写速度，对数据的安全性要求较低，则可以选择 MEMORY 存储引擎。由于 MEMORY 存储引擎对表的大小有要求，不能建立太大的表，因此这类数据库只能使用相对较小的数据库表。

这些选择存储引擎的建议都是根据不同存储引擎的特点提出的，这些建议方案并不是绝对正确的，在实际应用中还需要根据实际情况进行分析。

任务 4.3.2　操作 MySQL 数据库表

微课视频

表是数据库存储数据的基本单位，一个表包含若干个字段或记录。本任务主要讲解如何在数据库中操作表。

1．创建表

创建表是指在已存在的数据库中建立新表，这是建立数据库最重要的一步，也是进行其他表操作的基础。在 MySQL 数据库中，创建表是通过 SQL 语句 CREATE TABLE 实现的。其语法形式如下：

```
CREATE [TEMPORARY] TABLE [IF NOT EXISTS] tbl_name
   [(create_definition,...)]
   [table_options] [select_statement]
或：
CREATE [TEMPORARY] TABLE [IF NOT EXISTS] tbl_name
[(] LIKE old_tbl_name [)];
create_definition:
   column_definition
  | [CONSTRAINT [symbol]] PRIMARY KEY [index_type] (index_col_name,...)
  | KEY [index_name] [index_type] (index_col_name,...)
  | INDEX [index_name] [index_type] (index_col_name,...)
  | [CONSTRAINT [symbol]] UNIQUE [INDEX]
```

```
    [index_name] [index_type] (index_col_name,...)
 | [FULLTEXT|SPATIAL] [INDEX] [index_name] (index_col_name,...)
 | [CONSTRAINT [symbol]] FOREIGN KEY
    [index_name] (index_col_name,...) [reference_definition]
 | CHECK (expr)
```

以上为 MySQL 官方参考文档给出的创建表的完整语法格式，由于创建表的选项和设置较多，因此这里不再一一描述，详细的语法介绍可以参考本书的附录或者 MySQL 语法的官方文档。

语法剖析：TEMPORARY 为创建临时表的选项，如果创建正式表，则可以不填此项。在通常情况下，创建表可以通过如下的语法实现。

```
Create [TEMPORARY] TABLE   表名（
    属性名 数据类型 [完整性约束条件],
    属性名 数据类型 [完整性约束条件],
    ......
    属性名 数据类型 [完整性约束条件]
);
```

其中，数据类型和完整性约束为：

```
    TINYINT[(length)] [UNSIGNED] [ZEROFILL]
 | SMALLINT[(length)] [UNSIGNED] [ZEROFILL]
 | MEDIUMINT[(length)] [UNSIGNED] [ZEROFILL]
 | INT[(length)] [UNSIGNED] [ZEROFILL]
 | INTEGER[(length)] [UNSIGNED] [ZEROFILL]
 | BIGINT[(length)] [UNSIGNED] [ZEROFILL]
 | REAL[(length,decimals)] [UNSIGNED] [ZEROFILL]
 | DOUBLE[(length,decimals)] [UNSIGNED] [ZEROFILL]
 | FLOAT[(length,decimals)] [UNSIGNED] [ZEROFILL]
 | DECIMAL(length,decimals) [UNSIGNED] [ZEROFILL]
 | NUMERIC(length,decimals) [UNSIGNED] [ZEROFILL]
 | DATE
 | TIME
 | TIMESTAMP
 | DATETIME
 | CHAR(length) [BINARY | ASCII | UNICODE]
 | VARCHAR(length) [BINARY]
 | TINYBLOB
 | BLOB
 | MEDIUMBLOB
 | LONGBLOB
 | TINYTEXT [BINARY]
 | TEXT [BINARY]
 | MEDIUMTEXT [BINARY]
 | LONGTEXT [BINARY]
 | ENUM(value1,value2,value3,...)
 | SET(value1,value2,value3,...)
 | spatial_type
```

【例 4.5】假设已经创建了 student 数据库，在该数据库中创建一个学生情况表 student。命令如下：

```
CREATE TABLE student (
    sno char(9) NOT NULL COMMENT '学号',
    sname varchar(10) NOT NULL COMMENT '姓名',
    ssex char(2) default NULL COMMENT '性别',
    sbirthday date default NULL COMMENT '年龄',
    sdept varchar(8) NOT NULL COMMENT '系别',
    PRIMARY KEY (sno)
) ENGINE=InnoDB DEFAULT CHARSET=gbk;
```

在上面的举例中，student 表有 5 个字段：sno、sname、ssex、sbirthday、sdept。其中，sno 字段用于存储学生的学号，sname 字段用于存储学生的姓名，ssex 字段用于存储学生的性别，sbirthday 字段用于存储学生的出生日期，sdept 字段用于存储学生所属的系别，且每个字段名后必须连接一个指定的数据类型。例如，字段名 sno 后面连接 CHAR（6），代表指定 sno 字段的数据类型是长度为 6 的字符型（CHAR）。由此可知，数据类型决定了一个字段可以存储什么样的数据。

每个字段都包含附加约束或修饰符，用来增加对输入数据的约束。例如，PRIMARY KEY(sno)表示将 sno 字段定义为主键，default NULL 表示字段可以为空值，ENGINE=InnoDB 表示采用的存储引擎是 InnoDB，由于 InnoDB 存储引擎是 MySQL 数据库在 Windows 平台上默认的存储引擎，因此 ENGINE=InnoDB 可以省略。

创建表执行结果，如图 4.7 所示。

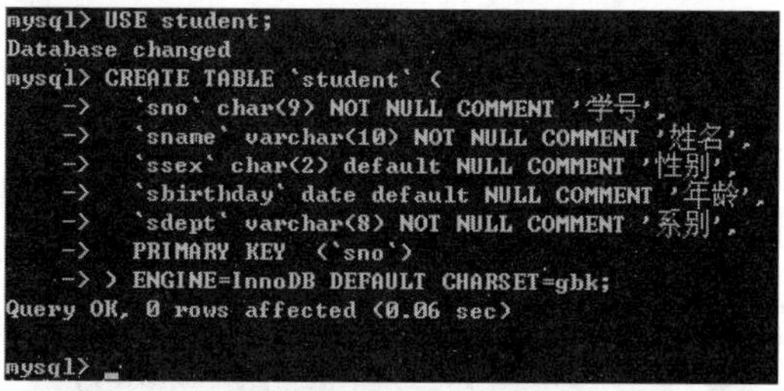

图 4.7　创建表执行结果

在创建 student 表后，再创建一个成绩表 sc，并将 sc 表的 sno 字段设置为外键。其语法形式如下：

```
CREATE TABLE sc (
    sno char(9) NOT NULL COMMENT '学号',
    cno char(4) NOT NULL COMMENT '课程编号',
    grade float default NULL COMMENT '成绩',
    CONSTRAINT S_FK FOREIGN KEY(SNO)
REFERENCES student(SNO)
) ENGINE=InnoDB DEFAULT CHARSET=gbk;
```

2．查看表结构

查看表结构是指查看数据库中已存在的表的定义。查看表结构的语句包括 DESCRIBE 语句和 SHOW CREATE TABLE 语句。通过这两个语句，可以查看表的字段名、字段的数据类型、完整性约束条件等，下面将详细讲解查看表结构的方法。

1）查看表基本结构

在 MySQL 数据库中，DESCRIBE 语句可以查看表的基本定义。该语句可以查看表的字段名、字段数据类型、是否为主键和默认值等信息。DESCRIBE 语句的语法形式如下：

DESCRIBE 表名;

【例 4.6】 使用 DESCRIBE 语句查看 student 表的定义结构。命令如下：

DESCRIBE student;

在执行上述命令后，其运行结果如图 4.8 所示。

```
mysql> DESCRIBE student;
+-----------+-------------+------+-----+---------+-------+
| Field     | Type        | Null | Key | Default | Extra |
+-----------+-------------+------+-----+---------+-------+
| sno       | char(9)     | NO   | PRI | NULL    |       |
| sname     | varchar(10) | NO   |     | NULL    |       |
| ssex      | char(2)     | YES  |     | NULL    |       |
| sbirthday | date        | YES  |     | NULL    |       |
| sdept     | varchar(8)  | NO   |     | NULL    |       |
+-----------+-------------+------+-----+---------+-------+
5 rows in set (0.05 sec)

mysql>
```

图 4.8　查看表基本结构的运行结果

2）查看表详细结构

在 MySQL 数据库中，SHOW CREATE TABLE 语句可以查看表的详细定义。该语句不仅可以查看表的字段名、字段的数据类型、完整性约束条件等信息，而且可以查看表默认的存储引擎和字符编码。SHOW CREATE TABLE 语句的语法形式如下：

SHOW CREATE TABLE 表名;

【例 4.7】 使用 SHOW CREATE TABLE 语句查看 student 表的定义结构。命令如下：

SHOW CREATE TABLE student;

在执行上述命令后，其运行结果如图 4.9 所示。

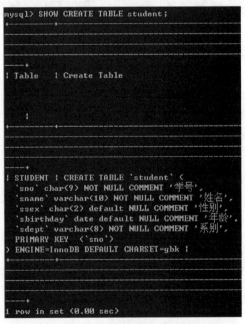

```
mysql> SHOW CREATE TABLE student;


| Table   | Create Table




| STUDENT | CREATE TABLE `student` (
 `sno` char(9) NOT NULL COMMENT '学号',
 `sname` varchar(10) NOT NULL COMMENT '姓名',
 `ssex` char(2) default NULL COMMENT '性别',
 `sbirthday` date default NULL COMMENT '年龄',
 `sdept` varchar(8) NOT NULL COMMENT '系别',
 PRIMARY KEY (`sno`)
) ENGINE=InnoDB DEFAULT CHARSET=gbk |


1 row in set (0.00 sec)
```

图 4.9　查看表详细结构的运行结果

3. 修改表

修改表是指修改数据库中已存在的表定义。修改表比重新定义表简单，不需要重新加载数据，也不会影响正在进行的服务。MySQL 数据库一般通过 ALTER TABLE 语句来修改表，其中包括修改表名、修改字段数据类型、修改字段名、增加字段、删除字段、修改字段的排列位置、更改默认存储引擎和删除表的外键约束等。

1）修改表名

在同一个数据库中，表名可以唯一地确定一个表，数据库系统通过表名来区分不同的表。例如，若在数据库 student 中有 student 表，则在数据库 student 中，student 表就是唯一的，不可能存在另一个名为 student 的表。在 MySQL 数据库中，修改表名是通过 SQL 语句 ALTER TABLE 实现的，语法形式如下：

ALTER TABLE 旧表名 RENAME [TO] 新表名;

【例 4.8】 将【例 4.5】中的 student 表的表名修改为 student1。其命令如下：

ALTER TABLE student RENAME student1;

温馨提示：为了不影响后面表的续使用，在执行该语句后，仍然将表名改回 student。

2）修改字段的数据类型

微课视频

字段的数据类型包括整数型、浮点数型、字符串型、二进制类型、日期和时间类型等。数据类型决定了数据的存储格式、约束条件和有效范围，表中的每个字段都有相应的数据类型，有关数据类型的详细内容参见第 3 章。在 MySQL 数据库中，修改字段的数据类型可以通过 ALTER TABLE 语句实现，语法形式如下：

ALTER TABLE 表名 MODIFY 属性名 数据类型;

【例 4.9】 将【例 4.5】中的 student 表的 sname 字段的数据类型修改为 CHAR 型，长度修改为 10。其命令如下：

ALTER TABLE student MODIFY sname char(10) not null;

3）修改字段名及数据类型

数据库系统通过字段名来区分表中的不同字段，在一个表中，字段名可以确定唯一一个字段。例如，student 表中包含 sno 字段，则 sno 字段在 student 表中是唯一的。在 MySQL 数据库中，修改表的字段名可以通过 ALTER TABLE 语句实现，基本语法形式如下：

ALTER TABLE 表名 CHANGE 旧属性名 新属性名 新数据类型;

其中，"旧属性名"参数是指修改前的字段名；"新属性名"参数是指修改后的字段名；"新数据类型"参数是指修改后的数据类型，若不需要修改，则将新数据类型设置为与原来一样。

【例 4.10】 将【例 4.5】中的 student 表的 sno 字段的字段名修改为 sid。其命令如下：

ALTER TABLE student CHANGE sno sid char(6) not null;

4）增加字段

如果需要增加新的字段，则可以通过 ALTER TABLE 语句进行增加。在 MySQL 数据库中，增加字段通过 ALTER TABLE 语句实现，其基本语法形式如下：

ALTER TABLE 表名 ADD 属性名 1 数据类型 [完整性约束条件] [FIRST | AFTER 属性名 2]；

【例 4.11】 向【例 4.5】中的 student 表新增一个存储学生年龄的字段 sage。其命令如下：

ALTER TABLE student ADD sage VARCHAR(100);

5）删除字段

删除字段是指删除已经定义好的表中的某个字段。在表创建好后，发现某个字段已不再需要，若将整个表删除，则必然会影响到表中的其他数据，且操作比较麻烦。实际上，在 MySQL 数据库中，删除表中的字段可以使用 ALTER TABLE 语句实现，其基本语法形式如下。

ALTER TABLE 表名 DROP 属性名；

【例 4.12】 删除【例 4.11】中新增的 sage 字段。其命令如下：

ALTER TABLE student DROP sage;

6）更改表的存储引擎

MySQL 存储引擎是指 MySQL 数据库中表的存储类型，包括 InnoDB、MyISAM、MEMORY 等。在创建表时，存储引擎就已经设定好了，如果要改变，则可以通过重新创建一个表来实现，但必然会影响到表中的数据，且操作较麻烦。在 MySQL 数据库中，更改表的存储引擎的类型可以通过 ALTER TABLE 语句实现，其语法形式如下：

ALTER TABLE 表名 ENGINE=存储引擎名；

【例 4.13】 将【例 4.5】中的 student 表的存储引擎设置为 MyISAM。其命令代码如下：

ALTER TABLE student ENGINE=MyISAM;

4．删除表

删除表是指删除数据库中已存在的表。删除表会删除表中的所有数据，因此，在删除表时需要特别注意。MySQL 数据库通过 DROP TABLE 语句删除表，由于在创建表时可能存在外键约束，一些表成了与之关联表的父表，因此要删除这些父表，情况比较复杂。下面详细讲解删除表的方法。

1）删除没有被关联的普通表

在 MySQL 数据库中，直接使用 DROP TABLE 语句可以删除没有被其他表关联的普通表。其基本语法形式如下：

DROP TABLE 表名；

为了下一步操作，可以先执行如下语句，复制一个 test 表。

CREATE TABLE test like student;

【例 4.14】 请删除 test 表，在执行代码前，先使用 DESC 语句查看是否存在 test 表，以便与删除后进行对比，DESC 语句执行后的结果如下：

```
mysql> DESC test;
+----------------+----------------+------+-----+---------+-------+
| Field          | Type           | Null | Key | Default | Extra |
+----------------+----------------+------+-----+---------+-------+
```

```
| sno       | char(9)     | NO  | PRI | NULL |    |
| sname     | varchar(10) | NO  |     | NULL |    |
| ssex      | char(2)     | YES |     | NULL |    |
| sbirthday | date        | YES |     | NULL |    |
| sdept     | varchar(8)  | NO  |     | NULL |    |
+-----------+-------------+-----+-----+------+----+
5 rows in set (0.22 sec)
```

从查询结果可以看出，当前存在 test 表。然后，执行 DROP TABLE 语句删除该表，执行结果如下：

```
mysql> DROP TABLE test;
Query OK, 0 rows affected (0.09 sec)
```

代码执行完毕，结果显示执行成功。为了检验数据库中是否还存在 test 表，再使用 DESC 语句重新查看 test 表，查看结果如下：

```
mysql> DESC test;
ERROR 1146 (42S02): Table 'student.test' doesn't exist
```

查询结果显示，test 表已经不存在了，说明删除操作执行成功。

温馨提示：在删除一个表时，表中的所有数据也会被删除。因此，在删除表时一定要慎重，最稳妥的做法是先将表中所有数据备份出来，再删除表。一旦在删除表后发现造成了损失，就可以通过备份的数据还原表，将损失降到最小。

2）删除被其他表关联的父表

在数据库中的某些表之间建立了关联关系，一些表成了父表，这些父表被其他表所关联，如果需要删除这些父表，则情况会比较复杂。

【例 4.15】 请删除被其他表关联的 student 表，SQL 代码如下：

```
DROP TABLE student;
```

在执行上述代码后，其结果如下：

```
mysql> DROP TABLE STUDENT;
ERROR 1217 (23000): Cannot delete or update a parent row: a foreign key constraint fails
```

结果显示删除失败，因为有外键依赖于该表。前面新建的 sc 表依赖于 student 表，sc 表的外键 sno 依赖于 student 表的主键，故 student 表是 sc 表的父表。若要删除 sc 表，则必须先去掉这种依赖关系。最直接的办法是先删除 sc 子表，再删除 student 父表，但这样会影响子表的其他数据；另一种办法是先删除 sc 子表的外键约束，再删除父表，这种办法不会影响子表的其他数据，也能保证数据库的安全，下面重点讲解第二种办法。

首先，删除 sc 表的外键约束。使用 SHOW CREATE TABLE 语句查看 sc 表的外键别名，SQL 代码如下：

```
mysql> SHOW CREATE TABLE sc \G;
CREATE TABLE 'sc' (
  'sno' char(9) NOT NULL COMMENT '学号',
  'cno' char(4) NOT NULL COMMENT '课程编号',
  'grade' float default NULL COMMENT '成绩',
  KEY `S_FK` ('sno'),
  CONSTRAINT 'S_FK' FOREIGN KEY ('sno') REFERENCES 'student' ('sno')
```

```
) ENGINE=InnoDB DEFAULT CHARSET=gbk
1 row in set (0.00 sec)
```

查询结果显示，sc 表的外键别名为 S_FK。然后，执行 ALTER TABLE 语句，删除 sc 表的外键约束，SQL 代码如下：

```
ALTER TABLE sc DROP FOREIGN KEY S_FK;
```

在执行上述代码后，结果如下：

```
mysql> ALTER TABLE SC DROP FOREIGN KEY S_FK;
Query OK, 0 rows affected (0.20 sec)
Records: 0   Duplicates: 0   Warnings: 0
```

为了查看 sc 表的外键约束是否已经被删除，可以使用 SHOW CREATE TABLE 语句查看，查看结果如下：

```
mysql> SHOW CREATE TABLE SC\G;
*************************** 1. row ***************************
        Table: SC
Create Table: CREATE TABLE 'sc' (
   'sno' char(9) NOT NULL COMMENT '学号',
   'cno' char(4) NOT NULL COMMENT '课程编号',
   'grade' float default NULL COMMENT '成绩',
   KEY 'S_FK' ('sno')
) ENGINE=InnoDB DEFAULT CHARSET=gbk
1 row in set (0.00 sec)
```

查询结果显示，sc 表中已经不存在外键。现在，已经消除了 sc 表与 student 表的关联关系，即可直接使用 DROP TABLE 语句删除 student 表了，SQL 代码如下：

```
DROP TABLE student;
```

在执行上述代码后，结果如下：

```
mysql> DROP TABLE student;
Query OK, 0 rows affected (0.00 sec)
```

为了验证操作，可以使用 DESC 语句查询 student 表是否存在，结果如下：

```
mysql> DESC student;
ERROR 1146 (42S02): Table 'student.student' doesn't exist
```

执行结果显示，student 表已经不存在了，说明 student 表已经删除成功。

任务 4.3.3 插入 MySQL 表数据

插入数据即向表中插入新的记录（表的一行数据即为一条记录）。插入的
新记录必须完全遵守表的完整性约束，所谓完整性约束是指列是什么数据类

微课视频

型，新记录对应的值就必须是这种数据类型；列上有什么约束条件，新记录的值就必须满足这些约束条件。不满足其中任何一条，都可能导致插入记录不成功。

在 MySQL 数据库中，通过 INSERT 语句可以实现插入数据的功能。INSERT 语句有两种方式插入数据：第一，插入特定的值，即所有的值都是在 INSERT 语句中确定的；第二，插入

查询的结果，包含需要插入表中的值，INSERT 语句本身看不出来，完全由查询结果确定。

INSERT 语句的基本语法形式如下：

```
INSERT INTO  表名[列名 1，列名 2...]
[VALUES(值 1，值 2，...,值 n) [ , (值 1，值 2，... , 值 n) , ...] ]    --插入特定的值
[查询语句]                                                          --插入查询的结果
```

1. 插入一条完整的记录

插入一条完整的记录可以理解为向表的所有字段插入数据，有两种方法可以实现：第一，只指定表名，不指定具体的字段，按照字段的默认顺序填写数值，然后插入记录；第二，在表名的后面指定需要插入的数值所对应的字段，并按照指定的顺序插入数值。当某条记录的数据比较完整时，如 student 表有学号、姓名、性别、出生日期、系别 5 个列，当要插入的学生信息都明确时，用第一种方法可以省略表的列名，直接输入数据；而当某些记录有好几个字段值都不明确时（如学生李勇只知道其姓名和性别），可以考虑用第二种方法，只指定输入这几个明确的信息，不用顾虑真实表的字段顺序。

1）不指定字段名，按照默认顺序插入数值

在 MySQL 数据库中，若想按照默认的数值顺序插入某记录，则语法形式如下：

```
INSERT INTO  表名  VALUES（值 1，值 2，... ，值 n）；
```

注意：VALUES 后面连接的值的顺序必须和原表字段顺序一致，且数据类型匹配。若某列的值允许为空，且插入的记录此字段的值也为空，则必须在 VALUES 后面连接 NULL。

【例 4.16】 网络系新进一名学生，名为"张小雨"，性别"女"，出生于 2000 年 8 月 8 日，现需要将此学生的信息添加到 student 表中。

"张小雨"已知的信息有姓名、性别、出生日期和系别，学号要在学生入学后为其分配，故暂时认为学号也是已知的。既然 student 表需要的 5 个字段信息目前都有了，就可以省略表的字段名，然后按照字段的默认顺序插入数据。

在插入数据之前，最重要的一点就是明确 student 表的字段顺序及各字段的数据类型，要实现此目标必须经过以下几个步骤。

第一步，进入 student 数据库，SQL 代码如下：

```
USE student;
```

第二步，使用 DESC 查看 student 表的结构，SQL 代码如下：

```
DESC student;
```

在执行上述命令后，其结果如图 4.10 所示。

从 student 表的结构中，可以分析得出如下结论。

（1）表中字段的前后顺序（Field）：如本表第一个字段是 sno，第二个字段是 sname，第三个字段是 ssex，第四个字段是 sbirthday，第五个字段是 sdept。在不指定字段顺序的情况下向表中插入数值，数据的顺序必须与表中默认字段顺序（即学号、姓名、性别、出生日期、系别）一致。

```
mysql> DESC student;
+-----------+-------------+------+-----+---------+-------+
| Field     | Type        | Null | Key | Default | Extra |
+-----------+-------------+------+-----+---------+-------+
| sno       | char(9)     | NO   | PRI |         |       |
| sname     | varchar(10) | NO   |     |         |       |
| ssex      | char(2)     | YES  |     | NULL    |       |
| sbirthday | date        | YES  |     | NULL    |       |
| sdept     | varchar(8)  | NO   |     |         |       |
+-----------+-------------+------+-----+---------+-------+
5 rows in set (0.01 sec)
```

图 4.10　查看 student 表的结构

（2）字段的数据类型（Type）：sno 的数据类型为 CHAR(9)，表明此字段最长接收 9 个字符；sname 为 VARCHAR(10)，表明姓名字段输入的数据是字符型数值，即字符型数值（不管是 CHAR 还是 VARCHAR）在插入时，必须用单引号引起来；sbirthday 为 DATE，表明该字段只接受日期型的数值，即在插入数值时，必须用'XXXX-XX-XX'的格式，且数据用单引号引起来。

（3）每一个字段是否允许为空（Null）：若某字段不允许为空，且无默认值约束（Default），则向此表插入一条记录时，此字段必须写入值，否则插入数值不成功；若某字段不允许为空，且有默认值约束，则在用户不写入值的情况下自动用默认值代替。

（4）约束（Key）：本表只涉及主键约束（PRI），表示表中此列的值不允许重复。

为了验证数据是否插入成功，用户可在插入新数据之前使用 SELECT 语句查看 student 表原始的数据，SQL 代码如下：

```
SELECT * FROM student;
```

在执行上述命令后，其结果如图 4.11 所示。

```
mysql> select * from student;
+-----------+--------+------+------------+--------+
| sno       | sname  | ssex | sbirthday  | sdept  |
+-----------+--------+------+------------+--------+
| 00001     | 阿三   | 男   | 2001-01-01 | 通信系 |
| 202008001 | 赵菁菁 | 女   | 2000-08-16 | 网络系 |
| 202008002 | 李勇   | 男   | 2001-02-23 | 网络系 |
| 202008003 | 张力   | 男   | 1999-08-15 | 网络系 |
| 202008004 | 张衡   | 男   | 2001-02-23 | 软件系 |
| 202008005 | 张向东 | 男   | 2002-01-15 | 软件系 |
| 202008006 | 张向丽 | 女   | 2001-02-23 | 软件系 |
| 202008007 | 王芳   | 女   | 1998-12-22 | 网络系 |
| 202008008 | 王明生 | 男   | 2001-02-23 | 通信系 |
| 202008009 | 王小丽 | 女   | 1999-04-19 | 通信系 |
| 202008010 | 李晨   | 女   | 2001-02-23 | 通信系 |
| 202008011 | 张毅   | 男   | 1999-01-15 | 英语系 |
| 202008012 | 杨丽华 | 女   | 2001-02-23 | 英语系 |
| 202008013 | 李芳   | 女   | 1999-11-15 | 通信系 |
| 202008014 | 张丰毅 | 男   | 2001-02-23 | 网络系 |
| 202008015 | 李蕾   | 女   | 1999-08-15 | 英语系 |
| 202008016 | 刘杜   | 男   | 2000-03-12 | 中文系 |
| 202008017 | 刘星耀 | 男   | 2001-09-02 | 数学系 |
| 202008018 | 李贵   | 男   | 1999-02-07 | 英语系 |
| 202008019 | 林自许 | 男   | 2000-12-01 | 网络系 |
| 202008020 | 马翔   | 男   | 2001-09-23 | 网络系 |
| 202008021 | 刘峰   | 男   | 2000-03-11 | 网络系 |
| 202008022 | 朱晓鸥 | 女   | 2001-10-12 | 软件系 |
| 202008023 | 牛站强 | 男   | 2001-02-19 | 中文系 |
| 202008024 | 李婷婷 | 女   | 2000-12-02 | 通信系 |
| 202008025 | 严丽   | 女   | 2001-04-30 | 数学系 |
+-----------+--------+------+------------+--------+
26 rows in set (0.01 sec)
```

图 4.11　student 表原始的数据

然后，使用 INSERT 语句插入本学生信息，SQL 代码如下：

```
INSERT INTO student
VALUES('202008026','张小雨','女','2000-08-08','网络系');
```

以上语句需要注意数值是否需要单引号，且符号是否为半角，稍不注意就可能引起错误现象如图 4.12 所示。所以，在插入数值时应该特别注意待插入值的数据类型。一般来说，字符型（CHAR，VARCHAR）和日期时间型（DATE 等）需要在值的前后加单引号，只有数值型（INT，FLOAT 等）的前后不用加符号。

```
mysql> INSERT INTO student
    -> VALUES(202008026,'张小雨','女','2000-08-08','网络系');
ERROR 1064 (42000): You have an error in your SQL syntax; check the manual that
corresponds to your MySQL server version for the right syntax to use near ''张
小雨','女','2000-08-08','网络系')' at line 2
```

图 4.12　sno 字段值没有使用单引号引起的错误现象

除了注意符号问题，还需要注意数值的前后顺序是否和字段的前后顺序相一致，若不一致，则可能导致数据插入的位置错误或直接提示插入的数据不成功。

在数据插入成功后，再使用 SELECT 语句查询 student 表，可以发现多了一行张小雨的数据。

若某记录完整（即每一个字段都有值），则可以用上面的方法将每一个值分别对应其字段插入 VALUES 子句后。但是，在现实生活中经常有一些记录的数据并不完整，就得在上面的代码中做适当的调整。

【例 4.17】 在 student 表中，再插入一条记录，该学生是软件系的，名为“何为”，性别“男”，但是其出生日期暂不确定，请插入“何为”的记录。

按照上面的方法，有的人可能会编写以下 SQL 语句：

```
INSERT INTO student
VALUES('202008027','何为','男','软件系');
```

语句运行的结果却会出现插入数值个数的错误，如图 4.13 所示。

```
mysql> INSERT INTO student
    -> VALUES('202008027','何为','男','软件系');
ERROR 1136 (21S01): Column count doesn't match value count at row 1
```

图 4.13　插入数值个数错误

出现这种错误是因为 INSERT 语句后面只连接了表名而省略了字段名，这意味着按照表中字段的原始顺序逐一将 VALUES 语句后面的值插入。从图 4.11 中可以看出，student 表有 5 个字段，而上面语句的 VALUES 部分只有 4 个值，字段个数不匹配，因此计算机不知道该如何插入数据，导致报错。

其实，只要 INSERT 语句后面的字段个数和 VALUES 语句后面值的个数匹配（数量和数据类型都得匹配），插入语句就能成功。因此，将后面没有值的部分写为 NULL，表示空值即可。最终的 SQL 代码如下：

```
INSERT INTO student
VALUES('202008027','何为','男',NULL,'软件系');
```

在 INSERT 语句执行成功后，再次查询表中数据，就可以在最后一行看到何为的信息表示插入数值成功，如图 4.14 所示。

图 4.14 插入数值成功

2）指定字段名，按照指定顺序插入数值

在【例 4.17】中，严格按照 student 表字段的顺序完整地将数据写到了 VALUES 语句的后面，其实，在 INSERT 语句中，表名后面若按照表中字段顺序插入数据，则可以省略字段名。如下面这条语句：

```
INSERT INTO student
VALUES('202008027','何为','男',NULL,'软件系');
```

也可以写为：

```
INSERT INTO student (sno, sname, ssex, sbirthday, sdept)
VALUES('202008027','何为','男',NULL,'软件系');
```

显然，前一种写法比后一种更简洁，但是后一种写法比前一种易懂。既然这样，VALUES 语句后面值的顺序是否可以通过修改字段名的顺序实现呢？这种想法显然是可以实现的，除了按照默认的字段顺序输入数值，还可以指定输入数值的顺序，即在表名后指定要插入数值的字段名。这在某些数据库系统的前台数据调用过程中用得较多，语法形式如下：

```
INSERT INTO 表名（字段名 1，字段名 2，…，字段名 3）
VALUES（值 1，值 2，…，值 n）;
```

注意：“值 1”必须和“字段名 1”相匹配，“值 2”和“字段名 2”相匹配，依此类推。

也就是说，【例 4.17】还可以写成以下代码：

```
INSERT INTO student (sname, sno, ssex, sbirthday, sdept)
VALUES('何为','202008027','男',NULL,'软件系');
```

用户还可以随意改变 student 表名后面的字段名顺序，只要保证字段和 VALUES 值顺序一致就可以了。

2．插入一条不完整的记录

若插入的某记录很多字段值为空，则可以考虑在 INSERT 语句中直接省略值为空的字段名，只列出有值的字段。如在上面的语句中，若 sbirthday 字段的值为空，则可以不写入空值，还可以节约时间。

【例 4.18】 软件系新进一名学生，目前只知道该学生名为"李驯"，性别"男"，其他信息暂时不知道。现在请将此学生已知的信息插入表中，其他信息以后修改。

显然，student 表需要 5 个字段，而此学生只有 3 个属性值已知。如果使用【例 4.17】的方法插入此学生的信息，就会出现多个 NULL。此时，考虑在 INSERT 语句中省略值为空的字段名，只列出有值的字段，然后在 VALUES 语句后面写上与字段名相匹配的数值。可以使用如下 SQL 语句实现。

```
INSERT INTO student (sname, ssex, sdept)
VALUES('李驯','男','软件系');
```

在代码执行成功后，再查询 student 表，结果如图 4.15 所示。可以看到在最后一行的位置添加了一条记录，其中 sno 值为空，而 sbirthday 值为 NULL。这是因为 sno 字段上有主键约束，不允许为 NULL，此处暂时用空表示；sbirthday 字段允许为 NULL，在不输入值的情况下，系统自动将一个 NULL 插到表中相应的位置。

图 4.15　插入不完整的记录

想一想：student 表的 sno 列上有主键约束，而有主键约束的字段是一定不能为空的，此时在 INSERT 语句中却没有向此字段插入数值，但又想让系统为这名学生自动地编一个学号，这可以实现吗？

温馨提示：可在 student 表的 sno 字段上设置值的自动增长属性。

3. 同时插入多条记录

在多数情况下，用户不会只插入一条记录，若每插入一条记录都写一条 INSERT 语句，则会使插入工作显得烦琐，可使用如下格式一次性插入多条语句：

```
INSERT INTO  表名[(字段列表)]
VALUES（取值列表 1），（取值列表 2），…，（取值列表 n）；
```

【例 4.19】 某一天，有 4 名学生到学校报到，他们的信息分别如下：

赵菁菁，女，出生于 2000 年 8 月 16 日，就读于网络系；

李勇，男，出生于 2001 年 2 月 23 日，就读于网络系；

张力，男，出生于 1999 年 8 月 15 日，就读于网络系；

张衡，男，出生于 2001 年 2 月 23 日，就读于软件系

如何实现快速将这些数据插到数据库的表中呢？

这 4 名学生的数据类型是一样的（都有姓名、性别、出生日期、系别），此时将 4 名学生的数据按照相同的结构（顺序）写到 VALUES 语句后面，然后用逗号隔开，就可以实现 4 条记录同时插入。

```
INSERT INTO `student`
VALUES
('202008001', '赵菁菁', '女', '2000-08-16', '网络系'),
('202008002', '李勇', '男', '2001-02-23', '网络系'),
('202008003', '张力', '男', '1999-08-15', '网络系'),
('202008004', '张衡', '男', '2001-02-23', '软件系');
```

注意： 一条 INSERT 语句只能配一条 VALUES 语句，如果需要写多条记录，则只需要在取值列表（即小括号中的值）后面再连接另一条记录的取值列表。

若写成如图 4.16 所示的代码，在执行时就会报错，错误提示指明在 VALUES 关键字附近出错。以后在遇见此类错误时，请第一时间思考，是否是关键词写错或写多？在一般情况下，一个 INSERT 语句后只会出现一次 VALUES 语句。

```
mysql> INSERT INTO `student`
    -> VALUES ('202008001', '赵菁菁', '女', '2000-08-16', '网络系'),
    -> VALUES ('202008002', '李勇', '男', '2001-02-23', '网络系'),
    -> VALUES ('202008003', '张力', '男', '1999-08-15', '网络系'),
    -> VALUES ('202008004', '张衡', '男', '2001-02-23', '软件系');
ERROR 1064 (42000): You have an error in your SQL syntax; check the manual that
corresponds to your MySQL server version for the right syntax to use near 'VALUE
S ('202008002', '李勇', '男', '2001-02-23', '网络系'),
VALUES ('20200' at line 3
mysql>
```

图 4.16　错误插入多条记录

任务 4.3.4　修改 MySQL 表数据

微课视频

表中已存在的数据可能会出现需要修改的情况，此时，可以只修改某个字段的值，不用管其他数据。但是在修改数据的过程中，必须先明确两点：第一，需要修改哪些值？第二，需要修改成什么值？这两点明确了，便可灵活地对表中数据进行更新了，否则，可能会误修改其他的数据。修改数据可以使用 UPDATE 语句实现，其语法形式如下：

```
UPDATE 表名
SET 字段名 1＝修改后的值 1 [, 字段名 2＝修改后的值 2，…]
WHERE 条件表达式;
```

修改数据的操作可以被看作是把表先从行的方向上筛选出要修改的记录，再将这些记录某些列的值进行修改。

1．修改一个字段的值

若数据表中只有一个字段的值需要修改，则只需要在 UPDATE 语句的 SET 子句后连接一个表达式（即"字段名＝修改后的值"的形式）。

【例 4.20】 李勇从网络系转到了软件系，请将其在 student 表中的数值做相应的修改。在修改数值前，可以使用 SELECT 语句查询李勇的信息，如图 4.17 所示。

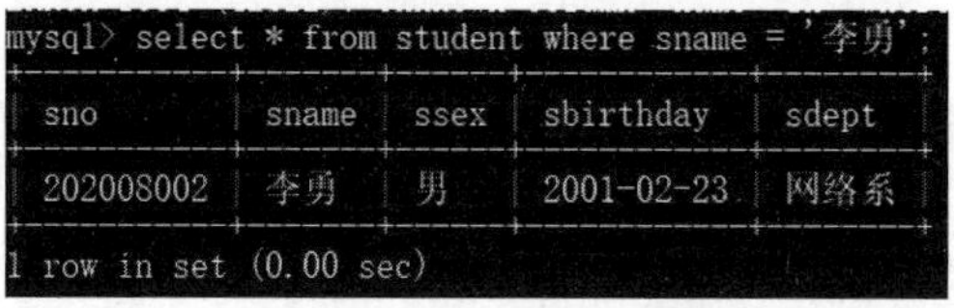

图 4.17　查询李勇的信息

从图 4.17 中可以看出，需要修改的是这条记录的 sdept 字段的值。现在可以将此操作进行步骤分解如下。

（1）明确要修改哪个表中的值。

结论：student 表。

代码：UPDATE student。

（2）明确要修改哪些记录（行）的值。

结论：姓名为"李勇"的那条记录。

代码：WHERE sname='李勇'。

（3）明确要修改记录的哪个字段的值，改成什么。

结论：sdept 字段的值改为"软件系"。

代码：SET sdept='软件系'。

将以上 3 个步骤的语句整合，即为最终的 SQL 执行语句，具体代码如下：

```
UPDATE student
SET sdept='软件系'
WHERE sname='李勇';
```

在修改成功后，再使用 SELECT 语句查询李勇的信息，如图 4.18 所示。

图 4.18　查询修改后的李勇的信息

想一想：如果想要将所有人的系别都改为软件系，如何实现？

温馨提示：所有人的数据全部修改，即为无条件，整表修改。在 UPDATE 语句中不加 WHERE 语句，就代表所有记录。

2. 修改几个字段的值

当某些记录需要同时修改多个字段的值时，可以将所有待修改的表达式都放在 SET 语句后面，用逗号隔开。

【例 4.21】 李勇从网络系转到了软件系，所以需要在其学号的后面加个 "*" 作标注，现请将其在 student 表中的数值做相应的修改。

微课视频

此例与上一例要修改的值和条件相比，仅多修改了一个学号，所以只需在 SET 语句后面将学号也做相应的修改即可，代码如下：

```
UPDATE student
SET sdept='软件系',sno=sno+'*'
WHERE sname='李勇';
```

在语句成功执行后，再查看 student 表中李勇的信息，如图 4.19 所示。

```
mysql> select * from student where sname='李勇';
+-----------+--------+------+------------+--------+
| sno       | sname  | ssex | sbirthday  | sdept  |
+-----------+--------+------+------------+--------+
| 202008002 | 李勇   | 男   | 2001-02-23 | 软件系 |
+-----------+--------+------+------------+--------+
1 row in set (0.00 sec)
```

图 4.19 查询再次修改后的李勇的信息

很明显，在图 4.19 中学号字段上并没有任何变化，这是为什么呢？

想一想：由图 4.19 可以看出，sno 字段的数据类型为 CHAR。如果用 sno=sno+'*'能不能实现在学号最后加一个 "*" 的功能呢？

温馨提示：char 为定长型字符串，如 CHAR(4)，若输入一个数值 1，则在将其插入数据库时，会自动在 1 后面增加 3 个空格，即 "1   "（注意：1 后面有 3 个空格）。此时再用 sno=sno+'*'，则表示在 "1   " 后面加一个 "*"，明显超过了 4 字节的长度，因此最后一个 "*" 是显示不出来的。

只有将字段类型设置为 VARCHAR，输入一个数值 1，才只占 1 字节的位置，其后 3 字节位置是空的，可以再插入一个 "*"。

任务 4.3.5　删除 MySQL 表数据

当表中的某些记录不再需要时，可以直接从表中将其删除。删除操作最关键的是明确要删除的记录，可以使用 DELETE 语句实现，具体格式如下：

```
DELETE FROM  表名 [WHERE  条件表达式]
```

其中，若没有 "条件表达式"，则删除表中所有记录。

1. 删除所有数据

删除表中的所有数据，指无任何条件，表中的所有数据都被删除，其中，无条件可以直接解释为没有 WHERE 语句。所以删除所有数据可以使用如下语句：

```
DELETE FROM 待删除的表名
```

【例 4.22】 若想删除 student 记录表中的所有数据，该如何操作？代码如下：

```
DELETE FROM student;
```

这样可以无条件删除 student 表中的所有数据，但是在删除数据之前，最好再一次确定这个表是否真的不需要了，因为这样的删除方式，不可能再找回数据。

2. 删除某些记录

首先，需要明确，删除数据是逐条（即逐行）删除的。全部删除可进一步表达为删除表中的所有记录（所有行）。

【例 4.23】 李勇退学了，现在要删除李勇的相关记录，该如何实现？

很明显，只要先找到李勇的数据，然后使用 DELETE 语句删除就可以了。代码如下：

```
DELETE FROM student
WHERE sname='李勇';
```

也就是说，想删除哪些数据，就在 WHERE 语句后面写上要删除的记录所满足的条件。

任务 4.3.6　创建及维护表的完整性约束

微课视频

在前面的 1.3 节内容中，讲到了关系的完整性包括：实体完整性、参照完整性、用户定义完整性三大类。本章在创建与删除表时，也讲到了主键与外键约束，即关系模型完整性，DBMS 就是通过创建与维护数据约束来实现的。在 MySQL 数据库中，主要有 PRIMARY KEY（主键约束）、FOREIGN KEY（外键约束）、UNIQUE（唯一约束）3 种完整性约束，目前 MySQL 数据库不支持 CHECK（检查约束），但是为了与其他系统的兼容性，添加上创建检查约束的语句也不会报错。

1. 主键约束

主键用 PRIMARY KEY 表示，通常一个表必须指定一个主键，也只能有一个主键，可以指定一个字段作为表的主键，也可以指定两个或两个以上的字段合并作为主键，其值能唯一标识表中的每一行数据，因此构成主键的字段值不允许为空，值或值的组合不允许重复。

用户可以在创建表时创建主键，也可以对一个已有表中的主键进行修改或者为没有主键的表增加主键。设置主键通常有两种方式：表的完整性约束和列的完整性约束。

1）表的完整性约束设置主键

【例 4.25】 创建课程表 course，使用表的完整性约束设置主键，代码如下：

```
CREATE   TABLE   course (
  cno   char(4)   NOT   NULL   COMMENT  '课程号',
  cname   varchar(20)   NOT   NULL   COMMENT  '课程名',
  ccredit   int   DEFAULT   NULL   COMMENT  '课程学分',
  chours   int   DEFAULT   NULL   COMMENT  '课程学时',
  CONSTRAINT   PK_course   PRIMARY   KEY (cno)
) ENGINE=InnoDB   DEFAULT   CHARSET=gbk;
```

其中，PRIMARY KEY (cno)设定 course 表的 cno 字段为该表的主键，CONSTRAINT PK_course 不是必需的，只是以一种显式的方式说明 PRIMARY KEY (cno)是一个约束，并且约束被命名为 PK_course，如果省略这个，系统将自动为该主键命名。

2）列的完整性约束设置主键

【例 4.26】 创建课程表 course2，使用列的完整性约束设置主键，代码如下：

```
CREATE    TABLE    course2 (
  cno   char(4)  NOT  NULL  PRIMARY  KEY ,
  cname   varchar(20)  NOT  NULL ,
  ccredit   int ,
  chours   int
);
```

想一想： 在使用列的完整性约束设置主键时，能不能为其指定约束名称呢？

3）复合主键

【例 4.27】 创建成绩表 sc2，将 sno 和 cno 字段作为复合主键，代码如下：

```
CREATE    TABLE    sc2  (
  sno   char(9)  NOT   NULL,
  cno   char(4)  NOT   NULL,
  Grade    float(5,1) ,
  CONSTRAINT   PK_sc   PRIMARY   KEY (sno,cno)
);
```

想一想： 在使用列的完整性约束设置主键时，能不能设置复合主键呢？

4）修改表的主键

【例 4.28】 修改 course2 表，删除原来的主键，增加新的主键，代码如下：

```
ALTER   TABLE   course2
DROP   PRIMARY   KEY;

ALTER   TABLE   course2
ADD   CONSTRAINT   PK_course2   PRIMARY   KEY(cno);
```

2．唯一约束

唯一约束用 UNIQUE 表示，唯一约束又被称为替代键，是没有被选作主键的候选键，替代键与主键一样，是表的一列或一组列，它们的值在任何时候都是唯一的。唯一约束与主键的区别在于一个表可以有多个唯一约束，并且唯一约束的列可以为空值。设置唯一约束也可以使用表的完整性约束和列的完整性约束两种方式。

【例 4.29】 创建一个雇员表 employees，同时使用表的完整性约束创建它的主键约束与唯一约束，代码如下：

```
CREATE TABLE employees(
    employeeid char(6) not null,
    ename char(10) not null,
    esex char(2),
    education char(6),
    CONSTRAINT PK_id PRIMARY KEY(employeeid),
    CONSTRAINT UN_name   UNIQUE(ename)
);
```

【例 4.30】 给 course 表的 cname 列添加唯一约束，代码如下。

```
ALTER TABLE course
ADD CONSTRAINT UN_name UNIQUE(cname);
```

3. 外键约束

1）理解参照完整性约束

在关系型数据库中，有很多规则是与表之间的关系有关的，表与表之间往往存在一种"父子"关系。例如，在 sc 表中的 sno 字段，它就依赖于 student 表的主键 sno 字段，如果唯一代表一名学生的某个学号都不存在的话，则这个学号存入成绩表中也是完全没有意义的。这里称 student 表为父表，sc 表为子表，通常将 sno 字段设置为 sc 表的外键，参照 student 表的主键字段，通过 sno 字段将 student 父表和 sc 子表建立关联关系，这种类型的关系就是参照完整性约束。参照完整性约束是一种比较特殊的完整性约束，是通过设置外键实现的，其中外键是一个表的特殊字段。

在创建外键时，主要是为外键定义参照语句 reference_definition，语法格式如下。

```
REFERENCES tbl_name (index_col_name,...)
[ON DELETE reference_option]
[ON UPDATE reference_option]
```

其中，reference_option：

```
{ RESTRICT | CASCADE | SET NULL | NO ACTION }
```

说明：

（1）外键被定义为表的完整性约束，reference_definition 中包含了外键所参照的表和列，还可以声明参照动作。

（2）RESTRICT 表示限制，当需要删除或更新父表中被参照列且已经在外键中出现了的值时，拒绝对父表进行删除或更新操作。

（3）CASCADE 表示级联，当从父表中删除或更新在外键中出现了的值时，子表中匹配的行也将自动删除或更新。

（4）SET NULL 表示置为空，如果将子表相应字段设置为 NOT NULL，当从父表中删除或更新在外键中出现了的值时，子表中对应的值将自动被设置为 NULL。

（5）NO ACTION 表示不动作，与 RESTRICT 一样，不允许删除或更新父表中已经被子表参照了的值。

（6）参照动作不是必需的，可以不设定。在不声明时，参照动作的效果与 RESTRICT 的效果一样。

2）在创建表时创建外键

【例 4.31】 创建成绩表 sc3，同时创建它的主键和两个外键。

```
CREATE  TABLE  sc3  (
    Sno  char(9)  NOT  NULL  REFERENCES student(sno)  ON UPDATE CASCADE ON DELETE CASCADE,
    cno  char(4)  NOT  NULL ,
    Grade  float(5,1) ,
    CONSTRAINT  PK_sc  PRIMARY  KEY (sno,cno),
    CONSTRAINT FK_sc2 FOREIGN KEY (cno)  REFERENCES course(cno) ON UPDATE CASCADE ON DELETE CASCADE
    );
```

3）在修改表时创建外键

【例4.32】 修改 sc 表，为 sno 和 cno 字段添加外键。

```
ALTER TABLE sc
ADD CONSTRAINT FK_sc1 FOREIGN KEY(sno) REFERENCES student(sno) ON UPDATE CASCADE
ON DELETE CASCADE,
ADD CONSTRAINT FK_sc2 FOREIGN KEY(cno) REFERENCES course(cno) ON UPDATE CASCADE
ON DELETE CASCADE;
```

4.4　任务小结

➢ **任务 1**：操作 MySQL 数据库。通过对本任务的学习，读者应掌握创建数据库、查看数据库、删除数据库等操作，同时了解 MySQL 存储引擎的知识。其中，创建和删除数据库是本任务的重点内容，读者需要通过大量练习，透彻理解这部分知识；存储引擎比较难理解，读者只需了解相应的知识、熟知 MySQL 数据库默认的存储引擎即可。

➢ **任务 2**：操作 MySQL 数据库表。通过对本任务的学习，读者需要掌握创建表、查看表结构、修改表和删除表的方法。本任务内容较多，修改表是本任务的重要内容，需要熟练掌握修改表名、字段名、字段数据类型、增加和删除字段等操作，这些操作容易出现语法混淆的错误。读者需通过大量实践练习，掌握正确的语法规则，消化和巩固知识。

➢ **任务 3**：插入 MySQL 表数据。通过对本任务的学习，读者应掌握使用 INSERT 语句向 MySQL 数据库插入一条拥有完整记录的数据，或者插入一条不完整记录的数据，或者同时插入多条数据，而且要区分这 3 种情况的异同点，切勿混淆。

➢ **任务 4**：修改 MySQL 表数据。通过对本任务的学习，读者需掌握使用 UPDATE 语句修改某一列的所有值、修改符合某种条件记录对应的某字段的值、修改符合某种条件记录的多个字段的值。

➢ **任务 5**：删除 MySQL 表数据。通过对本任务的学习，读者需要了解当表中的某些记录在不再需要时，可以使用 DELETE 语句对其删除。重点理解删除所有数据与删除某些记录的区别。

➢ **任务 6**：创建及维护表的完整性约束。通过对本任务的学习，读者需要了解主键约束、唯一性约束、外键约束的含义及其在使用过程中的具体体现，还需要在实际应用过程中完成完整性约束的设定、使用和修改。

总之，通过对本章的学习，读者能熟练创建、查看、删除、修改数据库；熟练创建、查看、删除、修改数据表；熟练对满足条件的记录进行插入、删除、修改；创建、维护表的完整性约束。

4.5　知识拓展

作为本章的知识拓展部分，以 MySQL 数据库为例，带领读者学习数据库的数据类型。

数据类型是数据的一种属性，它决定了数据的存储格式、有效范围。MySQL 数据库的表是一个二维表，由一个或多个数据列构成，每个数据列都有特定类型，该类型决定了 MySQL 数据库如何看待该列数据。选择合适的数据类型，会提高数据库的效率。

MySQL 的数据类型主要包括 4 类如下。

1．数值类型

数值类型是现实生活中经常遇到的数据类型之一，例如：公司的员工数量、销售额、利润、工资、学生的考试成绩等。只有使用了数值类型的列，才能够进行汇总运算、平均值的运算等数学计算。常见的数值类型分为 3 种：

整数类型：TINYINT、SMALLINT、MEDIUMINT、INT、BIGINT。

浮点类型：FLOAT、DOUBLE。

定点数类型：DECIMAL、NUMERIC。

2．字符串类型

字符串类型是数据库中数据存储的重要类型之一，它主要用于存储字符串或文本信息。常见的字符串类型包括：CHAR、VARCHAR、TINY TEXT、TEXT、MEDIUM TEXT、LONGTEXT。

3．日期类型

在 MySQL 数据库中，有多种表示日期和时间的数据类型，其主要包括：YEAR（表示年份）、TIME（表示时间）、DATE（表示日期）、DATETIME 和 TIMESTAMP（表示时间和日期）。

4．二进制数据类型

二进制数据类型用于存储二进制数据，包括：BINARY、VARBINARY、BIT、TINYBLOB、BLOB、MEDIUMBLOB、LONGBLOB。

4.6　巩固练习

一、基础练习

1．数据库是指长期存储在计算机内_____、_____的数据集合。

2．在 MySQL 数据库中，每一条 SQL 语句都以_____作为结束标志。

3．_____命令用来删除一个数据库。

4．_____、_____ 和_____是 MySQL 数据库中常见的 3 种存储引擎。

5．在使用 ALTER TABLE 语句修改表时，如果要修改表的名称，则可以使用_____子句。

6．在 CREATE TABLE 语句中，通常使用_____关键字来指定主键。

二、进阶练习

1．结合所学知识，完成以下内容：

（1）创建名为 example 的数据库，全部使用默认设置。

（2）使用 USE 命令选择 example 数据库为当前数据库。

（3）在 example 数据库中创建 table1 表，该表包含两个字段：编号为 id，数据类型为 INT；名称为 name，数据类型为 VARCHAR，长度为 10。

（4）查看 table1 表的表结构。

（5）修改表结构，增加一个年龄 age 字段，类型为 INT。

（6）将表 table1 重命名为 table2，并删除 table2 表。

2．再创建一个学生表，并命名为 student2，列名分别为：姓名、学号、性别、出生日期、籍贯。各列的数据类型自定义（请仔细分析每个字段使用什么数据类型最合适，然后说明原因），在创建完成后，实现如下操作要求：

（1）插入一条记录（刘晨、10003、女、1983-6-5、成都）。

（2）将出生日期字段的默认值设置为 SYSDATE()函数的格式。

（3）在学号字段添加主键约束，然后在表中插入一条记录，学号为 100001，其他数据自定义。

（4）将所有人的出生日期加上一年。

（5）将学号为 001 的出生地址改为"重庆"。

（6）删除学号为 001 的记录。

3．完善小李的学生成绩管理系统包括：数据库（students）的表、表的约束和表数据，为后续任务做准备。

初次学习数据库，小李将数据库设计得相当简单，只能用来管理有关学生成绩的最基本数据。students 数据库共包括 3 个表：student 表（学生表）、course 表（课程表）、sc 表（成绩表），students 数据库各表间的主-外键关系，如图 4.20 所示。

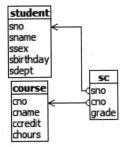

图 4.20　students 数据库各表间的主-外键关系图

各表的具体结构如表 4.3、表 4.4、表 4.5 所示。

表 4.3　student 表的具体结构

字 段 名	数 据 类 型	长　　度	是否允许为空	是否主、外键	备　　注
sno	CHAR	9	NO	主键	学号
sname	VARCHAR	10	NO		姓名
ssex	CHAR	2	YES		性别
sbirthday	DATE		YES		年龄
sdept	VARCHAR	8	NO		系别

表 4.4　course 表的具体结构

字 段 名	数 据 类 型	长　　度	是否允许为空	是否主、外键	备　　注
cno	CHAR	4	NO	主键	课程号
cname	VARCHAR	20	NO		课程名
ccredit	INT		YES		课程学分
chours	INT		YES		课程学时

表 4.5　sc 表的具体结构

字　段　名	数　据　类　型	长　　度	是否允许为空	是否主、外键	备　　注
sno	CHAR	9	NO	主键、外键	学号
cno	VARCHAR	4	NO	主键、外键	姓名
grade	FLOAT		YES		性别

温馨提示：UTF8 编码存储一个汉字需要 3 字节，而 GBK、GB2312 编码存储一个汉字只需要 2 字节，因此建议数据库、表的 CHARACTER SET 子句都使用 GBK 或 GB2312 编码，以免在数据存取过程中丢失数据位导致汉字显示乱码。工具软件的环境变量也要作相应的处理，查看有关字符集环境变量的语句可以使用 show 命令，设置有关字符集环境变量的语句可以使用 set 命令，数据库与表的字符集也可在创建数据库、创建表时明确指定。查看与设置字符集环境变量的语句如下：

```
mysql> show variables like '%character%';
mysql> set character_set_database=gb2312;
```

其中，character_set_client、character_set_connection、character_set_results 三个变量，可以用如下语句一起设置：

```
mysql> set names gb2312;
```

如果想要坚持字符编码采用 UTF8 编码，则可以考虑将需要存入汉字的表字段的长度适当设得大些，但无论如何，也应保持各字符集环境变量一致，以免引起不必要的错误现象。

各表的示例数据如图 4.21、图 4.22、图 4.23 所示。

sno	sname	ssex	sbirthday	sdept
0001	阿三	男	2001-01-01	通信系
202008001	赵菁菁	女	2000-08-16	网络系
202008002	李勇	男	2001-02-23	软件系
202008003	张力	男	1999-08-15	网络系
202008004	张衡	男	2001-02-23	软件系
202008005	张向东	男	2002-01-15	软件系
202008006	张向丽	女	2001-02-23	软件系
202008007	王芳	女	1998-12-22	网络系
202008008	王明生	男	2001-02-23	通信系
202008009	王小丽	女	1999-04-19	通信系
202008010	李晨	女	2001-02-23	通信系
202008011	张毅	男	1999-01-15	英语系
202008012	杨丽华	女	2001-02-23	英语系
202008013	李芳	女	1999-11-15	通信系
202008014	张丰毅	男	2001-02-23	网络系
202008015	李蕾	女	1999-08-15	英语系
202008016	刘杜	男	2000-03-12	中文系
202008017	刘星耀	男	2001-09-02	数学系
202008018	李贵	男	1999-02-07	英语系
202008019	林自许	男	2000-12-01	网络系
202008020	马翔	男	2001-09-23	网络系
202008021	刘峰	男	2000-03-11	网络系
202008022	朱晓鸥	女	2001-10-12	软件系
202008023	牛站强	男	2001-02-19	中文系
202008024	李婷婷	女	2000-12-02	通信系
202008025	严丽	女	2001-04-30	数学系

图 4.21　student 表的示例数据

sno	cno	grade
202008001	1	75
202008001	2	62
202008001	2	62
202008001	2	62
0001	1	100
202008002	1	70
202008002	1	70
202008002	1	70
202008002	1	70
202008003	3	85
202008003	3	85
202008004	10	78
202008004	10	78
202008005	1	46
202008005	1	46
202008006	2	93
202008006	2	93
202008008	2	74
202008009	8	60
202008010	8	72
202008011	8	18
202008015	9	88

cno	cname	ccredit	chours
1	MYSQL	3	64
10	大学英语	6	128
11	会计电算化	3	64
2	计算机文化基础	2	64
3	操作系统	3	72
4	数据结构	3	54
5	PHOTOSHOP	2	54
6	思想政治课	2	60
7	IT产品营销	2	48
8	公文写作	2	45
9	网页设计	1	32

图 4.22　course 表的示例数据

图 4.23　sc 表的示例数据

第5章

查询数据

5.1　情景引入

【背景分析】小李已按照信息类别完成了多个表的数据录入工作，但数据录入量较大，小李已经记不清到底录入了多少数据，更不能把各个表里的数据一一关联起来。因此如何查询、统计之前录入的数据，显得特别关键。例如，查询 student 表录入了哪些数据；查询软件系全体学生名单；统计软件系男女生总数；在期末考试成绩录入后，查询软件系 C 语言成绩不及格的学生名单，以及 C 语言最高分、最低分和平均成绩等。以上查询看似复杂，其实只要掌握相关知识，实现起来比较简单。小李想要完成以上查询和统计工作，还需要掌握如下 3 个方面的知识。

1. 单表查询。
2. 聚合函数查询。
3. 多表连接查询。

这 3 类查询，在 MySQL 数据库中得到了完美体现，而且 MySQL 数据库还支持一些其他的查询特性。小李只需要对 student 表、score 表分别进行单表、多表联合查询，就可以完成以上工作了。

5.2　任务目标

➡ 知识目标

1. 掌握查询语句的基本语法。
2. 掌握聚合函数的使用方法。
3. 掌握多表联合查询语法。
4. 掌握子查询语法。
5. 掌握为表和字段取别名的基本语法。

➡ 能力目标

1. 能熟练对满足 WHERE 条件的记录进行插入、删除、修改。
2. 能创建、维护表的完整性约束。

3. 能正确运用子查询语法规则描述条件查询表达式。

4. 能熟练进行单表数据查询。

5. 能熟练进行多表联合查询。

6. 能为表和字段取别名，合并输出查询结果。

素质目标

1. 具备对数据科学正确地认知、理解和判断能力。

2. 具备对数据条件或环境的甄别与选择能力。

3. 具备一定的数据规则与秩序的认知。

4. 具备对查询系统功能的逻辑分析与推理能力。

5. 具备规范操作数据库的职业素养。

6. 具备主动、积极、乐观的生活与学习态度。

7. 具备一定的责任意识与担当精神。

5.3 任务实施

微课视频

任务 5.3.1 简单查询

查询数据是数据库操作中最常用的一项。通过对数据库的查询，用户可以从数据库中获取需要的数据。数据库中包含很多表，表中可能包含很多记录。因此，想要获得所需数据并非易事。在 MySQL 数据库中，用户可以使用 SQL 语句来查询数据，根据查询条件不同，数据库系统会找到不同的数据。通过 SQL 语句可以很方便地获取所需的信息。

在 MySQL 数据库中，SELECT 语句的基本语法如下。

```
SELECT 属性列表
FROM 表名和视图列表
WHERE 条件表达式 1
GROUP BY 属性名 1{HAVING 条件表达式 2}
ORDER BY 属性名 2{ASC | DESC}
```

语法剖析如下。

属性列表：表示需要查询的字段名，它控制最终结果。

表名和视图列表：表示在指定的表或视图中查询数据，表和视图可以有多个；若查询的数据来自一个表，则称其为单表查询；若需在多个表中进行，则称为多表查询。

条件表达式 1：表示指定的查询条件，可以理解为让哪些原始记录显示出来。

属性名 1：表示按照该字段中的数据进行分组。

条件表达式 2：表示数据分组或汇总结果满足该表达式的数据才能输出。

属性名 2：表示按照该字段中的数据进行排序，排序方式由 ASC 和 DESC 参数指定；若为 ASC 参数，则表示按照升序排序，也是默认参数；若为 DESC 参数，则表示按照降序排序。

说明：升序指数值按照从小到大的顺序排列，例如，{1，2，3}就是升序，反之为降序。

在对记录进行排序时，如果没有指定排序方式，则默认是 ASC 参数。如果有 WHERE 子句，则按照"条件表达式 1"指定的条件进行查询，否则查询所有记录。如果有 GROUP BY 子句，则按照"属性名 1"指定的字段进行分组；如果 GROUP BY 子句后带有 HAVING 关键字，则只有在数据分组或汇总结果满足"条件表达式 2"中的指定条件时才能输出。GROUP BY 子句通常和 COUNT、SUM 等聚合函数一起使用。如果有 ORDER BY 子句，则按照"属性名 2"指定的字段进行排序。

任务 5.3.2 使用 SELECT 子句单表查询

在查询数据时，可以从一个表中查询数据，也可以从多个表中查询数据，它们的主要区别在于在 FROM 子句中是一个表名，还是多个表名。因为单表查询只涉及一个表的数据，它的 FROM 子句中只有一个表名，所以更关注结果的显示方式和条件控制。

SELECT 子句主要控制查询结果的显示方式，它可以从两方面实现有效控制。

第一，控制显示的字段，即通过 SELECT 子句，可决定表中显示的字段。

第二，控制显示字段的样式，若想在原始字段名的基础上做修改，或者在原始值的基础上做运算，则可以通过 SELECT 子句来实现。需要注意的是，SELECT 子句只控制这一次查询的结果，并不影响表中存储的真实数据，也就是说，即使在 SELECT 子句中对某些字段数据做了一些运算，也不影响真实表的数据。

综上所述，可以简单归纳为 SELECT 子句主要用来控制输出结果。

1. 查询所有字段

查询所有字段是指查询表中所有字段的数据，这种方式可以将表中所有字段的数据都查询出来。MySQL 数据库有两种方式可以查询表中所有字段。

1）使用"*"默认显示表的所有字段

在 MySQL 数据库中，可以在 SQL 语句的"属性列表"中列出所要查询表的所有字段。

【例 5.1】 查询 student 表中的所有数据。

查询表中所有数据，是指查看表中所有行中所有字段的值。用户可以尝试从查询语法的结构上分析，按照语法结构，明确以下问题。

（1）明确最终要看到的结果是哪些字段。

结论：所有字段。

代码：SELECT *。

分析："*"代表按照表字段顺序排列的所有字段名。

（2）明确要查询的数据来自哪个表。

结论：student 表。

代码：FROM student。

分析：目前只针对单表查询，所以 FROM 语句后面一般只会出现一个表名；若是查询的字段来自不同的表，则可以将这些表的表名都放在 FROM 语句后面且用逗号隔开，如"FROM 表名 1,表名 2"。

综上所述，代码如下：

```
SELECT * FROM student;
```

代码执行结果如图 5.1 所示。

2）在 SELECT 子句中列举需要显示的字段名

从图 5.1 中可以看到，student 表中包含 6 个字段，分别是 sno、sname、ssex、sbirthday 和 sdept 字段，“*”代表默认的字段顺序。也可以逐一将要显示的字段名列举在 SELECT 子句后面来实现【例 5.1】的需求，代码如下：

```
SELECT sno, sname, ssex, sbirthday, sdept FROM student;
```

代码执行结果如图 5.2 所示。

mysql> select * from student;

sno	sname	ssex	sbirthday	sdept
00001	阿三	男	2001-01-01	通信系
202008001	赵菁菁	女	2000-08-16	网络系
202008002	李勇	男	2001-02-23	网络系
202008003	张力	男	1999-08-15	网络系
202008004	张衡	男	2001-02-23	软件系
202008005	张向东	男	2002-01-15	软件系
202008006	张向丽	女	2001-02-23	软件系
202008007	王芳	女	1998-12-22	网络系
202008008	李勇	男	2001-02-23	通信系
202008009	王小丽	女	1999-04-19	通信系
202008010	李晨	女	2001-02-23	通信系
202008011	张毅	男	1999-01-15	英语系
202008012	杨丽华	女	2001-02-23	英语系
202008013	李芳	女	1999-11-15	通信系
202008014	张丰毅	男	2001-02-23	网络系
202008015	李蕾	女	1999-08-15	英语系
202008016	刘杜	男	2000-03-12	中文系
202008017	刘星耀	男	2001-09-02	数学系
202008018	李贵	男	1999-02-07	英语系
202008019	林自许	男	2000-12-01	网络系
202008020	马翔	男	2001-09-23	网络系
202008021	刘峰	男	2000-03-11	网络系
202008022	朱晓鸥	女	2001-10-12	软件系
202008023	牛站强	男	2001-02-19	中文系
202008024	李婷婷	女	2000-12-02	通信系
202008025	严丽	女	2001-04-30	数学系

26 rows in set (0.00 sec)

图 5.1　查询 student 表的所有数据的结果

mysql> select sno, sname, ssex, sbirthday, sdept from student;

sno	sname	ssex	sbirthday	sdept
00001	阿三	男	2001-01-01	通信系
202008001	赵菁菁	女	2000-08-16	网络系
202008002	李勇	男	2001-02-23	网络系
202008003	张力	男	1999-08-15	网络系
202008004	张衡	男	2001-02-23	软件系
202008005	张向东	男	2002-01-15	软件系
202008006	张向丽	女	2001-02-23	软件系
202008007	王芳	女	1998-12-22	网络系
202008008	李勇	男	2001-02-23	通信系
202008009	王小丽	女	1999-04-19	通信系
202008010	李晨	女	2001-02-23	通信系
202008011	张毅	男	1999-01-15	英语系
202008012	杨丽华	女	2001-02-23	英语系
202008013	李芳	女	1999-11-15	通信系
202008014	张丰毅	男	2001-02-23	网络系
202008015	李蕾	女	1999-08-15	英语系
202008016	刘杜	男	2000-03-12	中文系
202008017	刘星耀	男	2001-09-02	数学系
202008018	李贵	男	1999-02-07	英语系
202008019	林自许	男	2000-12-01	网络系
202008020	马翔	男	2001-09-23	网络系
202008021	刘峰	男	2000-03-11	网络系
202008022	朱晓鸥	女	2001-10-12	软件系
202008023	牛站强	男	2001-02-19	中文系
202008024	李婷婷	女	2000-12-02	通信系
202008025	严丽	女	2001-04-30	数学系

26 rows in set (0.00 sec)

图 5.2　通过逐一列举字段名查询 student 表的所有数据的结果

这种方式同样也可以查询表中所有字段的数据，只是在写代码时需要先明确表中每个字段的具体名字。

使用“DESC 表名”语句可以查询表的结构，如图 5.3 所示，最左边的一列显示 student 表中的字段名，此结果的前后顺序就代表字段名的顺序。

mysql> DESC student;

Field	Type	Null	Key	Default	Extra
sno	char(9)	NO	PRI	NULL	
sname	varchar(10)	YES		NULL	
ssex	varchar(2)	YES		NULL	
sbirthday	date	YES		NULL	
sdept	varchar(8)	YES		NULL	

5 rows in set (0.00 sec)

图 5.3　查询表的结构

想一想：如果需要查询的结果其字段显示顺序与默认顺序不一致，该怎么办？如果只需要查询表中的部分字段，又该如何处理？

温馨提示：使用第二种方法，通过在 SELECT 子句后面逐一列举所有字段名的方式实现默认字段的输出，用户只需修改 SELECT 子句后面的字段名及字段顺序，就可达到使查询结果字段顺序改变的目的。

2. 查询指定字段

【例 5.2】 查询所有学生的姓名、性别、出生日期和系别。

使用【例 5.1】的方法先明确以下问题。

(1) 明确最终要看到的是哪些字段。

结论：姓名、性别、出生日期和系别，分别对应的字段：sname，ssex，sbirthday，sdept。

代码：SELECT sname, ssex, sbirthday, sdept；。

(2) 明确要查询的数据来自哪个表。

结论：student 表。

代码：FROM student。

其最终的 SQL 语句如下：

```
SELECT sname, ssex, sbirthday, sdept FROM student;
```

代码执行结果如图 5.4 所示。

结果显示 sname、ssex、sbirthday、sdept 四个字段的数据。在显示结果中，字段的排列顺序与 SQL 语句中字段的排列顺序相同。如果改变 SQL 语句中字段的排列顺序，则可以改变结果中字段的显示顺序。例如，将 sdept 字段排到 sbirthday 字段前面，代码如下：

```
SELECT sname, ssex, sdept , sbirthday FROM student;
```

代码执行结果如图 5.5 所示。

```
mysql> select sname, ssex, sbirthday, sdept from student;
+--------+------+------------+--------+
| sname  | ssex | sbirthday  | sdept  |
+--------+------+------------+--------+
| 阿三   | 男   | 2001-01-01 | 通信系 |
| 赵菁菁 | 女   | 2000-08-16 | 网络系 |
| 李勇   | 男   | 2001-02-23 | 网络系 |
| 张力   | 男   | 1999-08-15 | 网络系 |
| 张衡   | 男   | 2001-02-23 | 软件系 |
| 张向东 | 男   | 2002-01-15 | 软件系 |
| 张向丽 | 女   | 2001-02-23 | 软件系 |
| 王芳   | 女   | 1998-12-22 | 网络系 |
| 李勇   | 男   | 2001-02-23 | 通信系 |
| 王小丽 | 女   | 1999-04-19 | 通信系 |
| 李晨   | 女   | 2001-02-23 | 通信系 |
| 张毅   | 男   | 1999-01-15 | 英语系 |
| 杨丽华 | 女   | 2001-02-23 | 英语系 |
| 李芳   | 女   | 1999-11-15 | 通信系 |
| 张丰毅 | 男   | 2001-02-23 | 网络系 |
| 李蕾   | 女   | 1999-08-15 | 英语系 |
| 刘杜   | 男   | 2000-03-12 | 中文系 |
| 刘星耀 | 男   | 2001-09-02 | 数学系 |
| 李贵   | 男   | 1999-02-07 | 英语系 |
| 林自许 | 男   | 2000-12-01 | 网络系 |
| 马翔   | 男   | 2001-09-23 | 网络系 |
| 刘峰   | 男   | 2000-03-11 | 网络系 |
| 朱晓鸥 | 女   | 2001-10-12 | 软件系 |
| 牛站强 | 男   | 2001-02-19 | 中文系 |
| 李婷婷 | 女   | 2000-12-02 | 通信系 |
| 严丽   | 女   | 2001-04-30 | 数学系 |
+--------+------+------------+--------+
26 rows in set (0.00 sec)
```

图 5.4 查询指定 4 个字段的执行结果

```
mysql> select sname, ssex, sdept, sbirthday from student;
+--------+------+--------+------------+
| sname  | ssex | sdept  | sbirthday  |
+--------+------+--------+------------+
| 阿三   | 男   | 通信系 | 2001-01-01 |
| 赵菁菁 | 女   | 网络系 | 2000-08-16 |
| 李勇   | 男   | 网络系 | 2001-02-23 |
| 张力   | 男   | 网络系 | 1999-08-15 |
| 张衡   | 男   | 软件系 | 2001-02-23 |
| 张向东 | 男   | 软件系 | 2002-01-15 |
| 张向丽 | 女   | 软件系 | 2001-02-23 |
| 王芳   | 女   | 网络系 | 1998-12-22 |
| 李勇   | 男   | 通信系 | 2001-02-23 |
| 王小丽 | 女   | 通信系 | 1999-04-19 |
| 李晨   | 女   | 通信系 | 2001-02-23 |
| 张毅   | 男   | 英语系 | 1999-01-15 |
| 杨丽华 | 女   | 英语系 | 2001-02-23 |
| 李芳   | 女   | 通信系 | 1999-11-15 |
| 张丰毅 | 男   | 网络系 | 2001-02-23 |
| 李蕾   | 女   | 英语系 | 1999-08-15 |
| 刘杜   | 男   | 中文系 | 2000-03-12 |
| 刘星耀 | 男   | 数学系 | 2001-09-02 |
| 李贵   | 男   | 英语系 | 1999-02-07 |
| 林自许 | 男   | 网络系 | 2000-12-01 |
| 马翔   | 男   | 网络系 | 2001-09-23 |
| 刘峰   | 男   | 网络系 | 2000-03-11 |
| 朱晓鸥 | 女   | 软件系 | 2001-10-12 |
| 牛站强 | 男   | 中文系 | 2001-02-19 |
| 李婷婷 | 女   | 通信系 | 2000-12-02 |
| 严丽   | 女   | 数学系 | 2001-04-30 |
+--------+------+--------+------------+
26 rows in set (0.00 sec)
```

图 5.5 改变排列顺序后的执行结果

注意： 查询的字段必须包含在表中，若查询的字段不在表中，则系统会报错。例如，在 student 表中查询 age 字段，系统会出现 ERROR 1054 (42S22): Unknown column 'age' in 'field list'错误提示信息，如图 5.6 所示。

```
mysql> select age from student;
ERROR 1054 (42S22): Unknown column 'age' in 'field list'
```

图 5.6 字段名的错误提示信息

3. 查询经过计算后的字段

除了可以将表中的原始数据查询出来，还可以在原始数据的基础上对数据进行某种计算，但这种计算只在此次查询时显示出来，不会影响表中的真实数据。

【例 5.3】 查询每名学生的学号、姓名和年龄。

学生的学号、姓名能够直接通过查询字段的值来获得，但在 student 表中不存在年龄，可以通过 student 表确定每名学生的出生日期，并且通过 MySQL 数据库得知当前的日期，计算两个日期的差值，就能得到学生的年龄。

MySQL 数据库提供了几个日期函数，可以用来对日期进行相应的计算。

- CURDATE：获取当前系统日期。
- YEAR：获取日期值中的年份数，代码格式为 YEAR('日期值')。
- MONTH：获取日期值中的月份数，代码格式为 MONTH('日期值')。
- DAY：获取日期值中的日期数，代码格式为 DAY('日期值')。

此例使用最简单的方式计算两个日期之间的年份差值，直接提取两个日期的年份数，然后相减，即“YEAR(CURDATE())-YEAR(sbirthday)”。

现在继续对【例 5.2】进行分析。

（1）明确最终结果是哪些字段。

结论：学号、姓名，分别对应的是 sno 字段、sname 字段，年龄对应“YEAR(CURDATE())-YEAR(sbirthday)”。

代码：SELECT sno,sname,YEAR(CURDATE())-YEAR(sbirthday)。

（2）明确要查询的数据来自哪个表。

结论：student 表。

代码：FROM student。

其最终的 SQL 语句如下：

```
SELECT sno,sname,YEAR(CURDATE())-YEAR(sbirthday) FROM student;
```

代码执行结果如图 5.7 所示。

```
mysql> SELECT sno,sname,YEAR(CURDATE())-YEAR(sbirthday) FROM student;
+-----------+--------+---------------------------------+
| sno       | sname  | YEAR(CURDATE())-YEAR(sbirthday) |
+-----------+--------+---------------------------------+
| 00001     | 阿三   |                              20 |
| 202008001 | 赵菁菁 |                              21 |
| 202008002 | 李勇   |                              20 |
| 202008003 | 张力   |                              22 |
| 202008004 | 张衡   |                              20 |
| 202008005 | 张向东 |                              19 |
| 202008006 | 张向丽 |                              20 |
| 202008007 | 王芳   |                              23 |
| 202008008 | 李勇   |                              20 |
| 202008009 | 王小丽 |                              22 |
| 202008010 | 李晨   |                              20 |
| 202008011 | 张毅   |                              22 |
| 202008012 | 杨丽华 |                              20 |
| 202008013 | 李芳   |                              22 |
| 202008014 | 张丰毅 |                              20 |
| 202008015 | 李蕾   |                              22 |
| 202008016 | 刘杜   |                              21 |
| 202008017 | 刘星耀 |                              20 |
| 202008018 | 李贵   |                              22 |
| 202008019 | 林自许 |                              21 |
| 202008020 | 马翔   |                              20 |
| 202008021 | 刘峰   |                              21 |
| 202008022 | 朱晓鸥 |                              20 |
| 202008023 | 牛站强 |                              20 |
| 202008024 | 李婷婷 |                              21 |
| 202008025 | 严丽   |                              20 |
+-----------+--------+---------------------------------+
26 rows in set (0.00 sec)
```

图 5.7 计算字段

4．修改原始字段名

当查询数据时，在默认情况下会显示当前查询字段的原始名字，有时需要一个更加直观的名字来表示这一字段。如某表的字段名 department_name 不太好记，也不好理解，可以直接将其换成部门名称，这样就非常直观了。

在 MySQL 数据库中为字段取别名的基本形式如下：

```
属性名 [AS] 别名
```

其中，"属性名"为字段原来的名称，"别名"为字段新的名称；AS 关键字可有可无。通过这种方式，在显示结果中实现用"别名"代替"属性名"。将字段名 department_name 改为部门名称，便可以写为"SELECT department_name AS 部门名称 FROM…"。

在【例 5.3】中最后一列计算的是学生年龄，如果在 SELECT 子句里出现了计算字段，则显示结果会将该计算的表达式作为列名称，非常不直观；如果想直接显示为年龄字段，则可以在这个表达式的后面加上"AS 年龄"，最后结果如图 5.8 所示。

5．查询结果不重复

如果表中某些字段没有唯一性约束，则这些字段可能存在重复的值。例如，在 sc 表中的 sno 字段就存在重复的情况，如图 5.9 所示。

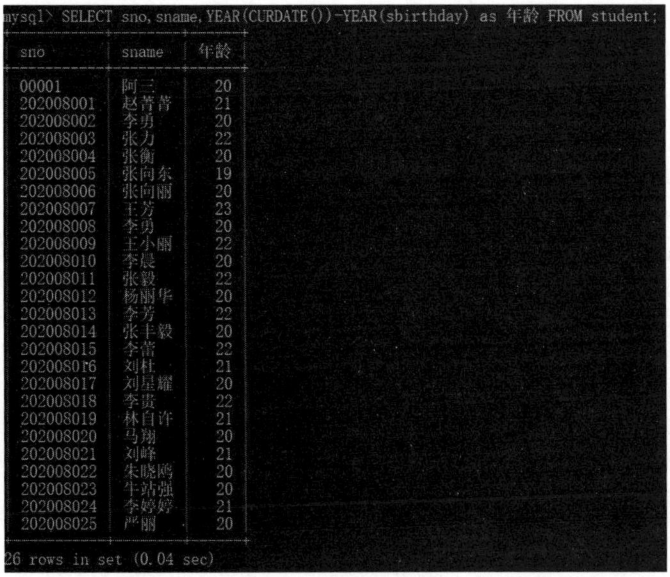

```
mysql> SELECT sno,sname,YEAR(CURDATE())-YEAR(sbirthday) as 年龄 FROM student;
+-----------+--------+------+
| sno       | sname  | 年龄 |
+-----------+--------+------+
| 00001     | 阿三   |   20 |
| 202008001 | 赵菁菁 |   21 |
| 202008002 | 李勇   |   20 |
| 202008003 | 张力   |   22 |
| 202008004 | 张衡   |   20 |
| 202008005 | 张向东 |   19 |
| 202008006 | 张向丽 |   20 |
| 202008007 | 王芳   |   23 |
| 202008008 | 李勇   |   20 |
| 202008009 | 王小丽 |   22 |
| 202008010 | 李晨   |   20 |
| 202008011 | 张毅   |   22 |
| 202008012 | 杨丽华 |   20 |
| 202008013 | 李芳   |   22 |
| 202008014 | 张丰毅 |   20 |
| 202008015 | 李蕾   |   22 |
| 202008016 | 刘杜   |   21 |
| 202008017 | 刘星耀 |   20 |
| 202008018 | 李贵   |   22 |
| 202008019 | 林自许 |   21 |
| 202008020 | 马翔   |   20 |
| 202008021 | 刘峰   |   21 |
| 202008022 | 朱晓鸥 |   20 |
| 202008023 | 牛站强 |   20 |
| 202008024 | 李婷婷 |   21 |
| 202008025 | 严丽   |   20 |
+-----------+--------+------+
26 rows in set (0.04 sec)
```

图 5.8　别名的使用

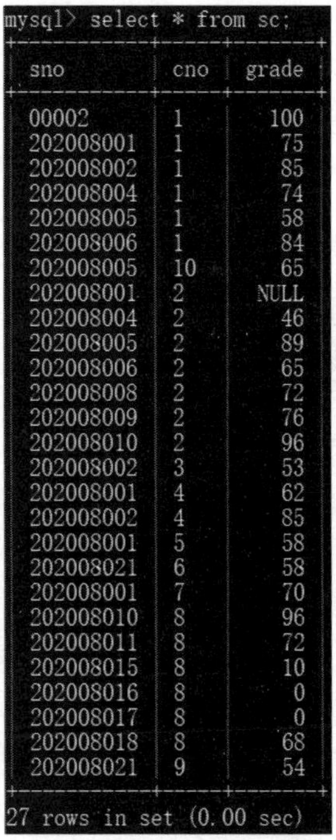

```
mysql> select * from sc;
+-----------+-----+-------+
| sno       | cno | grade |
+-----------+-----+-------+
| 00002     | 1   |   100 |
| 202008001 | 1   |    75 |
| 202008002 | 1   |    85 |
| 202008004 | 1   |    74 |
| 202008005 | 1   |    58 |
| 202008006 | 1   |    84 |
| 202008005 | 10  |    65 |
| 202008001 | 2   |  NULL |
| 202008004 | 2   |    46 |
| 202008005 | 2   |    89 |
| 202008006 | 2   |    65 |
| 202008008 | 2   |    72 |
| 202008009 | 2   |    76 |
| 202008010 | 2   |    96 |
| 202008002 | 3   |    53 |
| 202008001 | 4   |    62 |
| 202008002 | 4   |    85 |
| 202008001 | 5   |    58 |
| 202008021 | 6   |    58 |
| 202008001 | 7   |    70 |
| 202008010 | 8   |    96 |
| 202008011 | 8   |    72 |
| 202008015 | 8   |    10 |
| 202008016 | 8   |     0 |
| 202008017 | 8   |     0 |
| 202008018 | 8   |    68 |
| 202008021 | 9   |    54 |
+-----------+-----+-------+
27 rows in set (0.00 sec)
```

图 5.9　sc 表数据

sc 表中有 5 条 sno 值为 202008001 的记录，可以使用 DISTINCT 关键字来消除重复的记录。其语法规则如下：

```
SELECT DISTINCT 属性名
```

其中，"属性名"表示要消除的重复记录的字段名。

【例 5.4】 使用 DISTINCT 关键字消除 sno 字段中的重复记录，SQL 语句如下：

```
SELECT DISTINCT sno FROM sc;
```

代码执行结果如图 5.10 所示。

图 5.10　使用 DISTINCT 关键字的查询结果

结果显示，sno 字段只有 1 条值为 202008001 的记录。这说明，使用 DISTINCT 关键字消除了重复记录。

温馨提示：DISTINCT 关键字非常有用，尤其在重复记录非常多时。例如，需要从消息表中查询消息信息，但这个表中可能有很多相同的消息，将这些重复的消息都查询出来显然是没有必要的，这时就需要使用 DISTINCT 关键字消除相同的记录。

6. 使用集合函数

当需要对表中记录进行求和、求平均值、查询最大值、查询最小值等操作时，可以使用集合函数。集合函数包括 COUNT、SUM，AVG、MAX 和 MN。其中，COUNT 函数用来统计记录的条数；SUM 函数用来计算字段值的总和；AVG 函数用来计算字段值的平均值；MAX 函数用来查询字段的最大值；MIN 函数用来查询字段的最小值。例如，需要计算学生成绩表中的平均成绩，可以使用 AVG 函数。集合函数通常需要与 GROUP BY 关键字一起使用，意为根据某个字段对表数据进行归类分组，这样就可以对每个组的记录进行集合函数运算。下面详细讲解各种集合函数的使用。

1）COUNT 函数

COUNT 函数用来统计记录的条数。例如，想要统计 employee 表中有多少条记录，可以使用 COUNT 函数；想要统计 employee 表中不同部门的人数，也可以使用 COUNT 函数。

【例 5.5】 查询 student 表中学生的总人数，SQL 语句如下：

```
SELECT COUNT(*) FROM student;
```

执行结果如图 5.11 所示。

图 5.11　COUNT 函数的使用

【例 5.6】 查询每名学生考试的科目总数，SQL 语句如下：

```
SELECT sno,count(*) FROM sc GROUP BY sno;
```

代码执行结果如图 5.12 所示。

```
mysql> SELECT sno,count(*) FROM sc GROUP BY sno;

 sno        | count(*)
 00002      |      1
 202008001  |      5
 202008002  |      3
 202008004  |      2
 202008005  |      3
 202008006  |      2
 202008008  |      1
 202008009  |      1
 202008010  |      2
 202008021  |      2
 202008011  |      1
 202008015  |      1
 202008016  |      1
 202008017  |      1
 202008018  |      1

15 rows in set (0.00 sec)
```

图 5.12　COUNT 函数与分组的使用

结果显示，在 sc 表中，sno 为 202008001 的记录有 5 条，sno 为 202008002 的记录有 3 条，sno 为 202008004 的记录有 2 条。从这个例子中可以看出，执行时先通过 GROUP BY 关键字对表中的记录进行分组，再计算每个组的记录总数。COUNT (*)计算的是表中记录的条数，其实也可以用 COUNT (字段名)统计某个字段值的个数，用 COUNT (DISTINCT 字段名)统计某个字段的不重复值的个数。

2）SUM 函数

SUM 函数是求和函数，使用 SUM 函数可以求出表中某个字段取值的总和。例如，可以使用 SUM 函数计算学生的总成绩。

【例 5.7】　统计 sc 表中学号为 202008001 的学生的总成绩，SQL 语句如下：

```
SELECT SUM(grade) FROM sc WHERE sno='202008001';
```

在执行该 SQL 语句之前，可以先查询学号为 202008001 的学生各科成绩。查询结果如图 5.13 所示。

```
mysql> SELECT * FROM sc WHERE sno='202008001';

 sno        | cno | grade
 202008001  |  1  |   75
 202008001  |  2  | NULL
 202008001  |  4  |   62
 202008001  |  5  |   58
 202008001  |  7  |   70

5 rows in set (0.00 sec)
```

图 5.13　sno 为 202008001 的学生成绩记录

现在执行带 SUM 函数的 SQL 语句，来计算该学生的总成绩。代码执行结果如图 5.14 所示。

```
mysql> SELECT SUM(grade) FROM sc WHERE sno='202008001';

 SUM(grade)
        265

1 row in set (0.00 sec)
```

图 5.14　使用 SUM 函数统计学生的总成绩

结果显示，学号为 202008001 的学生的总成绩为 265 分，正是他各科成绩的总和。从本例中可以看出，使用 SUM 函数计算得出了指定字段取值的总和。

SUM 函数通常和 GROUP BY 关键字一起使用，这样可以计算出不同分组中某个字段取值的总和。

注意：SUM 函数只能计算数值类型的字段，包括 INT、FLOAT、DOUBLE、DECIMAL 等类型，字符类型的字段不能使用 SUM 函数进行计算。如果使用 SUM 函数计算字符类型字段时，则计算结果都为 0。本例中 sno 字段的数据类型为 CHAR，尽管 MySQL 数据库具有一定数据类型的自动转换功能，但还应养成将值 202008001 用一对单引号（' '）引起来的好习惯。

3）AVG 函数

AVG 函数是求平均值的函数，使用 AVG 函数可以求出表中某个字段值的平均值。例如，可以使用 AVG 函数求学生的平均年龄，也可以使用 AVG 函数求学生的平均成绩。

【例 5.8】 计算所有人的平均成绩，SQL 语句如下：

```
SELECT AVG(grade) FROM sc;
```

代码执行结果如图 5.15 所示。

图 5.15　AVG 函数的使用

结果显示，使用 AVG 函数计算得出了 grade 字段的平均值。AVG 函数经常与 GROUP BY 字段一起使用，来计算每个分组的平均值。

【例 5.9】 查询每名学生的平均成绩，SQL 语句如下：

```
SELECT sno,AVG(grade) FROM sc GROUP BY sno;
```

代码执行结果如图 5.16 所示。

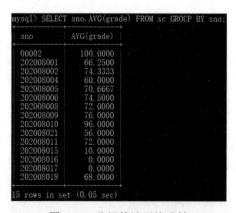

图 5.16　分组统计平均成绩

使用 GROUP BY 关键字将 sc 表的记录按照 sno 字段进行分组，然后计算出每组的平均成绩。从本例中可以看出，AVG 函数与 GROUP BY 关键字结合后可以灵活地计算平均值。通过这种方式可以计算各科目的平均分，还可以计算每名学生的平均分。若按照班级和科目两个字段进行分组，还可以计算出每个班级不同科目的平均分。

4）MAX 函数

MAX 函数是求最大值的函数，使用 MAX 函数可以求出表中某个字段取值的最大值。例如，可以使用 MAX 函数来查询最大年龄，也可以使用 MAX 函数求各科的最高成绩。

【例 5.10】 查询 sc 表中的最高成绩，SQL 语句如下：

```
SELECT MAX (grade) FROM sc;
```

代码执行结果如图 5.17 所示。

图 5.17　MAX 函数的使用

结果显示，MAX 函数查询出了 grade 字段的最大值为 100。MAX 函数通常与 GROUP BY 关键字一起使用，来计算每个分组的最大值。

【例 5.11】 查询学生每门课的最高成绩，SQL 语句如下：

```
SELECT sno,MAX(grade) FROM sc GROUP BY sno;
```

代码执行结果如图 5.18 所示。

图 5.18　分组使用 MAX 函数

先将 sc 表的记录按照 sno 字段进行分组，查询并输出每组的最高成绩。从本例可以看出，MAX 函数与 GROUP BY 关键字结合后可以查询不同分组的最大值，通过这种方式可以计算各科目的最高分。如果按照班级和科目两个字段进行分组，则可以计算出每个班级不同科目的最高分。MAX 函数不仅适用于数值类型，还适用于字符类型。

如图 5.19 所示的查询语句，在 sname 列上使用 MAX 函数，结果显示，"马翔"是最大值。

图 5.19　在 sname 字段上使用 MAX 函数

说明：在 MySQL 表中，字母 a 最小，字母 z 最大，这是因为 a 的 ASCII 码值最小。在使用 MAX 函数进行比较时，先比较第 1 个字母，如果第 1 个字母相等，再继续比较下一个字母，例如，hhc 和 hhz 只有比较到第 3 个字母时才能比较出大小。一般中文字符的比较是按照字典顺序进行的，与数据库选择的字符校对集 COLLATE 相关。

5）MIN 函数

MIN 函数是求最小值的函数，使用 MIN 函数可以求出表中某个字段值的最小值。例如，可以使用 MIN 函数来查询最小年龄，也可以使用 MIN 函数来求各科的最低成绩。

MIN 函数经常与 GROUP BY 关键字一起使用，来计算每个分组的最小值。

【例 5.12】 查询 grade 表中各科的最低成绩，SQL 语句如下：

```
SELECT sno,MIN(grade) FROM sc GROUP BY sno;
```

代码执行结果如图 5.20 所示。

先将 sc 表的记录按照 sno 字段进行分组，然后查询出每组的最低成绩。MIN 函数也可以用来查询字符类型的数据，其使用方法与 MAX 函数基本相似。

```
mysql> select sno,min(grade) from sc group by sno;
+-----------+------------+
| sno       | min(grade) |
+-----------+------------+
| 00002     |        100 |
| 202008001 |         58 |
| 202008002 |         53 |
| 202008004 |         46 |
| 202008005 |         58 |
| 202008006 |         65 |
| 202008008 |         72 |
| 202008009 |         76 |
| 202008010 |         96 |
| 202008021 |         54 |
| 202008011 |         72 |
| 202008015 |         10 |
| 202008016 |          0 |
| 202008017 |          0 |
| 202008018 |         68 |
+-----------+------------+
15 rows in set (0.00 sec)
```

图 5.20 在分组函数中使用 MIN 函数

任务 5.3.3 使用 WHERE 子句单表查询

微课视频

在 SQL 语句中，用户可以根据自己的需要来设置查询条件，得到的查询的结果为满足该查询条件的记录。

WHERE 子句用来对表中字段进行某种条件的筛选。例如，用户需要查找 sno 为 202008001 的记录，则可以设置 WHERE sno=202008001 为查询条件，这样在查询结果中就会只显示满足该条件的记录。其语法规则如下：

```
WHERE 条件表达式
```

其中，"条件表达式"指定 SQL 语句的查询条件。

【例 5.13】 查询 student 表中 sno 为 202008001 的记录。

每个查询需求都可以按照结构化的方式来分析，在查询语句中 SELECT 子句和 FROM 子句是必需的，所以不管做什么类型的查询，都必须兼顾 SELECT 和 FROM 子句。这里仍然以【例 5.1】为例进行分析。

（1）明确最终的结果字段。

结论：查询需求没有详细地说最后要得到什么字段，实质是查看所有字段值（即"*"）。

代码：SELECT *。

（2）明确要查询的数据来自哪个表。

结论：student 表。

代码：FROM student。

（3）明确最终要显示出来那些行的数据。

结论：查询需求中明确提出，只想看到学号为 202008001 的信息，即要将数据表每一行的学号与 202008001 相比较，若与它相同，则表示当前行就是我们需要的信息。

代码：WHERE sno=202008001。

最终的 SQL 语句如下：

```
SELECT * FROM student WHERE sno=202008001;
```

代码执行结果如图 5.21 所示。

```
mysql> SELECT * FROM student WHERE sno=202008001;
+-----------+--------+------+------------+--------+
| sno       | sname  | ssex | sbirthday  | sdept  |
+-----------+--------+------+------------+--------+
| 202008001 | 赵菁菁 | 女   | 2000-08-16 | 网络系 |
+-----------+--------+------+------------+--------+
1 row in set (0.05 sec)
```

图 5.21　查询指定条件下的显示结果

可见，查询结果中只包含 sno 为 202008001 的记录。如果在根据指定的条件进行查询时，没有查出任何结果，则系统会提示 Empty set (0.00 sec)，如图 5.22 所示。

```
mysql> SELECT * FROM student WHERE sno=20200800;
Empty set (0.00 sec)
```

图 5.22　查询无结果

WHERE 子句常用的查询条件有很多种，如表 5.1 所示。

表 5.1　WHERE 子句常用的查询条件

查 询 条 件	符号或关键字
比较	=、<、<=、>、>=、! =、<>、! >、! <
指定范围	BETWEEN AND/NOT BETWEEN AND
指定集合	IN/NOT IN
通配字符	LIKE/NOT LIKE
是否为空值	IS NULL/IS NOT NULL
多个查询条件	AND/OR

在表 5.1 中，“< >”表示不等于，其作用等价于“!=”；“!>”表示不大于，等价于“<=”；“!<”表示不小于，等价于“>=”；BETWEEN AND 指定了某字段的取值范围；IN 指定某字段的取值集合；IS NULL 用来判断某字段取值是否为空；AND 和 OR 用来连接多个查询条件。关于这些查询条件的内容，在后面的章节中会详细介绍。

注意：在条件表达式中设置要求同时满足的条件（用 AND 连接的多个条件）越多，查询出来的记录就会越少；相反，不同时满足的条件（用 OR 连接的多个条件）越多，查询出来的记录就会越多。为了使查询出来的记录是所需的记录，可以在 WHERE 语句中将查询条件设置得更加具体。后面会讲到如何使用多个条件进行更精细的查询。

1．带 IN 关键字的查询

IN 关键字可以判断某个字段的值是否在指定的集合中。若字段的值在集合中，则满足查询条件，该记录将被查询出来；若不在集合中，则不满足查询条件。其语法规则如下：

```
[NOT] IN（元素 1，元素 2，…，元素 n）
```

其中，NOT 为可选参数，加上 NOT 表示不满足集合内的条件；“元素 n”表示集合中的元素，各元素之间用逗号隔开，字符型、日期型元素需要加上单引号。

【例 5.14】 查询学号为 202008001 或 202008002 的学生的记录。

此例与【例 5.3】的思路基本一致，只是在第 3 步明确最终要显示出来的行数据时多了一个条件，即学号是 202008001 或 202008002，也可以认为学号只要等于{202008001, 202008002}这个集合其中之一即可。其 SQL 语句如下：

```
SELECT * FROM student WHERE sno IN ('‘202008001', '202008002');
```

代码执行结果如图 5.23 所示。

```
mysql> SELECT * FROM student WHERE sno IN ('202008001','202008002');
+-----------+--------+------+------------+--------+
| sno       | sname  | ssex | sbirthday  | sdept  |
+-----------+--------+------+------------+--------+
| 202008001 | 赵菁菁 | 女   | 2000-08-16 | 网络系 |
| 202008002 | 李勇   | 男   | 2001-02-23 | 网络系 |
+-----------+--------+------+------------+--------+
2 rows in set (0.03 sec)
```

图 5.23 IN 关键字的使用

结果显示，sno 字段的取值为 202008001 或 202008002 的记录都被查询出来了。当集合中的元素为字符时，需要加上单引号，如查询“李勇”或“张力”的记录，如图 5.24 所示。

```
mysql> SELECT * FROM student WHERE sname IN ('李勇','张力');
+-----------+-------+------+------------+--------+
| sno       | sname | ssex | sbirthday  | sdept  |
+-----------+-------+------+------------+--------+
| 202008002 | 李勇  | 男   | 2001-02-23 | 网络系 |
| 202008003 | 张力  | 男   | 1999-08-15 | 网络系 |
+-----------+-------+------+------------+--------+
2 rows in set (0.00 sec)
```

图 5.24 字符加单引号

想一想：如果要查询的条件是某个字段的取值，该取值不在指定集合中，应该怎么做呢？如上例，若要把条件改为 sno 取值不在{‘202008001’, ‘202008002’}这个集合中，应该怎么写查询语句呢？

温馨提示：在 NOT IN 中，NOT 为可选参数，表示不出现或不在的意思，而 IN 表示出现或在的意思，用户只需要加上这个可选参数便可实现取值不出现在集合中的结果。SELECT * FROM student WHERE sno NOT IN ('202008001', '202008002')，就表示查询学号的取值不出现在{‘202008001’, ‘202008002’}这个集合中的记录。

2．带 BETWEEN AND 的范围查询

BETWEEN AND 关键字可以判断某个字段的值是否在指定的取值范围内。若字段值在指定取值范围内，则满足查询条件，可查询出该记录；若不在指定取值范围内，则不满足查询条件。其语法规则如下：

```
[NOT] BETWEEN 取值 1  AND 取值 2
```

其中，NOT 为可选参数，加上 NOT 表示不在指定取值范围内满足条件；“取值 1”表示范围的起始值；“取值 2”表示范围的终止值，“取值 1”一定要小于“取值 2”。

【例 5.15】 查询年龄属于 15～25 岁的学生信息，其 SQL 语句如下：

```
SELECT * FROM student WHERE YEAR(CURDATE())-YEAR(sbirthday)   BETWEEN 15 AND 25;
```

代码执行结果如图 5.25 所示。

```
mysql> SELECT * FROM student WHERE YEAR(CURDATE())-YEAR(sbirthday)  between 15 and 25;
+-----------+--------+------+------------+--------+
| sno       | sname  | ssex | sbirthday  | sdept  |
+-----------+--------+------+------------+--------+
| 00001     | 阿三   | 男   | 2001-01-01 | 通信系 |
| 202008001 | 赵菁菁 | 女   | 2000-08-16 | 网络系 |
| 202008002 | 李勇   | 男   | 2001-02-23 | 网络系 |
| 202008003 | 张力   | 男   | 1999-08-15 | 网络系 |
| 202008004 | 张衡   | 男   | 2001-02-23 | 软件系 |
| 202008005 | 张向东 | 男   | 2002-01-15 | 软件系 |
| 202008006 | 张向丽 | 女   | 2001-02-23 | 软件系 |
| 202008007 | 王芳   | 女   | 1998-12-22 | 网络系 |
| 202008008 | 王明生 | 男   | 2001-02-23 | 通信系 |
| 202008009 | 王小丽 | 女   | 1999-04-19 | 通信系 |
| 202008010 | 李晨   | 女   | 2001-02-23 | 通信系 |
| 202008011 | 张毅   | 男   | 1999-01-15 | 英语系 |
| 202008012 | 杨丽华 | 女   | 2001-02-23 | 英语系 |
| 202008013 | 李芳   | 女   | 1999-11-15 | 通信系 |
| 202008014 | 张丰毅 | 男   | 2001-02-23 | 网络系 |
| 202008015 | 李蕾   | 女   | 1999-08-15 | 英语系 |
| 202008016 | 刘杜   | 男   | 2000-03-12 | 中文系 |
| 202008017 | 刘星耀 | 男   | 2001-09-02 | 数学系 |
| 202008018 | 李贵   | 男   | 1999-02-07 | 英语系 |
| 202008019 | 林自许 | 男   | 2000-12-01 | 网络系 |
| 202008020 | 马翔   | 男   | 2001-09-23 | 网络系 |
| 202008021 | 刘峰   | 男   | 2000-03-11 | 网络系 |
| 202008022 | 朱晓鸥 | 女   | 2001-10-12 | 软件系 |
| 202008023 | 牛站强 | 男   | 2001-02-19 | 中文系 |
| 202008024 | 李婷婷 | 女   | 2000-12-02 | 通信系 |
| 202008025 | 严丽   | 女   | 2001-04-30 | 数学系 |
+-----------+--------+------+------------+--------+
26 rows in set (0.02 sec)
```

图 5.25　BETWEEN AND 关键字的使用

BETWEEN AND 的范围是大于等于“取值 1”，且小于等于“取值 2”的；NOT BETWEEN AND 的取值范围是小于“取值 1”，或者大于“取值 2”的。

想一想： 如何判断某一字段的取值不在一个区间内呢？

温馨提示： 根据前面所讲的语法规则，NOT 是可选参数，加上 NOT 后，就表示相反的范围，即取值不在区间内。如果想表达 sno 的取值不在区间（202008001，202008002）内，则可以将语句写成 SELECT * FROM student WHERE sno not BETWEEN '202008001' AND '202008002'。请自行尝试运行结果。

3．带 LIKE 关键字的字符匹配查询

LIKE 关键字可以用于匹配字符串。若字段值与指定字符串相匹配（相等），则满足查询条件，可查询出该记录；若与指定的字符串不匹配（不相等），则不满足查询条件。其语法规则如下：

```
[ NOT] LIKE '字符串'
```

其中，NOT 为可选参数，加上 NOT 表示与指定的字符串不匹配时满足条件；“字符串”表示指定用来匹配的字符串，该字符串必须加单引号或双引号。“字符串”参数的值可以是一个完整的字符串，也可以包含“%”或“_”通配字符。但是“%”和“_”有很大的差别：

（1）“%”可以代表任意长度的字符串，长度可以为 0。例如，“b%k”表示以字母 b 开头，以字母 k 结尾的任意长度的字符串，如 bk、buk、book、break、bedrock 等字符串。

（2）“_”只能表示单个字符。例如，“b_k”表示以字母 b 开头，以字母 k 结尾的 3 个字符，中间的“_”可以代表任意一个字符，如 bok、bak 和 buk 等字符串。

【例 5.16】 查询李勇的记录，SQL 语句如下：

```
SELECT * FROM student WHERE sname like '李勇';
```

代码执行结果如图 5.26 所示。

```
mysql> SELECT * FROM student WHERE sname like '李勇'
+-----------+-------+------+------------+--------+
| sno       | sname | ssex | sbirthday  | sdept  |
+-----------+-------+------+------------+--------+
| 202008002 | 李勇  | 男   | 2001-02-23 | 网络系 |
+-----------+-------+------+------------+--------+
1 row in set (0.00 sec)
```

图 5.26 LIKE 关键字的使用

结果显示，查询出 sname 字段的取值是李勇的记录，其他不满足条件的记录都被忽略掉。此处的 LIKE 与“=”是等价的，因此可以直接换成“=”，查询结果是一样的，如图 5.27 所示。

```
mysql> SELECT * FROM student WHERE sname = '李勇';
+-----------+-------+------+------------+--------+
| sno       | sname | ssex | sbirthday  | sdept  |
+-----------+-------+------+------------+--------+
| 202008002 | 李勇  | 男   | 2001-02-23 | 网络系 |
+-----------+-------+------+------------+--------+
1 row in set (0.00 sec)
```

图 5.27 “=”与 LIKE 的功能相同

从结果可以看出，使用 LIKE 关键字和使用“=”的效果是一样的。但是，这只对匹配一个完整的字符串的情况有效，如果字符串中包含了通配符，则不能这样替换了。

【例 5.17】 查询姓氏为“张”的学生信息，SQL 语句如下：

```
SELECT * FROM student WHERE sname like '张%';
```

执行结果如图 5.28 所示。

```
mysql> SELECT * FROM student WHERE sname like '张%';
+-----------+--------+------+------------+--------+
| sno       | sname  | ssex | sbirthday  | sdept  |
+-----------+--------+------+------------+--------+
| 202008003 | 张力   | 男   | 1999-08-15 | 网络系 |
| 202008004 | 张衡   | 男   | 2001-02-23 | 软件系 |
| 202008005 | 张向东 | 男   | 2002-01-15 | 软件系 |
| 202008006 | 张向丽 | 女   | 2001-02-23 | 软件系 |
| 202008011 | 张毅   | 男   | 1999-01-15 | 英语系 |
| 202008014 | 张丰毅 | 男   | 2001-02-23 | 网络系 |
+-----------+--------+------+------------+--------+
6 rows in set (0.00 sec)
```

图 5.28 通配符的使用

结果显示，查询出 sname 字段以张开头的记录。如果使用“=”来代替 LIKE，则该 SQL 语句变为：

```
SELECT * FROM student WHERE sname= '张%';
```

代码执行结果如图 5.29 所示。

```
mysql> SELECT * FROM student WHERE sname = '张%';
Empty set (0.00 sec)
```

图 5.29 “=”与 LIKE 不能替换

结果显示，没有查询出任何记录。这说明当字符串中包含了通配符时，“=”不能代替 LIKE。

【例 5.18】 查询姓氏为“张”，名字的第 3 个字为“东”的学生信息，SQL 语句如下：

```
SELECT * FROM student WHERE sname like '张_东';
```

代码执行结果如图 5.30 所示。

```
mysql> SELECT * FROM student WHERE sname like '张_东'
+-----------+--------+------+------------+--------+
| sno       | sname  | ssex | sbirthday  | sdept  |
+-----------+--------+------+------------+--------+
| 202008005 | 张向东 | 男   | 2002-01-15 | 软件系 |
+-----------+--------+------+------------+--------+
1 row in set (0.00 sec)
```

图 5.30　通配符的使用（可查询到结果）

结果显示，查询出 sname 字段的取值是“张向东”的记录。需要特别注意的是，“_”代表 1 个字符，如果此处将“张_东”写成 “张__东”，就有可能查询不出结果，如图 5.31 所示。

```
mysql> SELECT * FROM student WHERE sname like '张__东';
Empty set (0.00 sec)
```

图 5.31　通配符的使用（无法查询到结果）

结果显示，没有查询出任何记录。因为 sname 字段中不存在以“张”开头，第 4 个字是“东”的记录。

想一想： 若想查询不姓张的学生信息，该怎么办?

温馨提示： 需要匹配的字符串需要加引号，可以是单引号，也可以是双引号。NOT LIKE 表示字符串在不匹配的情况下满足条件，执行语句及结果如图 5.32 所示。

```
mysql> SELECT * FROM student WHERE sname not like '张%';
+-----------+--------+------+------------+--------+
| sno       | sname  | ssex | sbirthday  | sdept  |
+-----------+--------+------+------------+--------+
| 00001     | 阿三   | 男   | 2001-01-01 | 通信系 |
| 202008001 | 赵菁菁 | 女   | 2000-08-16 | 网络系 |
| 202008002 | 李勇   | 男   | 2001-02-23 | 网络系 |
| 202008007 | 王芳   | 女   | 1998-12-22 | 网络系 |
| 202008008 | 王明生 | 男   | 2001-02-23 | 通信系 |
| 202008009 | 王小丽 | 女   | 1999-04-19 | 通信系 |
| 202008010 | 李晨   | 女   | 2001-02-23 | 通信系 |
| 202008012 | 杨丽华 | 女   | 2001-02-23 | 英语系 |
| 202008013 | 李芳   | 女   | 1999-11-15 | 通信系 |
| 202008015 | 李蕾   | 女   | 1999-08-15 | 英语系 |
| 202008016 | 刘杜   | 男   | 2000-03-12 | 中文系 |
| 202008017 | 刘星耀 | 男   | 2001-09-02 | 数学系 |
| 202008018 | 李贵   | 男   | 1999-02-07 | 英语系 |
| 202008019 | 林自许 | 男   | 2000-12-01 | 网络系 |
| 202008020 | 马翔   | 男   | 2001-09-23 | 网络系 |
| 202008021 | 刘峰   | 男   | 2000-03-11 | 网络系 |
| 202008022 | 朱晓鸥 | 女   | 2001-10-12 | 软件系 |
| 202008023 | 牛站强 | 男   | 2001-02-19 | 中文系 |
| 202008024 | 李婷婷 | 女   | 2000-12-02 | 通信系 |
| 202008025 | 严丽   | 女   | 2001-04-30 | 数学系 |
+-----------+--------+------+------------+--------+
20 rows in set (0.00 sec)
```

图 5.32　NOT LIKE 的使用

结果显示，sname 字段值中以“张”开头的记录被排除。

4．查询空值

IS NULL 关键字可以用来判断字段的值是否为空（NULL）。若字段的值是空值，则满足查询条件，可查询出该记录；若字段的值不是空值，则不满足查询条件。其语法规则如下：

```
IS [ NOT ] NULL
```

其中，NOT 为可选参数，加上 NOT 表示字段不是空值时满足条件。

【例 5.19】 在学生成绩表中，查询目前还没有成绩的学生学号，要求：显示的列名必须为中文。

前面的例题都是显示表中的所有字段，但是本例不太一样，这里要求只显示学号列，而且还需要对列名做一定的修饰（将 sno 改为中文的“学号”）。此时继续使用之前的思路进行分析。

（1）明确最终结果是哪些字段。

结论：要看到的是“学号”，所以在 SELECT 子句后连接“学号”字段的原始名字 sno，显示时需要改为中文，用 as 为字段设置别名，即换个名字显示在结果中。

代码：SELECT sno as 学号。

（2）明确要查询的数据来自哪个表。

结论：student 表。

代码：FROM student。

（3）明确最终要显示的是哪些数据。

结论：成绩为空的数据。

代码：grade IS NULL。

最终 SQL 语句如下：

```
SELECT sno as 学号 FROM sc WHERE grade IS NULL;
```

代码执行结果如图 5.33 所示。

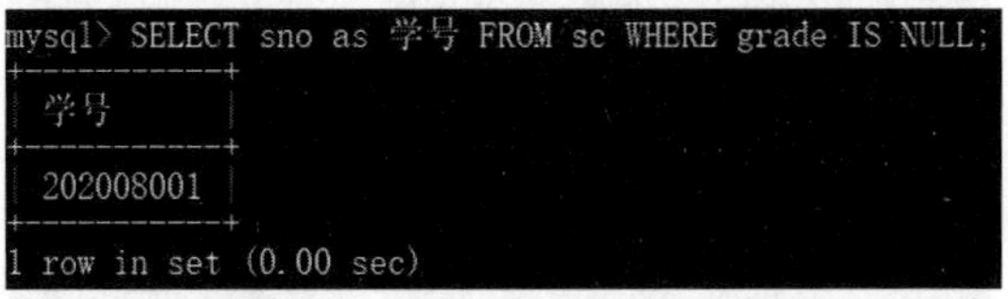

```
mysql> SELECT sno as 学号 FROM sc WHERE grade IS NULL;
+-----------+
| 学号      |
+-----------+
| 202008001 |
+-----------+
1 row in set (0.00 sec)
```

图 5.33 IS NULL 空值的使用

温馨提示：IS NULL 是一个整体，不能将 IS 换成“=”。如果将 IS 换成“=”，将不能查询出任何结果，数据库系统会出现 Empty set (0.00 sec)提示，如图 5.34 所示。同理，IS NOT NULL 中的 IS NOT 不能换成“!=”或“<>”。如果使用 IS NOT NULL 关键字，将查询出该字段的值不为空的所有记录。

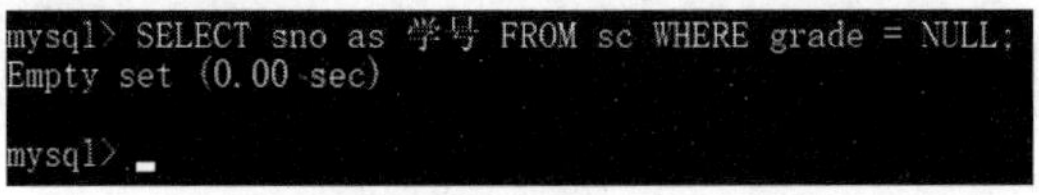

```
mysql> SELECT sno as 学号 FROM sc WHERE grade = NULL;
Empty set (0.00 sec)

mysql> _
```

图 5.34 错误提示

5. 带 AND 关键字的多条件查询

AND 关键字可以用来联合多个条件进行查询。在使用 AND 关键字时，只有同时满足所有查询条件的记录才会被查询出来；如果不满足这些查询条件中的任意一个，则这样的记录会被排除掉。AND 关键字的语法规则如下：

```
条件表达式 1 AND 条件表达式 2 AND ... AND 条件表达式 n
```

其中，AND 关键字可以连接两个条件表达式，也可以同时使用多个 AND 关键字，这样可以连接更多的条件表达式。

【例 5.20】 在 student 表中查询学号为 202008001 的女学生信息，SQL 语句如下：

```
SELECT * FROM student WHERE sno='202008001'    AND    ssex    LIKE    '女';
```

代码执行结果如图 5.35 所示。

```
mysql> SELECT * FROM student WHERE sno='202008001'  AND  ssex  LIKE  '女';
+-----------+--------+------+------------+--------+
| sno       | sname  | ssex | sbirthday  | sdept  |
+-----------+--------+------+------------+--------+
| 202008001 | 赵菁菁 | 女   | 2000-08-16 | 网络系 |
+-----------+--------+------+------------+--------+
1 row in set (0.00 sec)
```

图 5.35　AND 连接多个条件的使用

结果显示，满足 sno 为 202008001 且 ssex 为“女”的记录被查询出来了。因为需要同时满足 AND 的所有条件，所以查询出来的记录数量相对较少。

【例 5.21】 在 student 表中查询 sno 小于 202008009 且 ssex 为“男”的记录，SQL 语句如下：

```
SELECT * FROM student WHERE sno<'202008009' AND ssex='男';
```

代码执行结果如图 5.36 所示。

```
mysql> SELECT * FROM student WHERE sno<'202008009' AND ssex='男';
+-----------+--------+------+------------+--------+
| sno       | sname  | ssex | sbirthday  | sdept  |
+-----------+--------+------+------------+--------+
| 00001     | 阿三   | 男   | 2001-01-01 | 通信系 |
| 202008002 | 李勇   | 男   | 2001-02-23 | 网络系 |
| 202008003 | 张力   | 男   | 1999-08-15 | 网络系 |
| 202008004 | 张衡   | 男   | 2001-02-23 | 软件系 |
| 202008005 | 张向东 | 男   | 2002-01-15 | 软件系 |
| 202008008 | 王明生 | 男   | 2001-02-23 | 通信系 |
+-----------+--------+------+------------+--------+
6 rows in set (0.00 sec)
```

图 5.36　AND 和比较运算符的综合使用

查询出来的结果正好满足这两个条件。本例中使用了“<”和“=”两个比较运算符。其中，“=”可以用 LIKE 替换。

【例 5.22】 使用 AND 关键字查询 student 表中的记录。查询条件为 sdept 取值在{‘网络系’,‘软件系’,‘通信系’}这个集合中，sno 范围为 202008001～202008015，而且 sname 取值中包含“张”。其 SQL 语句如下：

```
SELECT * FROM student WHERE sdept IN('网络系','软件系','通信系') AND sno BETWEEN '202008001'
AND '202008015' AND sname LIKE '张%';
```

代码执行结果如图 5.37 所示。

```
mysql> SELECT * FROM student WHERE sdept IN('网络系','软件系','通信系') AND sno BETWEEN '202008001' AND '202008015' AND sname LIKE '张%';
+-----------+--------+------+------------+--------+
| sno       | sname  | ssex | sbirthday  | sdept  |
+-----------+--------+------+------------+--------+
| 202008003 | 张力   | 男   | 1999-08-15 | 网络系 |
| 202008004 | 张衡   | 男   | 2001-02-23 | 软件系 |
| 202008005 | 张向东 | 男   | 2002-01-15 | 软件系 |
| 202008006 | 张向丽 | 女   | 2001-02-23 | 软件系 |
| 202008014 | 张丰毅 | 男   | 2001-02-23 | 网络系 |
+-----------+--------+------+------------+--------+
5 rows in set (0.00 sec)
```

图 5.37　多条件综合运用

本例中使用了前面学过的 IN、BETWEEN AND 和 LIKE 关键字，还使用了“%”通配符，结果显示的记录同时满足这 3 个条件表达式。

6．带 OR 关键字的多条件查询

OR 关键字也可以用来联合多个条件进行查询，但与 AND 关键字不同。在使用 OR 关键字时，只要满足这几个查询条件的其中之一，这样的记录就会被查询输出，反之记录就被排除掉。OR 关键字的语法规则如下：

```
条件表达式 1 OR  条件表达式 2 OR ... OR 条件表达式 n
```

其中，OR 关键字可以用来连接两个条件表达式，而且可以同时使用多个 OR 关键字，这样可以连接更多的条件表达式。

【例 5.23】 使用 OR 关键字来查询 student 表中 sno 为 202008001，或者 ssex 为“男”的记录。其 SQL 语句如下：

```
SELECT * FROM student WHERE sno ='202008001' OR ssex LIKE '男';
```

代码执行结果如图 5.38 所示。

```
mysql> SELECT * FROM student WHERE sno ='202008001' OR ssex LIKE '男';
+-----------+--------+------+------------+--------+
| sno       | sname  | ssex | sbirthday  | sdept  |
+-----------+--------+------+------------+--------+
| 00001     | 阿三   | 男   | 2001-01-01 | 通信系 |
| 202008001 | 赵菁菁 | 女   | 2000-08-16 | 网络系 |
| 202008002 | 李勇   | 男   | 2001-02-23 | 网络系 |
| 202008003 | 张力   | 男   | 1999-08-15 | 网络系 |
| 202008004 | 张衡   | 男   | 2001-02-23 | 软件系 |
| 202008005 | 张向东 | 男   | 2002-01-15 | 软件系 |
| 202008008 | 王明生 | 男   | 2001-02-23 | 通信系 |
| 202008011 | 张毅   | 男   | 1999-01-15 | 英语系 |
| 202008014 | 张丰毅 | 男   | 2001-02-23 | 网络系 |
| 202008016 | 刘杜   | 男   | 2000-03-12 | 中文系 |
| 202008017 | 刘星耀 | 男   | 2001-09-02 | 数学系 |
| 202008018 | 李贵   | 男   | 1999-02-07 | 英语系 |
| 202008019 | 林自许 | 男   | 2000-12-01 | 网络系 |
| 202008020 | 马翔   | 男   | 2001-09-23 | 网络系 |
| 202008021 | 刘峰   | 男   | 2000-03-11 | 网络系 |
| 202008023 | 牛站强 | 男   | 2001-02-19 | 中文系 |
+-----------+--------+------+------------+--------+
16 rows in set (0.00 sec)
```

图 5.38　OR 关键字的使用

结果显示，除 sno 的值为 202008001 的记录以外，还出现了很多记录。因为这些记录的 ssex 字段值为“男”，所以这些记录也会被显示出来。这说明在使用 OR 关键字时，只要满足多个条件中的一个，记录就可以被查询输出。

【例 5.24】 使用 OR 关键字查询 student 表中的记录。查询条件为 sdept 取值在{‘网络系’,‘软件系’,‘通信系’}这个集合中，或者 sno 的取值范围为 202008001～202008015，或者 sname 的取值中包含“张”。其 SQL 语句如下：

```
SELECT * FROM student WHERE sdept IN('网络系','软件系','通信系')
OR sno BETWEEN 202008001 AND 202008015
OR sname LIKE '张%';
```

代码执行结果如图 5.39 所示。

图 5.39　OR 关键字的综合运用

本例中也使用了前面学过的 IN、BETWEEN AND 和 LIKE 关键字，同样使用了"%"
通配符，只要满足这 3 个条件表达式中的任何一个，这样的记录将被查询出来。OR 关键字
可以和 AND 关键字一起使用，当两者一起使用时，AND 关键字要比 OR 关键字优先级高。

根据查询结果可知，sdept IN（'网络系'，'软件系'，'通信系'）AND sno BETWEEN
202008001 AND 202008002 这个两个条件确定了 sno=202008001 和 sno=202008002 这两条
记录。而 sname LIKE'张%'这个条件确定了后面所有姓张的记录。如果将条件的顺序换一
下，则可以将 SQL 语句变为：

> SELECT * FROM student WHERE sname LIKE '张%' OR sdept IN('网络系','软件系','通信') AND sno
> BETWEEN 202008001 AND 202008002;

代码执行结果与前面的 SQL 语句的执行结果是一样的。这说明 AND 关键字前后的条
件先结合，然后与 OR 关键字的条件结合。也就是说，AND 关键字要比 OR 关键字优先
级高。

提醒：AND 和 OR 关键字可以连接条件表达式。这些条件表达式中可以使用"="、">"
等操作符，也可以使用 IN、BETWEEN AND 和 LIKE 等关键字，而且，LIKE 关键字在匹
配字符串时可以使用 "%" 和 "_" 等通配字符。

任务 5.3.4　使用 ORDER BY 子句单表查询

从表中查询出来的数据可能是无序的，或者其排列顺序不是用户所期望
的。为了使查询结果的顺序满足用户要求，可以使用 ORDER BY 关键字对记录
进行排序，语法规则如下：

微课视频

> ORDER BY 属性名{ASC/DESC};

其中，"属性名"表示按照该字段进行排序，ASC 参数表示升序排序，DESC 参数表示降序
排序。在默认情况下，按照 ASC 参数的方式进行排序。

【例 5.25】　查询 student 表中所有记录，按照 sbirthday 字段进行排序。带 ORDER BY
关键字的 SQL 语句如下：

```
SELECT * FROM student ORDER BY sbirthday;
```

代码执行结果如图 5.40 所示，结果显示，student 表中的记录是按照 sbirthday 字段的值进行升序排序的。本例说明，ORDER BY 关键字可以设置查询结果是按照某个字段进行排序的，而且，在默认的情况下是按照升序排列的。

```
mysql> SELECT * FROM student ORDER BY sbirthday;
+-----------+--------+------+------------+--------+
| sno       | sname  | ssex | sbirthday  | sdept  |
+-----------+--------+------+------------+--------+
| 202008007 | 王芳   | 女   | 1998-12-22 | 网络系 |
| 202008011 | 张毅   | 男   | 1999-01-15 | 英语系 |
| 202008018 | 李贵   | 男   | 1999-02-07 | 英语系 |
| 202008009 | 王小丽 | 女   | 1999-04-19 | 通信系 |
| 202008003 | 张力   | 男   | 1999-08-15 | 网络系 |
| 202008015 | 李蕾   | 女   | 1999-08-15 | 英语系 |
| 202008013 | 李芳   | 女   | 1999-11-15 | 通信系 |
| 202008021 | 刘峰   | 男   | 2000-03-11 | 网络系 |
| 202008016 | 刘杜   | 男   | 2000-03-12 | 中文系 |
| 202008001 | 赵菁菁 | 女   | 2000-08-16 | 网络系 |
| 202008019 | 林自许 | 男   | 2000-12-01 | 网络系 |
| 202008024 | 李婷婷 | 女   | 2000-12-02 | 通信系 |
| 00001     | 阿三   | 男   | 2001-01-01 | 通信系 |
| 202008023 | 牛站强 | 男   | 2001-02-19 | 中文系 |
| 202008002 | 李勇   | 男   | 2001-02-23 | 网络系 |
| 202008004 | 张衡   | 男   | 2001-02-23 | 软件系 |
| 202008006 | 张向丽 | 女   | 2001-02-23 | 软件系 |
| 202008008 | 王明生 | 男   | 2001-02-23 | 通信系 |
| 202008010 | 李晨   | 女   | 2001-02-23 | 通信系 |
| 202008012 | 杨丽华 | 女   | 2001-02-23 | 英语系 |
| 202008014 | 张丰毅 | 男   | 2001-02-23 | 网络系 |
| 202008025 | 严丽   | 女   | 2001-04-30 | 数学系 |
| 202008017 | 刘星耀 | 男   | 2001-09-02 | 数学系 |
| 202008020 | 马翔   | 男   | 2001-09-23 | 网络系 |
| 202008022 | 朱晓鸥 | 女   | 2001-10-12 | 软件系 |
| 202008005 | 张向东 | 男   | 2002-01-15 | 软件系 |
+-----------+--------+------+------------+--------+
26 rows in set (0.00 sec)
```

图 5.40　排序查询结果

若想将其按照降序排列，可以在 ORDER BY 子句后加上 DESC 参数，如图 5.41 所示。

```
mysql> SELECT * FROM student ORDER BY sbirthday desc;
+-----------+--------+------+------------+--------+
| sno       | sname  | ssex | sbirthday  | sdept  |
+-----------+--------+------+------------+--------+
| 202008005 | 张向东 | 男   | 2002-01-15 | 软件系 |
| 202008022 | 朱晓鸥 | 女   | 2001-10-12 | 软件系 |
| 202008020 | 马翔   | 男   | 2001-09-23 | 网络系 |
| 202008017 | 刘星耀 | 男   | 2001-09-02 | 数学系 |
| 202008025 | 严丽   | 女   | 2001-04-30 | 数学系 |
| 202008002 | 李勇   | 男   | 2001-02-23 | 网络系 |
| 202008004 | 张衡   | 男   | 2001-02-23 | 软件系 |
| 202008006 | 张向丽 | 女   | 2001-02-23 | 软件系 |
| 202008008 | 王明生 | 男   | 2001-02-23 | 通信系 |
| 202008010 | 李晨   | 女   | 2001-02-23 | 通信系 |
| 202008012 | 杨丽华 | 女   | 2001-02-23 | 英语系 |
| 202008014 | 张丰毅 | 男   | 2001-02-23 | 网络系 |
| 202008023 | 牛站强 | 男   | 2001-02-19 | 中文系 |
| 00001     | 阿三   | 男   | 2001-01-01 | 通信系 |
| 202008024 | 李婷婷 | 女   | 2000-12-02 | 通信系 |
| 202008019 | 林自许 | 男   | 2000-12-01 | 网络系 |
| 202008001 | 赵菁菁 | 女   | 2000-08-16 | 网络系 |
| 202008016 | 刘杜   | 男   | 2000-03-12 | 中文系 |
| 202008021 | 刘峰   | 男   | 2000-03-11 | 网络系 |
| 202008013 | 李芳   | 女   | 1999-11-15 | 通信系 |
| 202008003 | 张力   | 男   | 1999-08-15 | 网络系 |
| 202008015 | 李蕾   | 女   | 1999-08-15 | 英语系 |
| 202008009 | 王小丽 | 女   | 1999-04-19 | 通信系 |
| 202008018 | 李贵   | 男   | 1999-02-07 | 英语系 |
| 202008011 | 张毅   | 男   | 1999-01-15 | 英语系 |
| 202008007 | 王芳   | 女   | 1998-12-22 | 网络系 |
+-----------+--------+------+------------+--------+
26 rows in set (0.00 sec)
```

图 5.41　降序的使用

注意： 在【例 5.24】中，如果存在一条记录的 sbirthday 字段的值为空值（NULL），这条记录将显示为第 1 条记录。因为，在按照升序排列时，含空值的记录将被最先显示，可以理解为空值是该字段的最小值。而在按照降序排列时，sbirthday 字段为空值的记录将被最后显示。

在 MySQL 数据库中，可以指定按照多个字段进行排序。例如，可以使 student 表按照 sbirthday 字段和 sno 字段进行排序，在排序过程中，先按照 sbirthday 字段进行排序，当遇到 sbirthday 字段的值相等的情况时，再将 sbirthday 值相等的记录按照 sno 字段进行排序。

【例 5.26】 按照学号升序排列，显示所有学生的成绩，相同的学号则按照课程编号降序排列。其 SQL 语句如下：

SELECT * FROM sc ORDER BY sno ASC, cno DESC;

代码执行结果如图 5.42 所示。

```
mysql> SELECT * FROM sc ORDER BY sno ASC, cno DESC;

 sno        | cno | grade
 00002      | 1   | 100
 202008001  | 7   | 70
 202008001  | 5   | 58
 202008001  | 4   | 62
 202008001  | 2   | NULL
 202008001  | 1   | 75
 202008002  | 4   | 85
 202008002  | 3   | 53
 202008002  | 1   | 85
 202008004  | 2   | 46
 202008004  | 1   | 74
 202008005  | 2   | 89
 202008005  | 10  | 65
 202008005  | 1   | 58
 202008006  | 2   | 65
 202008006  | 1   | 84
 202008008  | 2   | 72
 202008009  | 2   | 76
 202008010  | 8   | 96
 202008010  | 2   | 96
 202008011  | 8   | 72
 202008015  | 8   | 10
 202008016  | 8   | 0
 202008017  | 8   | 0
 202008018  | 8   | 68
 202008021  | 9   | 54
 202008021  | 6   | 58

27 rows in set (0.00 sec)
```

图 5.42　复合排序

查询结果在排序时，先按照 sno 字段升序的排序方式进行排列。因为有 5 条 sno=202008001 的记录，这 5 条记录将按照 cno 字段的降序的排序方式进行排列。

任务 5.3.5　使用 GROUP BY 子句单表查询

微课视频

GROUP BY 关键字可以将查询结果按照某个字段或多个字段进行分组，字段中值相等的记录为一组。其语法规则如下：

GROUP BY 属性名　{HAVING 条件表达式} {WITH ROLLUP}

其中，"属性名"是指按照该字段的值进行分组；"HAVING 条件表达式"用来限制分组后的显示，分组或汇总结果满足条件表达式的将被显示；WITH ROLLUP 关键字表示将在较高层次的分组及所有记录的最后加上一条记录，该记录将该层所有记录作为一个大组进行汇总。

GROUP BY 关键字可以和 GROUP_CONCAT 函数一起使用，GROUP_ CONCAT 函数会把每个分组中指定字段值都串在一起显示出来。GROUP BY 关键字也可以与集合函数一起使用，包括 COUNT、SUM、AVG、MAX、MIN 等函数，关于集合函数的详细内容见本章 5.2 节。如果 GROUP BY 关键字不与上述函数一起使用，查询结果为字段取值的分组情况，字段中取值相同的记录为一组，但只显示该组的第 1 条记录。

1. 单独使用 GROUP BY 关键字来分组

如果单独使用 GROUP BY 关键字，那么查询结果只显示一个分组的第 1 条记录。

【例 5.27】 按照 sc 表的 sno 字段进行分组查询，查询结果与分组前结果进行对比。

先执行不带 GROUP BY 关键字的 SQL 语句，其执行结果如图 5.43 所示；再执行带有 GROUP BY 关键字的 SQL 语句，其执行结果如图 5.44 所示。

图 5.43　查询 sc 表的数据

图 5.44　GROUP BY 关键字的使用

结果只显示了 15 条记录，这 15 条记录的 sno 字段值都不同。将查询结果进行比较，GROUP BY 关键字只显示每个分组的第 1 条记录。这说明，GROUP BY 关键字在单独使用时，只能查询出每个分组的第 1 条记录，这样使用的意义不大。因此，一般在使用集合函数时才使用 GROUP BY 关键字。

2. GROUP BY 关键字与 GROUP_CONCAT 函数一起使用

在 GROUP BY 关键字与 GROUP_CONCAT 函数一起使用时，每个分组中的指定字段值都被串在一起显示出来，默认用逗号分隔。

【例 5.28】 分别查询每名学生所参加的考试科目的课程编号，要求：每名学生用一行显示。其 SQL 语句如下：

```
SELECT sno,GROUP_CONCAT(cno) FROM sc GROUP BY sno;
```

代码执行结果如图 5.45 所示。

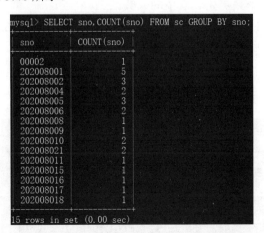

图 5.45　GROUP BY 关键字与 GROUP_CONCAT 函数一起使用的结果

结果显示，查询结果被分为 15 组，每名学生单独为一组，值为学生的学号，而且，每组中所有科目的编号都被查询出来。该例说明，使用 GROUP_CONCAT 函数可以很好地将分组情况表示出来。

3．GROUP BY 关键字与集合函数一起使用

在 GROUP BY 关键字与集合函数一起使用时，可以通过集合函数计算分组中的总记录、最大值、最小值等。

【例 5.29】　查询每名学生所参加考试的科目总数。

要查询每名学生所参加的考试科目总数，必须对每名学生的信息进行分组，即先将属于同一名学生的信息分到一个组中，再对这些不同的组分别进行统计操作。其 SQL 语句如下：

SELECT sno,COUNT(sno) FROM sc GROUP BY sno;

代码执行结果如图 5.46 所示。

图 5.46　GROUP BY 关键字与集合函数一起使用的结果

结果显示，查询结果按照 sno 字段取值进行分组，取值相同的记录为一组，COUNT(sno) 计算出 sno 字段不同分组的记录数，第一组只有 1 条记录，第二组共有 5 条记录。

4．GROUP BY 关键字与 HAVING 子句共同使用

如果 GROUP BY 关键字加上"HAVING 条件表达式"，则可以限制输出的结果，只有

分组或汇总结果满足条件表达式时才会显示。

【例 5.30】 查询参加考试的科目数等于 5 的学生学号，以及考试科目数。

以学号为依据，将成绩表的信息进行分组后，分别计算每个学号出现的次数（即所参加考试的科目数），在计算完成后，每组都会有一个统计结果，再使用 HAVING 子句对此结果进行筛选即可。其 SQL 语句如下：

```
SELECT sno,COUNT(sno) FROM sc GROUP BY sno HAVING COUNT(sno)=5;
```

代码执行结果如图 5.47 所示。

```
mysql> SELECT sno,COUNT(sno) FROM sc GROUP BY sno HAVING COUNT(sno)=5;
+-----------+------------+
| sno       | COUNT(sno) |
+-----------+------------+
| 202008001 |          5 |
+-----------+------------+
1 row in set (0.00 sec)
```

图 5.47 GROUP BY 关键字与 HAVING 子句共同使用的结果

查询结果只显示了考试科目数为 5 的记录的情况，因为该分组的学号出现的次数为 5，刚好满足 HAVING COUNT(sno)=5 的条件。从本例可以看出，“HAVING 条件表达式”可以限制查询结果的显示情况。

说明：“HAVING 条件表达式”与“WHERE 条件表达式”都是用来限制显示结果的。但是，两者起作用的地方不一样，“WHERE 条件表达式”作用于表或视图，是表和视图中原始记录的查询条件；“HAVING 条件表达式”作用于分组后的结果，用于选择满足条件的组。

5. 按照多个字段进行分组

在 MySQL 数据库中，还可以按照多个字段进行分组（复合分组）。例如，student 表按照 sno 和 cno 字段进行分组，在分组过程中，先按照 sno 字段进行分组，当遇到 sno 字段值相等的情况时，再把 sno 字段值相等的记录按照 cno 字段进行分组。

【例 5.31】 查询每个系男生、女生的人数。

本例要求先对学生按照系进行分组，在分组完成后，再按照性别进行分组。所以，可以直接将这两列按照先系再性别的顺序放在 GROUP BY 关键字后。其 SQL 语句如下：

```
SELECT sdept,ssex,COUNT(*)  FROM student GROUP BY sdept,ssex;
```

代码执行结果如图 5.48 所示。

```
mysql> SELECT sdept,ssex,COUNT(*) FROM student GROUP BY sdept,ssex;
+--------+------+----------+
| sdept  | ssex | COUNT(*) |
+--------+------+----------+
| 通信系 | 男   |        2 |
| 网络系 | 女   |        2 |
| 网络系 | 男   |        6 |
| 软件系 | 男   |        2 |
| 软件系 | 女   |        2 |
| 通信系 | 女   |        4 |
| 英语系 | 男   |        2 |
| 英语系 | 女   |        2 |
| 中文系 | 男   |        2 |
| 数学系 | 男   |        1 |
| 数学系 | 女   |        1 |
+--------+------+----------+
11 rows in set (0.00 sec)
```

图 5.48 复合分组

查询结果显示，记录先按照 sdept 字段进行大的分组，再按照 ssex 字段进行小的分组，最后在每个小组内统计人数。

6. GROUP BY 关键字与 WITH ROLLUP 一起使用

在使用 WITH ROLLUP 时，将会在较高层次分组（最低层次分组除外）的后面，以及所有记录（相当于不分组）的最后增加一条记录，这条记录是将该层次的所有记录作为一个大的分组（相当于不分组），并进行大组内的汇总。

【例 5.32】查询每个系男生、女生的人数，以及总人数情况。其 SQL 语句如下：

SELECT sdept,ssex,COUNT(*)　FROM student GROUP BY sdept,ssex WITH ROLLUP;

代码执行结果如图 5.49 所示。

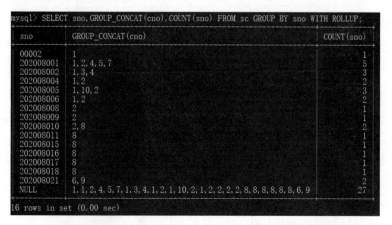

图 5.49　WITH ROLLUP 的使用

查询结果显示，计算出了各个分组的记录数。并且在各分组及所有记录的最后加上了一条新的记录。该记录的 COUNT(*)列的值刚好是上面分组值的总和。

【例 5.33】　显示每名学生参与考试的科目及科目总数。

使用 GROUT_CONCAT 函数可以显示分组中的每名成员的详细数据，所以可以在 SELECT 子句中使用此函数，中间加上科目编号来显示参与的科目。其 SQL 语句如下：

SELECT sno,GROUP_CONCAT(cno),COUNT(sno) FROM sc GROUP BY sno WITH ROLLUP;

代码执行结果如图 5.50 所示。

图 5.50　WITH ROLLUP 与 GROUP_CONCAT 函数综合使用

查询结果显示，GROUP_CONCAT(cno)显示了每个分组的 cno 字段的值，同时，最后一条记录的 count(sno) 列的值刚好是上面分组 count(sno) 取值的总和。

任务 5.3.6　使用 LIMIT 子句单表查询

在查询数据时，一次可能会查询出很多条记录。而用户可能只需要查看其中几条记录，了解大概情况即可，这时可以使用 LIMIT 子句来限制显示查询结果的行数。LIMIT 是 MySQL 数据库中的一个特殊关键字，它可以用来指定查询结果从哪条记录开始显示，还可以指定一共显示多少条记录。下面介绍 LIMIT 关键字常用的两种使用方式。

1．不指定初始位置

LIMIT 关键字在不指定初始位置时，默认查询结果从第 1 条记录开始显示，可以控制显示记录的数量。其语法规则如下：

LIMIT 记录数

其中，"记录数"表示显示记录的数量。如果记录数的值小于查询结果总记录数，则会从第 1 条记录开始，显示指定数量的记录；如果记录数的值大于查询结果总记录数，则数据库系统会直接显示查询的所有记录。

【例 5.34】　查询 student 表的前两条记录，SQL 语句如下：

SELECT * FROM student LIMIT 2;

代码执行结果如图 5.51 所示。

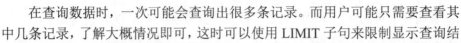

图 5.51　LIMIT 的运用（1）

结果只显示了两条记录，说明 LIMIT 2 表示限制的显示数量为 2。

2．指定初始位置

LIMIT 关键字可以指定从哪条记录开始显示，并且可以指定具体显示多少记录，其语法规则如下：

LIMIT 初始位置，记录数

其中，"初始位置"指定从哪条记录开始显示；"记录数"表示显示记录的数量。第 1 条记录的位置是 0，第 2 条记录的位置是 1，后面的记录依次类推。

比如，【例 5.34】就可以写成如图 5.52 所示的结构，从结果可以看出，LIMIT 0,2 和 LIMIT 2 都是显示前两条记录。

【例 5.35】　查询 student 表的第 2～3 条记录，SQL 语句如下：

SELECT * FROM student LIMIT 1, 2;

代码执行结果如图 5.53 所示。

```
mysql> select * from student limit 0,2;
+-----------+----------+------+------------+--------+
| sno       | sname    | ssex | sbirthday  | sdept  |
+-----------+----------+------+------------+--------+
| 00001     | 阿三     | 男   | 2001-01-01 | 通信系 |
| 202008001 | 赵菁菁   | 女   | 2000-08-16 | 网络系 |
+-----------+----------+------+------------+--------+
2 rows in set (0.00 sec)
```

图 5.52　LIMIT 的运用（2）

```
mysql> select * from student limit 1,2;
+-----------+----------+------+------------+--------+
| sno       | sname    | ssex | sbirthday  | sdept  |
+-----------+----------+------+------------+--------+
| 202008001 | 赵菁菁   | 女   | 2000-08-16 | 网络系 |
| 202008002 | 李勇     | 男   | 2001-02-23 | 网络系 |
+-----------+----------+------+------------+--------+
2 rows in set (0.00 sec)
```

图 5.53　LIMIT 的运用（3）

结果只显示了第 2 条和第 3 条记录，从该例子可以看出，LIMIT 关键字可以指定从哪条记录开始显示，也可以指定显示多少条记录。

温馨提示：LIMIT 关键字是 MySQL 数据库所特有的，它可以指定需要显示的记录的开始位置，0 表示第 1 条记录。如果需要查询成绩在前十名的学生信息，则可以先使用 ORDER BY 关键字将记录按照分数来降序排列，再使用 LIMIT 关键字指定查询前 10 条记录。

任务 5.3.7　多表查询

微课视频

如果查询需要的数据来自不同的表，就要用到连接查询。连接查询是将两个或两个以上的表按照某个条件连接起来，从中选取需要的数据，当在不同的表中存在表示相同意义的字段时，可以通过该字段来连接这几个表。例如，在学生表中用 course_id 字段来表示所学课程的课程号，在课程表中用 num 字段来表示课程号，因此，连接查询可以通过学生表中的 course_id 字段与课程表中的 num 字段来连接。连接查询包括内连接查询和外连接查询，下面将详细讲解这两种查询，同时，还会讲解结合多个条件进行复合连接查询。

1. 内连接查询

内连接查询是一种最常用的连接查询，可以查询两个或两个以上的表。为了让读者更好地理解，暂时只讲两个表的连接查询。当两个表中存在表示相同意义的字段时，可以通过该字段作为连接条件来连接这两个表；当其中一个表的某记录值与另一个表的某记录值相匹配时，这两条记录就可以合并成一条新的记录，再使用 SELECT 子句进行查询，而没有配对成功的记录，将会直接被过滤掉。其语法规则如下：

```
SELECT 属性名列表
FROM 表名 1　[INNER]　JOIN 表名 2
ON 表名 1.属性名 1=表名 2.属性名 2;
```

或者

```
SELECT 属性名列表
FROM 表名 1,表名 2
WHERE 表名 1.属性名 1=表名 2.属性名 2;
```

其中，"属性名列表"表示要查询的字段名称，这些字段可以来自不同的表；"表名 1"和"表名 2"表示将这两个表进行外连接；INNER 表示进行内连接查询，是连接运算的默认选项，可以省略该关键字；JOIN 表示进行连接查询；ON 后面接连接条件；"属性名 1"是"表名 1"中的一个字段，用"."来表示字段属于哪个表；"属性名 2"是"表名 2"中的一个字段。

说明：两个表中表示相同意义的字段可以是指父表的主键和子表的外键。例如，student

表中 sno 字段表示学生的学号，且 sno 字段是 student 表的主键。sc 表的 sno 字段也表示学生的学号，且 sno 字段是 sc 表的外键，这里 sno 字段参考并引用了 student 表的 sno 字段，这两个字段有相同的意义。

下面使用内连接查询的方式查询 student 表和 sc 表，在执行内连接查询前，先分别查看两表中的记录，以便进行比较。由于数据行较多，这里只截取部分数据，如图 5.54 和图 5.55 所示。

图 5.54　student 表的部分数据

图 5.55　sc 表的部分数据

查看结果可知，student 表和 sc 表的 sno 字段都表示学号，通过 sno 字段可以将两表进行内连接查询。从 student 表中查询出 sno 字段、sname 字段、sdept 字段，从 sc 表中查询出 cno 字段、grade 字段，内连接查询的 SQL 语句如下：

```
SELECT student.sno,sname,sdept, cno,grade FROM student,sc WHERE student.sno=sc.sno;
```

或者

```
SELECT student.sno,sname,sdept, cno,grade
FROM student INNER JOIN sc ON student.sno=sc.sno;
```

代码执行结果如图 5.56 所示。

图 5.56　内连接查询

从图 5.56 中可以看出，查询结果共显示了 26 条记录，这些数据是从 student 表和 sc 表中查询出来的。通过本例可以看出，只有在表中有相同意义的字段时才能进行连接，而且，内连接查询只能查询出指定字段取值相同的记录。

2．外连接查询

外连接查询可以查询两个或两个以上的表，也需要通过指定字段来进行连接。在 MySQL 数据库中，外连接查询共分为两种情况：左（外）连接查询和右（外）连接查询。其基本语法如下：

```
SELECT 属性名列表
FROM 表名 1   {LEFT | RIGHT}   [OUTER]   JOIN 表名 2
ON  表名 1.属性名 1=表名 2.属性名 2;
```

其中，“属性名列表”表示要查询的字段名称，这些字段可以来自不同的表；“表名 1”和“表名 2”表示将这两个表进行外连接；LEFT 表示进行左连接查询；RIGHT 表示进行右连接查询；ON 后面接连接条件；“属性名 1”是“表名 1”中的一个字段，用“.”来表示字段属于哪个表；“属性名 2”是“表名 2”中的一个字段。

1）左连接查询

在进行左连接查询时，可以查询出“表名 1”所指表中的所有记录；而在“表名 2”所指的表中，只能查询出匹配的记录。若在“表名 1”所指的表中没有配对成功的记录，则在“表名 2”所指的表中用一条空行记录与之搭配形成新的记录以供查询；若在“表名 2”所指的表中没有配对成功的记录，则被直接过滤掉。

【例 5.36】 显示所有学生参加考试的情况，要求：未参加考试的学生其成绩显示为 NULL。其 SQL 语句如下：

```
SELECT student.sno,sname,sdept, cno,grade FROM student LEFT JOIN sc
on student.sno=sc.sno;
```

代码执行结果如图 5.57 所示。

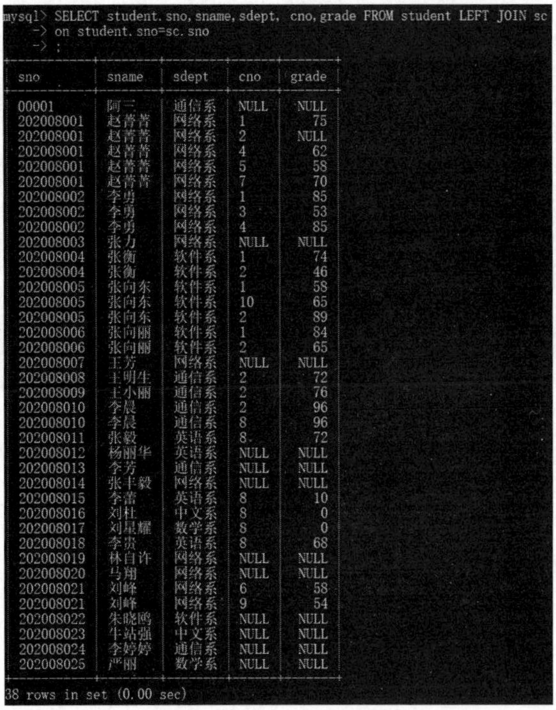

```
mysql> SELECT student.sno,sname,sdept, cno,grade FROM student LEFT JOIN sc
    -> on student.sno=sc.sno
    -> ;
+-----------+--------+--------+------+-------+
| sno       | sname  | sdept  | cno  | grade |
+-----------+--------+--------+------+-------+
| 00001     | 阿三   | 通信系 | NULL |  NULL |
| 202008001 | 赵菁菁 | 网络系 | 1    |    75 |
| 202008001 | 赵菁菁 | 网络系 | 2    |  NULL |
| 202008001 | 赵菁菁 | 网络系 | 4    |    62 |
| 202008001 | 赵菁菁 | 网络系 | 5    |    58 |
| 202008001 | 赵菁菁 | 网络系 | 7    |    70 |
| 202008002 | 李勇   | 网络系 | 1    |    85 |
| 202008002 | 李勇   | 网络系 | 3    |    53 |
| 202008002 | 李勇   | 网络系 | 4    |    85 |
| 202008003 | 张力   | 网络系 | NULL |  NULL |
| 202008004 | 张衡   | 软件系 | 1    |    74 |
| 202008004 | 张衡   | 软件系 | 2    |    46 |
| 202008005 | 张向东 | 软件系 | 1    |    58 |
| 202008005 | 张向东 | 软件系 | 10   |    65 |
| 202008005 | 张向东 | 软件系 | 2    |    89 |
| 202008006 | 张向丽 | 软件系 | 1    |    84 |
| 202008006 | 张向丽 | 软件系 | 2    |    65 |
| 202008007 | 王芳   | 网络系 | NULL |  NULL |
| 202008008 | 王明生 | 通信系 | 2    |    72 |
| 202008009 | 王小丽 | 通信系 | 2    |    76 |
| 202008010 | 李晨   | 通信系 | 2    |    96 |
| 202008010 | 李晨   | 通信系 | 8    |    96 |
| 202008011 | 张毅   | 英语系 | 8    |    72 |
| 202008012 | 杨丽华 | 英语系 | NULL |  NULL |
| 202008013 | 李芳   | 通信系 | NULL |  NULL |
| 202008014 | 张丰毅 | 网络系 | NULL |  NULL |
| 202008015 | 李蕾   | 英语系 | 8    |    10 |
| 202008016 | 刘杜   | 中文系 | 8    |     0 |
| 202008017 | 刘星耀 | 数学系 | 8    |     0 |
| 202008018 | 李贵   | 英语系 | 8    |    68 |
| 202008019 | 林自许 | 网络系 | NULL |  NULL |
| 202008020 | 马翔   | 网络系 | NULL |  NULL |
| 202008021 | 刘峰   | 网络系 | 6    |    58 |
| 202008021 | 刘峰   | 网络系 | 9    |    54 |
| 202008022 | 朱晓鸥 | 软件系 | NULL |  NULL |
| 202008023 | 牛站强 | 中文系 | NULL |  NULL |
| 202008024 | 李婷婷 | 通信系 | NULL |  NULL |
| 202008025 | 严丽   | 数学系 | NULL |  NULL |
+-----------+--------+--------+------+-------+
38 rows in set (0.00 sec)
```

图 5.57　左连接查询结果

查询结果显示了 38 条记录，这些记录的数据是从 student 表和 sc 表中查询出来的。因为 student 表和 sc 表中都包含值相同的记录，所有这些记录都能查询出来。

但是，从结果可以发现，在图 5.57 中的倒数 4 行的数据里，后两列的值均为 NULL，表示该学生只有个人（在 student 表中）的信息，没有考试（在 sc 表中）的信息。所以左连接查询是将 JOIN 关键字在左侧表中的所有数据全部显示之后，再根据 ON 关键字后的条件进行两表连接，若右侧的表中没有数据与左侧表中的数据相匹配，则在右侧表列中显示数据为 NULL。

2）右连接查询

在进行右连接查询时，可以查询出“表名 2”所指表中的所有记录。而在“表名 1”所指的表中，只能查询出匹配的记录。如在 sc 表中插入一条记录，该记录的 sno 不在 student 表中出现。其 SQL 语句如下：

```
INSERT INTO sc VALLUES('0002',1,100);
```

右连接查询的 SQL 语句如下：

```
SELECT student.sno,sname,sdept, cno,grade FROM student RIGHT JOIN sc
on student.sno=sc.sno;
```

代码执行结果如图 5.58 所示。

```
mysql> SELECT student.sno,sname,sdept,  cno,grade FROM student RIGHT JOIN sc
    -> on student.sno=sc.sno
    -> ;
+-----------+--------+--------+-----+-------+
| sno       | sname  | sdept  | cno | grade |
+-----------+--------+--------+-----+-------+
| NULL      | NULL   | NULL   | 1   |   100 |
| 202008001 | 赵菁菁 | 网络系 | 1   |    75 |
| 202008002 | 李勇   | 网络系 | 1   |    85 |
| 202008004 | 张衡   | 软件系 | 1   |    74 |
| 202008005 | 张向东 | 软件系 | 1   |    58 |
| 202008006 | 张向丽 | 软件系 | 1   |    84 |
| 202008005 | 张向东 | 软件系 | 10  |    65 |
| 202008001 | 赵菁菁 | 网络系 | 2   |  NULL |
| 202008004 | 张衡   | 软件系 | 2   |    46 |
| 202008005 | 张向东 | 软件系 | 2   |    89 |
| 202008006 | 张向丽 | 软件系 | 2   |    65 |
| 202008008 | 王明生 | 通信系 | 2   |    72 |
| 202008009 | 王小丽 | 通信系 | 2   |    76 |
| 202008010 | 李晨   | 通信系 | 2   |    96 |
| 202008002 | 李勇   | 网络系 | 3   |    53 |
| 202008001 | 赵菁菁 | 网络系 | 4   |    62 |
| 202008002 | 李勇   | 网络系 | 4   |    85 |
| 202008001 | 赵菁菁 | 网络系 | 5   |    58 |
| 202008021 | 刘峰   | 网络系 | 6   |    58 |
| 202008001 | 赵菁菁 | 网络系 | 7   |    70 |
| 202008010 | 李晨   | 通信系 | 8   |    96 |
| 202008011 | 张毅   | 英语系 | 8   |    72 |
| 202008015 | 李蕾   | 英语系 | 8   |    10 |
| 202008016 | 刘杜   | 中文系 | 8   |     0 |
| 202008017 | 刘星耀 | 数学系 | 8   |     0 |
| 202008018 | 李贵   | 英语系 | 8   |    68 |
| 202008021 | 刘峰   | 网络系 | 9   |    54 |
+-----------+--------+--------+-----+-------+
27 rows in set (0.00 sec)
```

图 5.58　右连接查询

查询结果显示了 27 条记录。student 表和 sc 表中都包含了 sno 值相等的 27 条记录，所有这些记录都能查询出来，但查询结果比内查询多出了 grade=100 的记录，因为 student 表中没有 sno=0002 的记录，所以该记录只从 sc 表中取出了相应的值。

3．为表取别名

当表名特别长时，在查询过程中直接使用表名很不方便，这时可以为表取一个别名。例如，电力软件中变压器表名称为 power_system_transform，如果要使用该表的 id 字段，但同时查询的其他表中也有 id 字段，则必须指明是哪个表下的 id 字段，如 power_system_ transform.id，因为变压器表名太长，使用起来很不方便。为了解决这个问题，可以为变压器表取一个别名，如将 power_system_transform 的别名取为 t，则 t 就代表了变压器表，t.id 与 power_system_transform.id 表示的意思就相同了。下面讲解怎么样为表取别名，以及在查询时如何使用别名。

在 MySQL 数据库中为表取别名的基本形式如下：

```
表名  表的别名
```

通过这种方式，“表的别名”在此次查询中代替了“表名”。

【例 5.37】 为 student 表取个别名 std，然后查询表中的 sno 字段取值为 202008001 的记录。其 SQL 代码如下：

```
SELECT * FROM student std WHERE std.sno=202008001;
```

代码中的 student std 表示 student 表的别名为 std，std.sno 表示 student 表的 sno 字段。代码执行结果如图 5.59 所示。

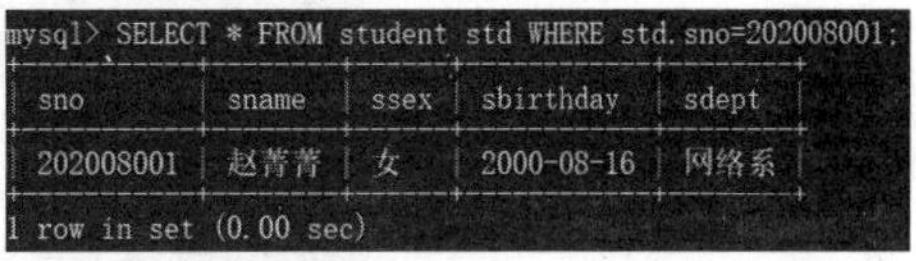
mysql> SELECT * FROM student std WHERE std.sno=202008001;

sno	sname	ssex	sbirthday	sdept
202008001	赵菁菁	女	2000-08-16	网络系

1 row in set (0.00 sec)

图 5.59　为表取别名

结果查询出了 sno 字段取值为 202008001 的记录，为表取名必须保证该数据库中没有其他表名与该别名相同。如果相同，数据库系统将无法辨别该名称指的是哪个表。

通过为表和字段取别名的方式，不但可以使查询更加方便，而且可以使查询结果以更加合理的方式显示。

注意：表的别名不能与该数据库的其他表相同，字段的别名也不能与该表的其他字段相同。在条件表达式中不能使用字段的别名，否则将会出现 ERROR 1054 (42S22): Unknown column 错误提示信息。在显示查询结果时，字段的别名代替了字段名。

4．复合条件连接查询

在连接查询时，也可以增加其他限制条件。通过多个条件的复合查询，可以使查询结果更加准确。例如，student 表和 sc 表进行连接查询时，可以限制 grade 字段的取值必须大于 75，这样可更加准确的查询出成绩高于 75 分的学生信息。

【例 5.38】 查询成绩高于 75 分的学生的学号、系别和成绩，SQL 语句如下：

```
SELECT student.sno,sdept, grade FROM student , sc
WHERE student.sno=sc.sno AND grade>75;
```

代码执行结果如图 5.60 所示。

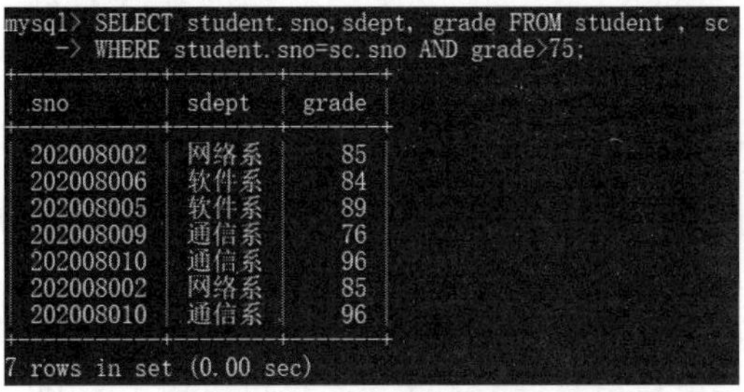
mysql> SELECT student.sno,sdept, grade FROM student , sc
    -> WHERE student.sno=sc.sno AND grade>75;

sno	sdept	grade
202008002	网络系	85
202008006	软件系	84
202008005	软件系	89
202008009	通信系	76
202008010	通信系	96
202008002	网络系	85
202008010	通信系	96

7 rows in set (0.00 sec)

图 5.60　复合条件连接查询

查询结果只显示了 grade 取值大于 75 的记录。从本例可以看出，在进行连接查询时，可以加上其他的条件表达式，只显示学生的学号、系别和成绩。

此外，在进行连接查询时，还可以加 GROUP BY、ORDER BY 等关键字，这可以将连接查询的结果进行分组和排序。如在【例 5.38】的基础上，将查询到的结果按照成绩升序的排列方式进行排列，代码如下：

```
SELECT student.sno,sdept, grade FROM student,sc
WHERE student.sno=sc.sno AND grade>75
ORDER BY grade ASC;
```

代码执行结果如图 5.61 所示。

```
mysql> SELECT student.sno,sdept, grade FROM student,sc
    -> WHERE student.sno=sc.sno AND grade>75
    -> ORDER BY grade ASC;
+-----------+--------+-------+
| sno       | sdept  | grade |
+-----------+--------+-------+
| 202008009 | 通信系 |    76 |
| 202008006 | 软件系 |    84 |
| 202008002 | 网络系 |    85 |
| 202008002 | 网络系 |    85 |
| 202008005 | 软件系 |    89 |
| 202008010 | 通信系 |    96 |
| 202008010 | 通信系 |    96 |
+-----------+--------+-------+
7 rows in set (0.00 sec)
```

图 5.61　复合条件连接查询并排序的结果

SQL 语句首先按照内连接方式从 student 表和 sc 表中查询出数据，然后将查询结果按照 grade 字段从小到大的排序方式进行排列。

技巧：使用最多的连接查询是内连接查询，而外连接查询中的左连接查询和右连接查询使用频率比较低。在连接查询时可以加上一些限制条件，这样只会对满足限制条件的记录进行连接操作，还可以将最终的结果排序。

任务 5.3.8　子查询

微课视频

子查询是将一个查询语句嵌套在另一个查询语句中，因此也称嵌套查询。内层查询语句的查询结果，可以为外层查询语句提供查询条件，因此在特定情况下，一个查询语句的条件需要另一个查询语句来获取。例如，现在需要从学生成绩表中查询计算机系学生的各科成绩，首先要知道哪些课程是计算机系学生选修的，就必须先查询计算机系学生选修的课程，然后根据课程来查询计算机系学生的各科成绩。通过子查询可以实现多表之间的查询。在子查询中可能包含 IN、NOT IN、AND、ALL、EXISTS 和 NOT EXISTS 等关键字，也可能包含“=”“!=”“>”“<”等比较运算符。下面详细讲解子查询的知识。

1．带 IN 关键字的子查询

一个查询语句的条件取值可能落在另一个 SQL 语句的查询结果中，这可以通过 IN 关键字来判断。例如，要查询哪些学生选择了计算机系开设的课程，必须先从课程表中查询出计算机系开设的课程，再从学生表中进行查询，即学生选修的课程在前面查询出来的课程中，则该学生记录便是用户想要查询的结果。这可以使用带 IN 关键字的子查询实现。

【例 5.39】 查询成绩大于 80 分的学生基本信息，SQL 语句如下：

```
SELECT * FROM student WHERE sno IN(SELECT sno FROM sc WHERE grade>80);
```

执行带 IN 关键字的子查询，执行结果如图 5.62 所示。

```
mysql> SELECT * FROM student WHERE sno IN(SELECT sno FROM sc WHERE grade>80);
+-----------+--------+------+------------+--------+
| sno       | sname  | ssex | sbirthday  | sdept  |
+-----------+--------+------+------------+--------+
| 202008002 | 李勇   | 男   | 2001-02-23 | 网络系 |
| 202008005 | 张向东 | 男   | 2002-01-15 | 软件系 |
| 202008006 | 张向丽 | 女   | 2001-02-23 | 软件系 |
| 202008010 | 李晨   | 女   | 2001-02-23 | 通信系 |
+-----------+--------+------+------------+--------+
4 rows in set (0.00 sec)
```

图 5.62　子查询

查询结果显示，student 表中的 sno 字段的取值分别为 202008002、202008005、202008006、202008010，可以看出结果排除了很多数据行。NOT IN 关键字的作用与 IN 关键字的作用刚好相反。

【例 5.40】 查询没有成绩的学生信息，SQL 语句如下：

```
SELECT * FROM student WHERE sno NOT IN (SELECT sno FROM sc);
```

代码执行结果如图 5.63 所示。

```
mysql> SELECT * FROM student WHERE sno NOT IN (SELECT sno FROM sc);
+-----------+--------+------+------------+--------+
| sno       | sname  | ssex | sbirthday  | sdept  |
+-----------+--------+------+------------+--------+
| 00001     | 阿三   | 男   | 2001-01-01 | 通信系 |
| 202008003 | 张力   | 男   | 1999-08-15 | 网络系 |
| 202008007 | 王芳   | 女   | 1998-12-22 | 网络系 |
| 202008012 | 杨丽华 | 女   | 2001-02-23 | 英语系 |
| 202008013 | 李芳   | 女   | 1999-11-15 | 通信系 |
| 202008014 | 张丰毅 | 男   | 2001-02-23 | 网络系 |
| 202008019 | 林自许 | 男   | 2000-12-01 | 网络系 |
| 202008020 | 马翔   | 男   | 2001-09-23 | 网络系 |
| 202008022 | 朱晓鸥 | 女   | 2001-10-12 | 软件系 |
| 202008023 | 牛站强 | 男   | 2001-02-19 | 中文系 |
| 202008024 | 李婷婷 | 女   | 2000-12-02 | 通信系 |
| 202008025 | 严丽   | 女   | 2001-04-30 | 数学系 |
+-----------+--------+------+------------+--------+
12 rows in set (0.00 sec)
```

图 5.63　子查询结果

查询结果只有 12 条记录，因为这 12 名学生没有成绩，他们的 sno 根本不在 sc 表当中。

2．带比较运算符的子查询

子查询可以使用比较运算符。这些比较运算符包括“=”“!=”“>”“>=”“<”“<=”“< >”等，其中，“< >”与“!=”是等价的。比较运算符在子查询时使用非常广泛，如查询分数、年龄、价格和收入等。

【例 5.41】 查询成绩大于平均成绩的学生学号，SQL 语句如下：

```
SELECT sno FROM sc
WHERE grade > (SELECT AVG(grade) FROM sc);
```

代码执行结果如图 5.64 所示。

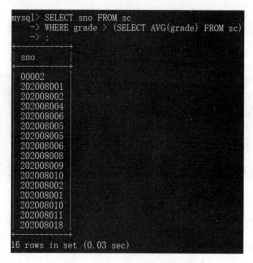

图 5.64　带比较运算符的子查询

结果显示，符合条件的有 16 行，因为里面存在很多重复的数据，所以建议在写代码时，尽量在 SELECT 语句后面连接 DISTINCT 关键字。

3．带 EXISTS 关键字的子查询

EXISTS 关键字表示存在。在使用 EXISTS 关键字时，其内层查询语句不返回查询的记录，而是返回一个逻辑值。该内层查询返回的逻辑值将与 WHERE 子句的其他条件表达式的逻辑值、其他逻辑运算符进一步运算，得到整个 WHERE 子句的逻辑值，并最终返回能使 WHERE 子句逻辑为 true 的记录，参与后续的 SELECT 子句查询。

【例 5.42】　如果存在一名学号为 0003 的学生，则显示他在 student 表中所有信息；如果不存在，则不显示。其 SQL 语句如下：

```
SELECT * FROM student
WHERE EXISTS (SELECT sno FROM student WHERE sno =0003);
```

代码执行结果如图 5.65 所示。

图 5.65　EXISTS 关键字的运用

结果显示，没有查询出任何记录，这是因为 student 表中根本不存在 sno=0003 的记录。EXISTS 子查询返回 false，整个 WHERE 子句的逻辑值也为 false，所以，该查询没有查出任何记录。

带有 EXISTS 关键字的子查询常与其他的查询条件表达式、逻辑运算符一起使用，AND、OR 和 NOT 逻辑运算符可对多个逻辑值进行与、或、非的逻辑运算。

【例 5.43】　如果 student 表中存在 sno 字段取值为 202008001 的记录，则查询 student 表中 sdept 字段等于"网络系"的记录。其 SQL 语句如下：

```
SELECT * FROM student
WHERE sdept= '网络系' and EXISTS(SELECT * FROM student WHERE sno=202008001);
```

代码执行结果如图 5.66 所示。

```
mysql> SELECT * FROM student
    -> WHERE sdept='网络系' and EXISTS(SELECT * FROM student WHERE sno=202008001)
    -> ;
+-----------+--------+------+------------+--------+
| sno       | sname  | ssex | sbirthday  | sdept  |
+-----------+--------+------+------------+--------+
| 202008001 | 赵菁菁 | 女   | 2000-08-16 | 网络系 |
| 202008002 | 李勇   | 男   | 2001-02-23 | 网络系 |
| 202008003 | 张力   | 男   | 1999-08-15 | 网络系 |
| 202008007 | 王芳   | 女   | 1998-12-22 | 网络系 |
| 202008014 | 张丰毅 | 男   | 2001-02-23 | 网络系 |
| 202008019 | 林自许 | 男   | 2000-12-01 | 网络系 |
| 202008020 | 马翔   | 男   | 2001-09-23 | 网络系 |
| 202008021 | 刘峰   | 男   | 2000-03-11 | 网络系 |
+-----------+--------+------+------------+--------+
8 rows in set (0.00 sec)
```

图 5.66　EXIST 附其他条件的运用

结果显示，从 student 表中查询出了 8 条记录。这 8 条记录的 sdept 列的取值都是网络系，因为内层查询语句从 student 表中查询到记录，返回 true，外层查询语句才开始进行查询。根据查询条件，从 student 表中查询出 sdept 字段等于“网络系”的 8 条记录。

注意：EXISTS 关键字与前面的关键字不一样。在使用 EXISTS 关键字时，其内层查询语句只返回 true 和 false，如果其内层查询语句查询到记录，则返回 true，否则将返回 false。在 EXISTS 子查询的内部，甚至可以使用外部查询的表字段作条件，像这样内部查询使用外部查询数据的情况，可以称之为相关子查询。

相关子查询的执行顺序也与普通子查询不同，它先执行外部查询，再将结果中的某字段值放进内部相关子查询进行查询，根据查询结果，再次对外部查询结果进行进一步筛选。其 SQL 语句如下：

```
SELECT * FROM student WHERE ssex='男' AND
 EXISTS(SELECT * FROM sc WHERE sc.sno=student.sno and grade>90);
```

4. 带 ANY 关键字的子查询

在比较运算中使用带 ANY 关键字的子查询，表示子查询中任意一个查询结果值（通常只查询一列）满足运算条件，则该比较运算结果即为真。例如，需要查询哪些学生能够获得奖学金，因此，首先必须从奖学金表中查询出各种奖学金要求的最低分，然后只要某学生的课程成绩高于任意一种奖学金的最低分，这名学生就可以获得奖学金。ANY 关键字通常与比较运算符一起使用。例如，“>ANY”表示大于任何一个值，“=ANY”表示等于任何一个值。

【例 5.44】 查询 student 表中是否有网络系的学生，且其年龄不小于（大于等于）通信系年龄最小者？

本例实际上就是查询在网络系学生中，出生日期小于等于通信系任何一名学生的出生日期（注意是出生日期小于等于最大的就够了）。查询前先看一看网络系和通信系学生的基本信息，分别如图 5.67 和图 5.68 所示。从两图中可以看出，要查找的学生，出生日期要比 2001-02-23 的数字小，在网络系学生中，满足其条件的有 7 人。

```
mysql> select * from student where sdept = '网络系' order by sbirthday;
+-----------+--------+------+------------+--------+
| sno       | sname  | ssex | sbirthday  | sdept  |
+-----------+--------+------+------------+--------+
| 202008007 | 王芳   | 女   | 1998-12-22 | 网络系 |
| 202008003 | 张力   | 男   | 1999-08-15 | 网络系 |
| 202008021 | 刘峰   | 男   | 2000-03-11 | 网络系 |
| 202008001 | 赵菁菁 | 女   | 2000-08-16 | 网络系 |
| 202008019 | 林自许 | 男   | 2000-12-01 | 网络系 |
| 202008002 | 李勇   | 男   | 2001-02-23 | 网络系 |
| 202008014 | 张丰毅 | 男   | 2001-02-23 | 网络系 |
| 202008020 | 马翔   | 男   | 2001-09-23 | 网络系 |
+-----------+--------+------+------------+--------+
8 rows in set (0.00 sec)
```

图 5.67　网络系学生

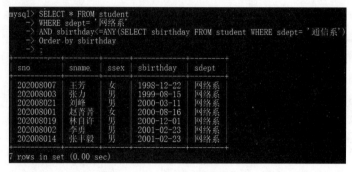

图 5.68　通信系学生

SQL 语句如下：

```
SELECT * FROM student
WHERE sdept='网络系'
AND sbirthday<=ANY(SELECT sbirthday FROM student WHERE sdept='通信系')
Order by sbirthday;
```

代码执行结果如图 5.69 所示，与前面的分析一致。

图 5.69　"<=ANY"的运用

5．带 ALL 关键字的子查询

在比较运算中使用带 ALL 关键字的子查询，表示子查询中所有的查询结果值（通常只查询一列）都要满足运算条件，该比较运算结果才会为真。

【例 5.45】　查询年龄最小的学生其基本信息。

本例其实就是查询出生日期大于（除自己之外的）所有学生的出生日期的学生。其 SQL 语句代码如下：

```
SELECT * FROM student
WHERE sbirthday>=ALL(SELECT sbirthday FROM student );
```

代码执行结果如图 5.70 所示。

图 5.70　">ALL"的运用

结果显示，只有一名学生符合条件，他的年龄是最小的，出生日期是最大的。

注意：ANY 关键字和 ALL 关键字的使用方式是一样的，但是这两者有很大的区别。在使用 ANY 关键字时，只要内层查询语句返回中的任何一个结果值满足比较运算，该比较运算的结果就为真。而 ALL 关键字刚好相反，只有内层查询语句返回的所有结果值都满足该比较运算，该比较运算的结果才为真。

任务 5.3.9　合并查询结果

合并查询结果是将多个 SQL 语句的查询结果合并到一起。在某种情况下，需要将几个 SQL 语句查询出来的结果合并起来显示。例如，现在需要查询公司甲和公司乙所有员工的信息，这需要先从公司甲中查询出所有员工的信息，再从公司乙中查询出所有员工的信息，最后使用 UNION 和 UNION ALL 关键字进行合并操作，将两次的查询结果合并到一起。下面将详细讲解合并查询结果的方法。

在使用 UNION 关键字时，数据库系统会将所有查询结果合并到一起，然后去除相同记录，然而 UNION ALL 关键字就只是将查询结果简单地合并到一起。其语法规则如下：

```
SQL 语句 1
UNION/UNION ALL
SQL 语句 2
UNION/UNION ALL
SQL 语句 n;
```

从上面可以知道，MySQL 数据库可以合并多个 SQL 语句的查询结果，而且每个 SQL 语句之间使用 UNION 或 UNION ALL 关键字连接。

【例 5.46】 从 student 表和 sc 表中查询 sno 字段的取值，然后使用 UNION 关键字将结果合并到一起。

student 表的 sno 字段取值为 26 个不同的值，而 sc 表的 sno 字段取值有很多是相同的。现在将这两个表中的 sno 值合并在一起，SQL 语句如下：

```
SELECT sno FROM student
UNION
SELECT sno FROM sc;
```

两个 SQL 语句之间用 UNION 关键字进行连接，代码执行结果如图 5.71 所示。

从查询结果可以看出，这刚好是 student 表和 sc 表的 sno 字段的所有取值，且结果中没有任何重复的记录。

如果使用 UNION ALL 关键字，那么只是将查询结果直接合并到一起。结果中可能存在相同的记录。

注意：UNION 关键字和 UNION ALL 关键字都可以合并查询结果，但是两者有一点区别。使用 UNION 关键字在合并查询结果时，需要将相同的记录消除掉。然而 UNION ALL 关键字则相反，使用它不会消除掉相同的记录，而是会将所有的记录简单合并到一起。

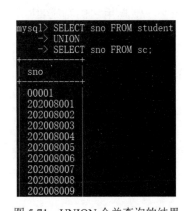

图 5.71　UNION 合并查询的结果

5.4　任务小结

➤ **任务 1**：简单查询。通过对本任务的学习，读者需要掌握 SELECT 语法，实现对数据库表的简单查询，并能完成数据的简单查询任务。

➤ **任务 2**：使用 SELECT 子句单表查询。本任务主要讲解使用 SELECT 子句完成单表数据查询，该语句主要用于控制结果显示。读者不仅需要掌握使用 SELECT 子句显示所有字段、部分字段、计算字段，以及为字段改名，与 DISTINCT 关键字联合使用消除重复的记录，还需要掌握 5 个重要的统计函数（COUNT、AVG、MAX、MIN、SUM）的含义及使用场景，以及它们与 GROUP BY 子句配合使用的效果，通过大量实践练习，可以灵活运用这些函数解决实际问题。

➤ **任务 3**：使用 WHERE 子句单表查询。本任务主要讲解使用 WHERE 子句实现查询条件的筛选，控制输出记录数。读者需要熟练掌握常规运算符（<、>、=、<>）、表示范围的关键字（BETWEEN AND、NOT BETWEEN AND、IN）、与字符串数据匹配的（LIKE）、查询空值的关键字（IS NULL）的使用方法，以及使用 AND 和 OR 关键字完成多条件数据的查询输出。

➤ **任务 4**：使用 ORDER BY 子句单表查询。通过对本任务的学习，读者要学会使用 ORDER BY 关键字对记录进行排序，使查询结果满足实际需求。

➤ **任务 5**：使用 GROUP BY 子句单表查询。通过对本任务的学习，读者要学会使用 GROUP BY 子句将查询结果按照某个字段或多个字段进行分组，掌握 GROUP BY 关键字单独使用、与 GROUP_CONCAT 函数联合使用、与集合函数联合使用的方法。

➤ **任务 6**：使用 LIMIT 子句单表查询。本任务主要介绍使用 LIMIT 子句限制查询结果的数量，读者需掌握在查询时不指定初始位置和指定初始位置的区别。

➤ **任务 7**：多表查询。本任务主要讲解实现多张数据库表之间的连接查询，包括内连接查询、外连接查询、复合条件查询，其中：INNER JOIN 表示内连接查询，结果只包含满足条件的列；LEFT [OUTER] JOIN 表示左（外）连接查询，结果包含满足条件的行及左侧表中所有的行；RIGHT [OUTER] JOIN 表示右（外）连接查询，结果包含满足条件的行及右侧表中所有的行。读者需要掌握每种查询的异同点，能灵活运用它们完成实际查询需求。

➤ **任务 8**：子查询。本任务主要讲解子查询相关知识，读者主要掌握带 IN、EXISTS、ANY、ALL 关键字的子查询和带比较运算符的子查询，注意它们的区别与联系。

➤ **任务 9**：合并查询结果。本任务主要讲解使用 UNION 关键字和 UNION ALL 关键字完成多种查询结果的合并，读者要掌握两种合并的区别，根据需求选择合适的连接关键字。

5.5　知识拓展

作为本章的知识拓展部分，下面将从两个方面进行讲解。

1. 子查询在复制表、数据中的应用

1）插入查询语句的执行结果

在进行数据插入操作时，可能不知道具体插入表中的记录值是什么，只知道满足一定条件的值才能插入进去。此时，可以利用查询语句，先进行合理查询，再将查询的结果按照表的字段列表顺序插入最终将查询结果插到表中。因此，用户必须合理地设置查询语句的结果字段，并且保证查询的结果值和表的字段相匹配，否则，会导致数值插入不成功。

将查询语句执行的结果数据插到表中的语法为：

```
INSERT INTO 表名[(字段列表)]
SELECT 查询语句;
```

【例 5.47】 若有另外一个表且名为 s，表的结构与 student 表完全一样。在不知道 student 表中原始数据的情况下，想要将 student 表中的前 4 行数据插到 s 表中。这该如何实现呢？

得到与 student 表结构完全一样的 s 表，可以通过如下语句实现：

```
CREATE TABLE s LIKE student;
```

为了让读者更容易理解这中间的过程，可以将这个操作步骤进行分解。

（1）明确要插入的数据是什么。此例是想先将 student 表的前 4 行数据先拿出来，再插到 s 表中，所以需要做插入操作的是 student 表的前 4 行数据。这 4 行数据可用 SELECT 查询语句筛选出来。具体代码如下：

```
SELECT * FROM student LIMIT 4;
```

或者

```
SELECT sno, sname , ssex, sbirthday, sdept FROM student LIMIT 4;
```

（2）验证查询语句结果是否正确，确定查询结果字段顺序。在做插入操作之前，建议读者先编写查询语句，在查询语句执行成功后，再进行 INSERT 语句的添加。

上一步的查询语句的执行结果如图 5.72 所示，其字段顺序为 sno、sname、ssex、sbirthday、sdept。

```
mysql> SELECT * FROM student LIMIT 4;
+-----------+--------+------+------------+--------+
| sno       | sname  | ssex | sbirthday  | sdept  |
+-----------+--------+------+------------+--------+
| 00001     | 阿三   | 男   | 2001-01-01 | 通信系 |
| 202008001 | 赵菁菁 | 女   | 2000-08-16 | 网络系 |
| 202008002 | 李勇   | 男   | 2001-02-23 | 网络系 |
| 202008003 | 张力   | 男   | 1999-08-15 | 网络系 |
+-----------+--------+------+------------+--------+
4 rows in set (0.00 sec)
```

图 5.72　查询 student 表前 4 行数据

（3）完善 INSERT 语句。待插入的数据的字段顺序为 sno、sname、ssex、sbirthday、sdept，与 s 表的结构完全一样，此时完全可以采用默认字段顺序插入数值。其代码如下：

```
INSERT INTO s                    --s 后面省略了所有列名
SELECT *
FROM student
LIMIT 4;
```

这样可以在两个结构完全相同的表中相互传递数值，但是在更多情况下，不是先将一个表中的数据完整地插入另外一个表中，而是先进行其他的条件判断。有时也不是将一个表的所有字段值都写入，而是只针对某些特定的值。

【例 5.48】 将 student 表中年龄大于 20 岁的学生信息插到 s 表中。

按照【例 5.47】的步骤进行分解。

（1）明确要插入的数据是什么。即年龄大于 20 岁的学生的所有信息。具体代码如下：

```
SELECT *
FROM student
WHERE (   YEAR(CURDATE())   -   YEAR(sbirthday)   )-
(   RIGHT(CURDATE(),5)   <   RIGHT (sbirthday,5)   )   > 20;
```

代码执行的结果如图 5.73 所示。

```
mysql> SELECT *
    -> FROM student
    -> WHERE (   YEAR(CURDATE())   -   YEAR(sbirthday)   )-
    -> (   RIGHT(CURDATE(),5)   <   RIGHT  (sbirthday,5)   )   > 20;
+-----------+--------+------+------------+--------+
| sno       | sname  | ssex | sbirthday  | sdept  |
+-----------+--------+------+------------+--------+
| 202008001 | 赵菁菁 | 女   | 2000-08-16 | 网络系 |
| 202008003 | 张力   | 男   | 1999-08-15 | 网络系 |
| 202008007 | 王芳   | 女   | 1998-12-22 | 网络系 |
| 202008009 | 王小丽 | 女   | 1999-04-19 | 通信系 |
| 202008011 | 张毅   | 男   | 1999-01-15 | 英语系 |
| 202008013 | 李芳   | 女   | 1999-11-15 | 通信系 |
| 202008015 | 李蕾   | 女   | 1999-08-15 | 英语系 |
| 202008016 | 刘杜   | 男   | 2000-03-12 | 中文系 |
| 202008018 | 李贵   | 男   | 1999-02-07 | 英语系 |
| 202008021 | 刘峰   | 男   | 2000-03-11 | 网络系 |
+-----------+--------+------+------------+--------+
10 rows in set (0.05 sec)
```

图 5.73　查询年龄大于 20 岁的学生信息

注意：上面的表达式主要是为了利用表中的出生日期（sbirthday 字段）求出当前的年龄。其方式并不是固定的，也可以用 DATE_FORMAT(FROM_DAYS(TO_DAYS(NOW())- TO_DAYS(sbirthday)),'%Y') + 0 表示。

（2）验证查询语句结果是否正确，确定查询结果字段顺序。查询语句执行的字段顺序由 SELECT 子句来控制，本例中为“*”，表示 student 表的原始字段顺序。

（3）将查询的结果数值插到 s 表中。s 表的结构和 student 表的结构相同，因此“*”与 INSERT 语句后不加字段名所表示的字段个数与顺序是一致的。本例最终的代码如下：

```
INSERT INTO s
SELECT *
FROM student
WHERE (   YEAR(CURDATE())   -   YEAR(sbirthday)   )-
(   RIGHT(CURDATE(),5)   <   RIGHT (sbirthday,5)   )   > 20;
```

【例 5.49】 若有一个 t 表，表中记录的是网络系学生的学号和姓名，字段名分别为：sno、sname。请将 student 表中符合要求的数值插到 t 表中。

按照【例 5.48】的详细步骤对本例进行分解。

（1）明确要插入的数据信息，具体代码如下：

```
SELECT sno, sname
FROM student
WHERE sdept='网络系';
```

（2）验证查询结果，如图 5.74 所示。

图 5.74　查询网络系学生信息

从图 5.74 中可以看出，此查询结果只有 sno 和 sname 两个字段，所以在下一步插入数据时，必须将这两个字段与待插入数据的表（t 表）的字段相匹配。

（3）将查询语句插到 t 表的学号和姓名字段中，具体代码如下：

```
INSERT INTO t(学号,姓名)
SELECT sno, sname
FROM    student
WHERE sdept='网络系';
```

【例 5.50】　将网络系中成绩不及格的学生的学号和姓名插到 t 表中。

将上例的分解步骤进行简化，可以最终确定为以下两步。

（1）使用 SQL 查询语句确定要插入的数值。即网络系中成绩不及格的学生的学号和姓名。具体代码如下：

```
SELECT DISTINCT student.sno, sname
FROM student INNER JOIN sc ON (student.sno=sc.sno)
WHERE grade<60;
```

（2）将查询语句插到 INSERT INTO 语句的后面，具体代码如下：

```
INSERT INTO t          --因为 t 表只有学号和姓名列，所以可以省略字段列表
SELECT DISTINCT student.sno, sname
FROM student INNER JOIN sc ON (student.sno=sc.sno)
WHERE grade<60;
```

想一想：若没有参加考试的学生未在成绩表中记录，则意味着成绩不及格的学生不仅仅是那些成绩小于 60 分的，还包括缺考的学生。如何进一步查询出这一部分学生并一起插到 t 表中呢？

温馨提示：可以使用外连接查询实现。用空值（NULL）显示出缺考学生信息的记录，在最后查询时增加一个成绩为空的条件。

2）修改后的值作为查询的结果

第 4 章的【例 4.20】和【例 4.21】都是将符合条件的字段值改为某特定的值，但是在现实生活中，有时修改后的值也是用户在运行代码前所不能预料的，需要在使用 SQL 查询语句后才能明确。这时，就需要在 SET 语句后面连接子查询。

【例 5.51】　若在本系统中增加了一个表（b_avg 表），数据为每名学生当前学期的平均

分，此表只有 sno 和 savg 两个字段，sno 字段的数据已经由 student 表复制过来，savg 字段目前为空。要求：由成绩表中的数据计算出每名学生的平均分，然后写入 b_avg 表中。

b_avg 表可以通过如下语句得到：

```
CREATE TABLE b_avg SELECT sno,0.0 as savg FROM student;
```

本例需要修改每名学生的平均分，从 UPDATE 语句的语法结构来看，省略后面的 WHERE 条件即可达到目的。但是所有学生的平均分并不是统一、固定的值，而是随着当前学生的所有课程考试成绩变化的，也就是说 SET 语句后面的值不能固定。

用户可以使用相关子查询的基本思想，即在修改数值时，先从要修改数值的表中确定某一条记录，再将此记录 sno 字段的值拿到成绩表中做一次查询（查询本学号的平均分），最后将查询的结果取出来，写到 UPDATE 语句中。具体代码如下：

```
UPDATE b_avg
SET savg= (SELECT avg (grade) FROM sc WHERE b_avg.sno=sc.sno)
```

注意：一定要注意代码中加粗的部分，只有通过这样的一个条件判断，才能将每一条记录的学号值取出来，拿到子查询语句里去做查询。

想一想：如果没有上面代码中加粗的部分，则会出现什么情况？

3）删除与其他表有关联的数据

这里使用了 DELETE FROM 语句，表示将 FROM 语句后面表中的值删除。但是，用户可能需要用到多个表才能确定要删除的记录。因此，用户就必须得在 DELETE 语句后指明要删除的记录所在的表，而 FROM 语句则指明整个过程要使用到的表。

【例 5.52】 假设本学期有如下规定，若某门课程成绩为 0 分或不参加考试的学生，将自动退学。根据期末成绩表（score 表）中的成绩，在 student 表中删除这些学生的信息。

本例必须先理清思路，具体可以从如下几方面去分析。

（1）删除哪个表的数据。

结论：student 表。

（2）确定删除数据要用到哪些表。

结论：student 表和 score 表。

（3）满足什么样的条件。

结论：某门课程成绩为 0 分或不参加考试的学生。

（4）有没有隐藏的条件。

结论：查询涉及两个表，所以需要先将两个表连接起来分析清楚，再将它们整合形成完整的 SQL 语句：

```
DELETE student
FROM student, score
WHERE student.sno= score.sno and score=0
```

注意：DELETE 语句无法进行多表删除数据操作，不过可以建立级联删除，在两个表之间建立级联删除关系，则可以实现在删除一个表的数据时，同时删除另一个表中相关的数据。

想一想：若不参加考试的学生不是采取在成绩表中记录此人成绩为 0 分的方式，而是采取不在 score 表中记录的方式，该如何实现此任务需求呢？

温馨提示：两表之间除了使用 WHERE 条件进行连接外，还可以使用 JOIN 关键字连接，特别是 JOIN 关键字可以发散为 LEFT JOIN 和 RIGHT JOIN 关键字，若没有参加考试的学生在 score 表中没有记录，则只需要将 student 表和 score 表进行以 student 表为基准的外连接，然后将 score 表对应字段值为空的记录筛选出来即可。

2. 查询速度的优化——数据库索引

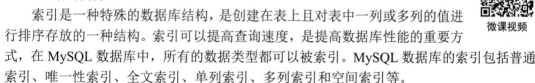
微课视频

1）索引简介

索引是一种特殊的数据库结构，是创建在表上且对表中一列或多列的值进行排序存放的一种结构。索引可以提高查询速度，是提高数据库性能的重要方式，在 MySQL 数据库中，所有的数据类型都可以被索引。MySQL 数据库的索引包括普通索引、唯一性索引、全文索引、单列索引、多列索引和空间索引等。

索引的优点：提高检索数据的速度。

索引的缺点：创建和维护索引需要耗费时间与资源。

2）创建索引

创建索引是指在某个表的一列或多列上建立一个索引，以便提高对表的访问速度。创建索引有 3 种方式，分别为在创建表时创建索引、在已经存在的表上创建索引、使用 ALTER TABLE 语句来创建索引。

（1）在创建表时创建索引。在创建表时可以直接创建索引，这种方式最简单、方便，其基本形式如下：

```
CREATE TABLE 表名 (
    属性名 数据类型 [完整性约束条件], ...
    [ UNIQUE | FULLTEXT | SPATIAL ] INDEX | KEY [索引名] (属性名 1 [ (长度) ]
    [ ASC | DESC ] )
);
```

【例 5.53】 在创建【例 4.5】中的 student 表时，要求为 sno 字段创建一个唯一索引 index_no。命令代码如下：

```
CREATE TABLE student(
    sno char(6) NOT NULL PRIMARY KEY,
    sname char(8) NOT NULL,
    ssex tinyint(1) NOT NULL DEFAULT 1,
    UNIQUE INDEX index_no (sno)
) ENGINE=InnoDB;
```

（2）在已经存在的表上创建索引。在已经存在的表上，可以直接为表上的一个或几个字段创建索引。基本形式如下：

```
CREATE [ UNIQUE | FULLTEXT | SPATIAL ] INDEX 索引名
    ON 表名(属性名 [ (长度) ] [ ASC | DESC ] );
```

【例 5.54】 为【例 4.5】中的 student 表的 sno 字段创建一个唯一索引 index_no。命令代码如下：

```
CREATE UNIQUE INDEX index_no ON student(sno);
```

（3）使用 ALTER TABLE 语句来创建索引。在已经存在的表上，可以使用 ALTER TABLE 语句直接为表上的一个或几个字段创建索引。基本形式如下：

```
ALTER TABLE 表名 ADD [ UNIQUE | FULLTEXT | SPATIAL ] INDEX 索引名（属性名[ (长度) ]
[ ASC | DESC]);
```

其中，参数与上面两种方式的参数一样。

【例 5.55】 为【例 4.5】中的 student 表的 sno 字段创建一个唯一索引 index_no。命令代码如下：

```
ALTER TABLE student ADD UNIQUE INDEX index_no (sno);
```

3）删除索引

删除索引是指将表中已经存在的索引删除掉。一些不再使用的索引不仅会降低表的更新速度，还会影响数据库的性能，对于这样的索引，应该将其删除。对于已经存在的索引，可以使用 DROP 语句来删除索引。基本形式如下：

```
DROP INDEX  索引名  ON  表名;
```

【例 5.56】 删除【例 5.55】中创建的索引 index_no。命令代码如下：

```
DROP INDEX index_no ON student;
```

5.6 巩固练习

一、基础练习

1．在查询语句中，别名使用_____关键字实现。

2．如果在查询中提示 ERROR 1054（42S22）：Unknown column '姓名' in field list，则说明在数据表中没有_____列。

3．如果在查询语句中，查询的条件不完全确定，则使用_____查询。

4．有时查询出的结果会产生重复数据，但用户对重复的数据并不需要，此时可以采用_____关键字来避免重复的查询结果。

5．想要对查询的结果进行排序，需要用到_____语句。

6．一个聚合函数只能返回一个汇总数据，但是在实际应用中为了得到不同类别的汇总数据，需要使用_____查询语句。

7．在对分组后的结果进行过滤时，需要用到_____条件语句。

8．简述 WHERE 子句与 HAVING 子句的区别是什么？

二、进阶练习

1．用 student 表和 sc 表查询所有学生的成绩，要求显示每名学生的学号、姓名、成绩、系别。

2．用 student 表和 sc 表查询学号只在 student 表中出现过，并且未在 sc 表中出现过的学生基本信息。

3．查询 student 表，按照系别进行分组，显示每个分组中年龄最小和最大的学生基本信息。

4．在 student 表和 sc 表中，使用 UNION 语句，查询两个表中都出现过的学号。

5．采用左连接查询或右连接查询的方式，查询学号信息只在 student 表或只在 sc 中出现过的记录。

【单元活页部分】

一、单元对标检查

序 号	能 力 目 标	自检达标情况	总结与反思	备 注
1	能全面识别数据库体系结构构成要素			
2	能充分识别数据库管理系统的组成及功能			
3	能充分识别概念模型和数据模型的特征与联系			
4	能定义实体完整性和参照完整性			
5	能规划、设计数据库的流程与步骤			
6	能对项目进行需求分析并配合撰写需求分析文档			
7	能根据需求分析文档进行数据库的概念结构设计			
8	能进行数据库的逻辑结构设计			
9	能进行数据库的物理结构设计			
10	能配合数据库的测试、运行、维护工作			
11	能熟练下载并安装 MySQL 数据库			
12	能熟练配置、启动与停止 MySQL 数据库			
13	能熟练登录与连接 MySQL 数据库			
14	能熟练使用一两种图形管理工具，在图形界面上操作 MySQL 数据库			
15	能熟练创建、查看、删除、修改数据库			
16	能熟练创建、查看、删除、修改数据表			
17	能熟练对满足 WHERE 条件的记录进行插入、删除、修改			
18	能创建、维护表的完整性约束			
19	能正确运用子查询语法规则描述条件查询表达式			
20	能熟练进行单表数据查询			
21	能熟练进行多表联合查询			
22	能为表和字段取别名，能对查询结果合并输出			

二、单元综合实训

【实训名称】

数据库基础模块实训

【实训目的】

本次实训模拟了一个学生成绩管理信息系统场景，从创建数据库到各种需求下的数据的增加、删除、查询、修改，涵盖了本书对数据库及表数据操作的大部分命令，旨在培养学生对数据库及表数据的增加、删除、修改、查询等能力。

【实训内容】

（1）第一部分：操作数据库与表。

① 创建名为 school 的数据库，并指定字符集为 UTF8，在创建时判断是否存在同名数据库。

② 在 school 数据库下创建名为 Student 的数据表（如无特殊说明以下数据表均创建在该数据库中），并检查是否存在同名数据表，要求数据表包含以下属性：学号（Sno）、姓名（Sname）、性别（Ssex）、年龄（Sage）、院系编号（Sdept）。其中，"学号"为主键，"学号""姓名""院系编号"的数据类型为 VARCHAR，"年龄"的数据类型为 INT。

③ 创建名为 Course 的数据表，要求数据表包含以下属性：课程号（Cno）、课程名（Cname）、学分（Ccredit）。其中，"课程号"为主键，"课程号"和"学分"的数据类型为 INT，"课程名"的数据类型为 VARCHAR。

④ 创建名为 SC 的数据表，要求数据表包含以下属性：学号（Sno）、课程号（Cno）、成绩（Grade）。其中，"学号"源于 Sudent 表，"课程号"源于 Course 表，且数据类型与原表相同，"成绩"的数据类型为 FLOAT。

⑤ 修改名为 SC 的数据表，增加索引（Index）字段，要求将该字段设置为主键且自动增长，数据类型为 INT，并在该属性上创建名为 IndexName 的唯一索引。

⑥ 参考下列表格完善对应数据表的数据信息。

Student 表

Sno	Sname	Ssex	Sage	Sdept
201915121	李勇	男	20	XG
201915122	刘晨	女	19	GS
201915123	王敏	女	18	CJ
201915125	张立	男	19	LY
201915129	王富贵	男	17	BZ

Course 表

Cno	Cname	Ccredit
1	数据库	4
2	高等数学	2
3	计算机基础	4
4	操作系统原理	3
5	数据结构	4
6	Python 数据处理	2
7	Java 高级程序设计	4

SC 表

Sno	Cno	Grade
201915121	1	90
201915121	2	86
201915121	3	88
201915122	2	91
201915122	3	59
201915129	3	49

（2）第二部分：增加、修改、删除数据库表与数据。

① 查询数据库和表的定义语句。

② 查询数据库的存储引擎。

③ 将 Student 表中的学生学号、姓名和性别的记录都存入一个临时表中，并在表中增加一个索引字段。

④ 删除临时表中性别字段的所有数据，将性别字段的数据长度修改为固定的 3 字符，并设置默认值约束，默认值为"男"。

⑤ 将一名新学生的信息（学号：201915128；姓名：周雪梅；性别：女；院系编号：XG；年龄：23）插入 Student 表中。

⑥ 求每个系的学生的平均年龄，并把结果存入数据库中。

⑦ 将学号为 201915121 的学生的年龄修改为 22 岁。

⑧ 将所有学生的年龄减少 1 岁。

⑨ 删除院系编号为"BZ"的所有学生的选课记录。

⑩ 找出漏填了性别或年龄信息的记录。

（3）第三部分：查询满足条件的记录。

① 查询全体学生的姓名、年龄和院系编号，要求院系编号用小写字母表示。

② 查询选修了课程的学生学号。

③ 查询院系编号为 XG、LY 的全体学生名单。

④ 查询所有年龄在 20～23 岁（包含 20 岁和 23 岁）的学生姓名及年龄。

⑤ 查询每名学生的学号、姓名，以及选修的课程名和成绩。

⑥ 查询选修 2 号课程且成绩在 90 分以上的所有学生的学号和姓名。

⑦ 查询与"张立"在同一个系学习的学生。

⑧ 找出每名学生超过其选修课程平均成绩的课程号。

⑨ 查询非 XG 系中比 XG 系任意一名学生的年龄都小的学生的姓名和年龄。

⑩ 查询至少选修了学号为 201915122 的学生选修的全部课程的学生的学号。

三、单元认证拓展

1．参考大纲

➤ 介绍可用的 MySQL 数据库工具

➤ MySQL 数据库系统自带的常用命令和工具

- ➤ 常用的第三方工具的使用方法
- ➤ 描述数据类型的主要类别
- ➤ 选择适当的数据类型
- ➤ 描述列属性
- ➤ 解析 MySQL 数据库中的 InnoDB 存储引擎的体系结构
- ➤ MySQL 数据库特有的 SQL 语法
- ➤ MySQL 数据库索引的使用要领
- ➤ MySQL 的查询优化

2. 参考考题

（1）DB、DBS 和 DBMS 三者之间的关系是（　　　）。

A．DB 包括 DBS 和 DBMS   B．DBS 包括 DB 和 DBMS

C．DBMS 包括 DB 和 DBS   D．不能相互包括

（2）下列关于数据库设计的叙述中，正确的是（　　　）。

A．在需求分析阶段建立数据字典   B．在概念设计阶段建立数据字典

C．在逻辑设计阶段建立数据字典   D．在物理设计阶段建立数据字典

（3）数据库系统的三级模式不包括（　　　）。

A．概念模式   B．内模式

C．外模式   D．数据模式

（4）下列（　　　）类型不是 MySQL 数据库常用的数据类型。

A．INT   B．VAR

C．TIME   D．CHAR

（5）可用于从表或视图中检索数据的 SQL 语句是（　　　）。

A．SELECT 语句   B．INSERT 语句

C．UPDATE 语句   D．DELETE 语句

（6）假设有一个成绩表 Student_JAVA(id，name，grade)，现需要查询成绩（grade）倒数第二的学生信息（假设所有学生的成绩各不相同），正确的 SQL 语句应该是（　　　）。

A．SELECT * FROM Student_JAVA ORDER BY grade limit 1,1;

B．SELECT * FROM Student_JAVA ORDER BY grade DESC limit 1,1;

C．SELECT * FROM Student_JAVA ORDER limit 1,1;

D．SELECT * FROM Student_JAVA ORDER BY grade DESC limit 0,1;

（7）When designing an InnoDB table, identify an advantage of using the BIT datatype Instead of one of the integer datatypes. （　　　）

A．BIT columns are written by InnoDB at the head of the row, meaning they are always the first to be retrieved.

B．Multiple BIT columns pack tightly into a row, using less space.

C．BIT (8) takes less space than eight TINYINT fields.

D．The BIT columns can be manipulated with the bitwise operators &, |, ~, ^, <<, and >>. The other integer types cannot.

（8）Consider the MySQL Enterprise Audit plugin. You are checking user accounts and attempt the following query:

```
mysql> SELECT user, host, plugin FROM mysql.users;
ERROR 1146 (42S02): Table 'mysql.users' doesn't exist
```

Which subset of event attributes would indicate this error in the audit.log file?（   ）

A．NAME="Query"

STATUS="1146"

SQLTEXT="select user,host from users"/>

B．NAME="Error"

STATUS="1146"

SQLTEXT="Error 1146 (42S02): Table 'mysql.users' doesn't exist"/>

C．NAME="Query"

STATUS="1146"

SQLTEXT="Error 1146 (42S02): Table 'mysql.users' doesn't exist"/>

D．NAME="Error"

STATUS="1146"

SQLTEXT="select user,host from users"/>

E．NAME="Error"

STATUS="0"

SQLTEXT="Error 1146 (42S02): Table 'mysql.users' doesn't exist"/>

（9）Which query would you use to find connections that are in the same state for longer than 180 seconds?（   ）

A．SHOW FULL PROCESSLIST WHEER Time > 180;

B．SELECT * FROM INFORMATION_SCHEMA.EVENTS SHERE STARTS < (DATE_SUB (NOW( ), INTERVAL 180 SECOND));

C．SELECT * FROM INFORMATION_SCHEMA.SESSION_STATUS WHERE STATE <(DATE_SUB (NOW ( ), INTERVAL 180 SECOND));

D．SELECT * FROM INFORMATION_SCHEMA.PROCESSLIST WHERE TIME > 180;

（10）You execute the following statement in a Microsoft Windows environment. There are no conflicts in the path name definitions.

```
C: \> mysqld - install Mysql56 - defaults - file = C : \my -opts.cnf
```

What is the expected outcome?（   ）

A．Mysqld acts as an MSI installer and installs the MySQL 5.6 version, with the C: \my-opts.cnf configuration file.

B．MySQL is installed as the Windows service name MySQL5.6, and uses C: \my-opts.cnf as the configuration file

C．An error message is issued because – install is not a valid option for mysqld.

D．A running MySQL 5.6 installation has its runtime configuration updated with the server variables set in C: \my-opts.cnf.

（11）Assume that you want to know which MySQL Server options were set to custom values.

Which two methods would you use to find out? （   ）

A．Check the configuration files in the order in which they are read by the MySQL Server and compare them with default values.

B．Check the command-line options provided for the MySQL Server and compare them with default values.

C．Check the output of SHOW GLOBAL VARIABLES and compare it with default values.

D．Query the INFORMATION_SCHEMA.GLOBAL_VARIABLES table and compare the result with default values.

（12）In a design situation, there are multiple character sets that can properly encode your data.Which three should influence your choice of character set? （   ）

A．Disk usage when storing data

B．Syntax when writing queries involving JOINS

C．Comparing the encoded data with similar columns on other tables

D．Memory usage when working with the data

E．Character set mapping index hash size

（13）Consider the query:

```
mysql> SET @run = 15;
mysql> EXPLAIN SELECT objective, stage, COUNT (stage)
FROM iteminformation
WHERE run=@run AND objective='7.1'
GROUP BY objective,stage
ORDER BY stage;
```

Id	Select_type	Table	Type	Possible_keys	Key	Key_len	Ref	Rows	Extra
1	SIMPLE	Iteminformation	Ref	Run,run_2	Run_2	5	Const	355	Using where

The iteminformation table has the following indexes;

Mysql> SHOW INDEXES FROM item information:

Table	Non_unique	Key_name	Seq_in_index	Column_name	collation	cardinality
Iteminformation	0	Run	1	Run	A	NULL
Iteminformation	0	Run	2	Name	A	NULL
Iteminformation	1	Run_2	1	Run	A	20
Iteminformation	1	Run_2	2	Stage	A	136

This query is run several times in an application with different values in the WHERE clause in a growing data set.

What is the primary improvement that can be made for this scenario? （   ）

A．Execute the run_2 index because it has caused a conflict in the choice of key for this query.

B．Drop the run_2 index because it has caused a conflict in the choice of key for this query.

C．Do not pass a user variable in the WHERE clause because it limits the ability of the optimizer to use indexes.

D．Add an index on the objective column so that is can be used in both the WHERE and

GROUP BY operations.

E．Add a composite index on (run,objective,stage) to allow the query to fully utilize an index.

（14）You want to start monitoring statistics on the distribution of storage engines that are being used and the average sizes of tables in the various databases. Some details are as follows:

The Mysql instance has 400 databases.

Each database on an average consists of 25-50 tables.

You use the query:

```
SELECT TABLE_SCHEMA,
'ENGINE',
COUNT (*),
SUM (data_length) total_size
FROM INFORMATION_SCHEMA.TABLES
WHERE TABLE_TYPE = 'BASE TABLE'
GROUP BY TABLE_SCHEMA, 'ENGINE';
```

Why is this query slow to execute? （   ）

A．Counting and summarizing all table pages in the InnoDB shared tablespace is time consuming.

B．Collecting information requires various disk-level operations and is time consuming.

C．Aggregating details from various storage engine caches for the final output is time consuming.

D．Collecting information requires large numbers of locks on various INFORMATION_ SCHEMA tables.

（15）You want to shutdown a running MySQL Server cleanly. Which three commands that are valid on either Windows or Linux will achieve this? （   ）

A．Shell> pkill –u mysql mysqld_safe

B．Shell> service mysql safe_exit

C．Shell> /etc/init.d/mysql stop

D．Shell> mysqladmin –u root –p shutdown

E．Mysql> STOP PROCESS mysqld;

F．Shell> net stop mysql

G．Shell> nmc mysql shutdown

第2单元

编 程 篇

【单元简介】

本单元是读者在掌握数据库体系结构、数据库设计及 MySQL 数据库中的数据库与表的相关操作的基础上，进一步学习视图、函数、存储过程、触发器、游标等编程对象的相关知识，包括：视图的创建、查询、修改及删除，函数的定义与调用，存储过程的创建、调用及删除，触发器的创建、查看与删除等，培养 MySQL 数据库编程能力。

可结合专业人才的培养定位及职业面向，将本单元与其他 3 个单元进行灵活组合来设计教学内容，以重点强化或针对性培养数据库编程能力，也可用作各专业数据库相关课程的基础编程能力的学习与拓展。

第6章

MySQL 编程

6.1 情景引入

小李在老师的指导帮助下，参加了学生成绩管理系统的数据库设计，建好了相关数据库及表，并录入了一些测试数据。但随着软件的开发和推进，小李发现在操作过程中不断地出现开发人员重复编写相同的 SQL 语句的现象。如何减少开发人员反复编写相同的 SQL 语句所预计的工作量，加快开发速度呢？看来小李有必要学习 MySQL 数据库对象化编程了。

建议小李重点从存储过程和存储函数两个方面学习应用 MySQL 数据库对象化编程。存储过程和存储函数是在数据库中定义的一些 SQL 语句集合，再直接调用这些存储过程和存储函数来执行已定义好的 SQL 语句。存储过程和存储函数不仅可以避免开发人员重复编写相同的 SQL 语句，由于存储过程和存储函数是在 MySQL 服务器中存储和执行的，因此可以减少客户端和服务器端的数据传输。

6.2 任务目标

➡️ 知识目标

1. 掌握创建、修改与更新视图的方法。
2. 掌握创建、修改与删除存储过程的方法。
3. 掌握变量的使用方法。
4. 掌握定义条件和处理程序的方法。
5. 掌握流程控制的使用方法。
6. 掌握调用存储过程的方法。
7. 掌握创建、修改、删除存储函数的方法。
8. 掌握调用存储函数的方法。
9. 掌握创建、修改、删除触发器的方法。
10. 了解游标的使用方法。
11. 了解常用的系统函数。

能力目标

1. 能使用 mysql 命令创建、查看和管理视图。
2. 能使用 mysql 命令创建、调用和管理存储过程。
3. 能使用 mysql 命令创建、调用和管理函数。
4. 能使用 mysql 命令创建、查看和管理触发器。

素质目标

1. 具备科学思维方式及常用算法分析能力。
2. 具备对数据库系统功能的逻辑分析与推理能力。
3. 具备规范操作数据的规则与秩序的意识。
4. 具备一定的团队协作意识。

6.3 任务实施

任务 6.3.1　管理 MySQL 数据库视图

微课视频

视图是从一个或多个表中导出来的表，是一种虚拟存在的表。视图就像一个窗口，通过这个窗口可以看到系统专门提供的数据。这样一来，用户可以不用看整个数据库表中的数据，而只看对自己有用的数据。视图可以使用户的操作更方便，并且有利于保障数据库系统的安全性。

1. 创建视图

创建视图是指基于已存在的数据库表来建立视图。视图可以建立在一个表上，也可以建立在多个表上，同一个表可以创建多个视图。

在 MySQL 数据库中，创建视图是通过 SQL 语句 CREATE VIEW 实现的。其语法如下：

```
CREATE [ ALGORITHM = { UNDEFINED | MERGE | TEMPTABLE } ]
VIEW 视图名 [ ( 属性清单 ) ]
AS SELECT 语句
[ WITH [ CASCADED | LOCAL ] CHECK OPTION ];
```

【例 6.1】　请以 student 表为基础创建一个简单的视图，视图名称为 student_view1。创建视图的命令代码如下：

```
CREATE VIEW student_view1 AS SELECT * FROM student;
```

代码执行结果如图 6.1 所示。

```
mysql> CREATE VIEW student_view1 AS SELECT * FROM student;
Query OK, 0 rows affected (0.06 sec)

mysql>
```

图 6.1　创建视图的执行结果

说明：

➢ 视图名与表名是一个级别的名字，隶属于数据库。

> ➤ 视图也可以设定自己的字段名，而不是 SELECT 语句本身的字段名。
> ➤ 视图是表的查询结果，数据库表的数据变化会影响视图的结果。同样对视图的修改，
> 也会影响到数据库表的修改。

2. 查看视图

查看视图是指查看数据库中已存在的视图的定义。查看视图必须要有 SHOW VIEW 的权限，在 MySQL 数据库下的 user 表中保存着这个信息。

视图在数据库中也呈现为一个表，并且可以像表一样来使用，只是这个表比较特殊，是一个虚拟的表。因此，同样可以使用 DESCRIBE 语句来查看视图的基本定义。使用 DESCRIBE 语句查看视图的基本形式与查看表的形式是一样的，语句的基本形式如下：

```
DESCRIBE 视图名;
```

【例 6.2】 请查看视图 student_view1 的定义结构，命令代码如下：

```
DESCRIBE student_view1;
```

3. 查看所有视图

和表一样，语法：SHOW TABLES。
注意：没有 SHOW VIEWS 语句。

4. 查询视图

视图和表一样，可以添加 WHERE 条件。其语法形式如下：

```
select * from 视图名 [where 条件]
```

5. 修改视图

修改视图是指修改数据库中已存在的表的定义。当基本表的某些字段发生改变时，可以通过修改视图来保持视图和基本表一致。在 MySQL 数据库中，用户可以通过 CREATE、REPLACE VIEW 和 ALTER 语句来修改视图。

在 MySQL 数据库中，ALTER 语句可以用来修改表的定义，也可以用来创建索引，还可以用来修改视图。其语法格式如下：

```
ALTER[ ALGORITHM = { UNDEFINED | MERGE | TEMPTABLE } ]
VIEW 视图名[ (属性清单) ]
AS SELECT 语句
[ WITH [ CASCADED | LOCAL ] CHECK OPTION ];
```

【例 6.3】 请修改视图 student_view1，只能看到学生的学号和姓名。命令代码如下：

```
ALTER VIEW student_view1 AS SELECT sno,sname FROM student;
```

代码执行结果如图 6.2 所示。

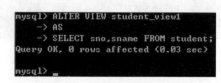

图 6.2 修改视图执行结果

6．更新视图

更新视图是指通过视图来插入（Insert）、更新（Update）和删除（Delete）表中的数据。因为视图是一个虚拟表，没有数据，所以视图更新都是转换到基本表来更新的。在更新视图时，只能更新权限范围内的数据，超出了范围，就不能更新了。

对于可更新的视图，在视图中的行和基本表中的行之间必须具有一对一的关系。还有一些特定的其他结构，这类结构会使得视图不可更新。如果视图包含下述结构中的任何一种，则视图是不可更新的。

- ➢ 聚合函数。
- ➢ DISTINCT 关键字。
- ➢ GROUP BY 子句。
- ➢ ORDER BY 子句。
- ➢ HAVING 子句。
- ➢ UNION 运算符。
- ➢ 位于选择列表中的子查询。
- ➢ FROM 子句中包含多个表。
- ➢ SELECT 语句中引用了不可更新视图。
- ➢ WHERE 子句中的子查询，引用 FROM 子句中的表。
- ➢ ALGORITHM 选项指定为 TEMPTABLE（使用临时表总会使视图成为不可更新的）。

【例 6.4】 请向【例 6.1】中的视图 student _view1 中插入一条记录('201301', '张三')，命令代码如下：

```
INSERT INTO student_view1 VALUES('201301', '张三');
```

7．删除视图

删除视图是指删除数据库中已存在的视图。它只能删除视图的定义，不会删除数据。在 MySQL 数据库中，使用 DROP VIEW 语句删除视图。但是，用户必须拥有 DROP VIEW 权限。下面将详细讲解删除视图的方法。

对需要删除的视图，使用 DROP VIEW 语句进行删除，基本形式如下：

```
DROP VIEW 视图名列表 [ RESTRICT | CASCADE];
```

【例 6.5】 请删除【例 6.1】中的视图 student _view1，命令代码如下：

```
DROP VIEW student_view1;
```

任务 6.3.2　管理 MySQL 数据库存储过程

微课视频

在 MySQL 数据库中，存储过程类似于函数，就是把一段代码封装起来，在数据库中创建并保存，当需要执行这一段代码时，可以通过调用该存储过程来实现。它是由 CREATE、UPDATE、SELECT 等 SQL 语句组成的，还包括一些特殊的控制结构语句，如 IF…THEN…ELSE、LOOP 等。当在不同的应用程序或平台上执行相同的函数或封装特定功能时，存储过程是非常有用的。数据库中的存储过程可以被看作是对编程中面向对象方法的模拟，允许控制数据的访问方式。存储过程可以由程序、触发器或另一个存储过程来调用，从而激活它，实现代码段中的 SQL 语句。

存储过程通常有以下优点：

➢ 存储过程允许标准组件式编程，即模块化程序设计。存储过程在被创建后可以在程序中被重复使用，不必重新编写该存储过程的 SQL 语句，从而减少数据库开发人员的工作量。

➢ 存储过程只在创建时进行编译，以后每次执行存储过程都不需重新编译。一般 SQL 语句每执行一次就编译一次，所以使用存储过程可提高数据库执行速度。

➢ 存储过程可以用流控制语句编写，有很强的灵活性，可以完成复杂的判断和较复杂的运算。

➢ 将存储过程作为一种安全机制来充分利用。系统管理员通过执行某一存储过程的权限进行限制，能够实现对相应数据的访问权限限制，避免了非授权用户对数据的访问，保证了数据的安全。

➢ 存储过程能减少网络流量。针对同一个数据库对象的操作（如查询、修改等），如果这一操作所涉及的 SQL 语句被编写成存储过程，那么当用户在计算机上调用该存储过程时，网络传送的只是该调用语句，从而大大降低了网络流量的使用并减轻了网络负载。

1. 创建存储过程

1）语法格式

创建存储过程可以使用 CREATE PROCEDURE 语句。在 MySQL 数据库中创建存储过程，必须具有 CREATE ROUTINE 权限。想要查看数据库中有哪些存储过程，可以使用 SHOW PROCEDURE STATUS 命令。查看某个存储过程的具体信息，可使用 SHOW CREATE PROCEDURE sp_name 命令。

在 MySQL 数据库中，创建存储过程的基本语法格式如下：

```
CREATE PROCEDURE sp_name([proc_parameter[,…]])[characteristic…]routine_body
```

说明：

➢ sp_name 参数是要创建的存储过程名称，默认在当前数据库中创建，若需要在特定数据库中创建存储过程，则需要在名称前加上数据库的名称，格式为 db_name.sp_name。值得注意的是，这个名称应避免取与 MySQL 数据库的内置函数相同的名称，否则会发生错误。

➢ proc_parameter 表示存储过程的参数，每个参数由 3 部分组成。

➢ characteristic 参数指定存储过程的特性。

➢ routine_body 参数是 SQL 代码的内容，可以用 BEGIN…END 语句块来标志 SQL 代码的开始和结束。

2）DELIMITER 命令

在开始创建存储过程之前，先介绍 DELIMITER 命令。在 MySQL 数据库中，服务器处理语句默认以分号为结束标志，但在创建存储过程中，存储过程体中可能包含多个 SQL 语句，每个 SQL 语句都以分号结尾，这时服务器处理程序到第一个分号就会认为程序结束，这肯定不行，所以可使用 DELIMITER 命令将 SQL 语句的结束标志修改为其他符号。

DELIMTER 命令的语法格式为：

```
DELIMITER $$
```

"$$" 是用户定义的结束符，通常这个符号可以是一些特殊符号，如两个"#"或两个"￥"等。当使用 DELIMITER 命令时，应避免使用"\"字符，因为它是 SQL 语句的转义字符。

【例 6.6】 将 SQL 语句的结束符修改为两个"#"符号，代码如下：

```
DELIMITER ##
```

在执行完这条命令后，程序的结束标志就换为两个"#"符号了。

下面，用 SQL 语句检验一下，代码如下：

```
SELECT * FROM student WHERE sdept='中文系' ##
```

运行结果为：

```
mysql> SELECT * FROM student WHERE sdept='中文系'##
+-----------+--------+------+------------+--------+
| sno       | sname  | ssex | sbirthday  | sdept  |
+-----------+--------+------+------------+--------+
| 202008016 | 刘杜   | 男   | 2000-03-12 | 中文系 |
| 202008023 | 牛站强 | 男   | 2001-02-19 | 中文系 |
+-----------+--------+------+------------+--------+
2 rows in set (0.00 sec)
```

要想恢复使用";"作为结束符，运行下面命令即可。代码如下：

```
DELIMITER ;
```

【例 6.7】 下面是一个存储过程的简单例子，实现的功能是删除一个特定的学生信息，代码如下：

```
DELIMITER $$
CREATE PROCEDURE DELETE_STU(IN XH INT)
BEGIN
    DELETE FROM student WHERE sno=XH;
END$$
DELIMITER;
```

当调用这个存储过程时，MySQL 数据库根据提供的 XH 参数的值，删除 XSCJ 表中的数据。在 BEGIN 和 END 关键字之间指定了存储过程体，当然，BEGIN…END 语句块还可以嵌套使用。

【例 6.8】 创建一个名为 num_from_student 的存储过程，代码如下：

```
CREATE PROCEDURE num_from_student(IN _birth DATE,OUT count_num INT)
READS SQL DATA
BEGIN
    SELECT COUNT(*) INTO count_num
FROM student
WHERE sbirthday=_birth;
END
```

上述代码中的存储过程名称为 num_from_student；输入变量为"_birth"；输出变量为

count_num。首先使用 SELECT 语句从 student 表中查询 sbirthday 值等于"_birth"值的记录，然后使用 COUNT(*)计算出满足条件的记录总数，最后将计算结果存入 count_num 中。

2. 存储过程体

在存储过程体中可以声明使用所有的 SQL 语句类型，包括 DDL、DCL 和 DML 语句。当然，过程式语句也是允许的，包括变量的定义和赋值。

1）定义变量

在存储过程体中可以声明变量，它们可以用来存储临时结果。要声明变量必须使用 DECLARE 语句。在声明变量的同时也可对其赋一个初始值。定义变量的基本语法格式如下：

```
DECLARE var_name[,…]type[DEFAULT value]
```

其中，var_name 参数为声明变量的名称，这里可同时定义多个变量；type 参数为变量类型；DEFAULT value 子句会给变量一个默认值 value，如果不指定，则默认为 NULL。

【例 6.9】 声明一个整型变量 my_sql，默认值为 10，同时声明两个字符变量，代码如下：

```
DECLARE my_sql INT DEFAULT=10;
DECLARE str1,str2 VARCHAR(6);
```

说明：

➢ 变量只能在 BEGIN…END 语句块中声明。

➢ 变量必须在存储过程的开头声明，声明完成后，可在声明它的 BEGIN…END 语句块中使用该变量，在其他语句块中不可以使用。

2）为变量赋值

在 MySQL 数据库中，给局部变量赋值可以使用 SET 语句。SET 语句的语法格式如下：

```
SET var_name = expr[,var_name = expr]…
```

其中，SET 关键字用来为变量赋值，var_name 参数为变量名称，expr 参数为赋值表达式。一条 SET 语句可以同时为多个变量赋值，各条变量赋值语句之间用逗号隔开。

【例 6.10】 在存储过程中给局部变量赋值，代码如下：

```
SETmy_sql=1,str1='hello';
```

在 MySQL 数据库中，SELECT…INTO 语句块可以把选定的列值直接存到变量中，返回结果只有 1 行。其基本语法如下：

```
SELECT col_name[,…]INTO var_name[,…] FROM table_name WHERE condition
```

其中，col_name 参数表示查询的字段名称，var_name 参数表示要赋值的变量名，table_name 参数表示表的名称，condition 参数表示查询条件。

【例 6.11】在存储过程体中将 student 表中的学号为 202008013 的学生的姓名和系部名的值分别赋给 name 和 project 变量，代码如下：

```
SELECT sname, sdept INTO name,project
FROM student;
WHERE sno=' 202008013';
```

注意：该语句只能在存储过程体中使用。name 和 project 变量需要在使用前声明。通过该语句赋值的变量可以在语句块的其他语句中使用。

3）流程控制语句

在存储过程和函数中可以使用流程控制来控制语句的执行。在 MySQL 数据库中，IF、CASE、LOOP、WHILE、ITERATE 和 LEAVE 等常见的过程式流程控制语句可以用在一个存储过程中。相关用法讲解如下。

（1）IF 语句：该语句用来进行条件判断，根据是否满足条件，执行不同的语句。其语法基本格式为：

```
IF search_condition THEN statement_list
[ELSEIF search_condition THEN statement_list]…
[ELSE statement_list]
END IF
```

其中，search_condition 参数是判断条件；statement_list 参数中包含一个或多个 SQL 语句，表示不同条件的执行语句。当 search_condition 参数的条件为真时，就执行相应的 SQL 语句。IF 语句不同于系统的内置函数 IF()函数，IF()函数只能判断两种情况，所以不要混淆。

【例 6.12】 创建 test 数据库的存储过程，判断两个输入参数的大小，代码如下：

```
DELIMITER $$
CREATE PROCEDURE test.COMPAR(IN K1 INT,IN K2 INT,OUT K3,CHAR(6))
    BEGIN
      IF K1>K2 THEN
          SET K3='大于';
      ELSEIF K1=K2 THEN
          SET K3='等于';
      ELSE
          SET K3='小于';
      END IF;
    END $$
    DELIMITER;
```

其中，在存储过程中，K1 和 K2 是输入参数，K3 是输出参数。

（2）CASE 语句：该语句也用来进行条件判断，它可以实现比 IF 语句更复杂的条件判断。其基本语法格式为：

```
CASE case_value
    WHEN when_value THEN statement_list
    [WHEN when_value THEN statement_list]…
    [ELSE statement_list]
END CASE
```

或者

```
CASE
    WHEN search_condition THEN statement_list
    [WHEN search_condition THEN statement_list…
    [ELSE statement_list]
END CASE
```

说明：一个 CASE 语句经常可充当一个 IF…THEN…ELSE 语句块。

第一种格式中 case_value 参数是指要被判断的值或表达式，即条件判断的变量。接下来是一系列的 WHEN…THEN 语句块，每个语句块的 when_value 参数指定要与 case_value

参数的值进行比较，如果为真，则执行 statement_list 参数中的 SQL 语句。如果前面的每一块 WHEN…THEN 语句块都不匹配，则执行 ELSE 关键字后面的语句。CASE 语句最后以 END CASE 结束。

第二种格式中 CASE 关键字后面没有参数，在 WHEN…THEN 语句块中，search_condition 参数指定了一个比较表达式，如果表达式为真，则执行 THEN 关键字后面的语句。与第一种格式相比，这种格式能够实现更为复杂的条件判断，使用起来更方便。

【例 6.13】 创建一个存储过程，针对不同的参数，返回不同的结果，代码如下：

```
DELIMITER $$
CREATE PROCEDURE STUDENTS.RESULT
          (IN str VARCHAR(4),OUT sex VARCHAR(4))
BEGIN
   CASE str
   WHEN 'M' THEN SET sex='男';
   WHEN 'F' THEN SET sex='女';
   ELSE SET sex='无';
   END CASE;
END$$
DELIMITER ;
```

【例 6.14】 采用第二种格式的 CASE 语句创建以上存储过程，代码如下：

```
CASE
     WHEN str='M' THEN SET sex='男';
     WHEN str='F' THEN SET sex='女';
     ELSE SET sex='无';
END CASE;
```

（3）循环语句：在存储过程中可定义 0 个、1 个或多个循环语句。

MySQL 数据库支持 3 种用来创建循环的语句：WHILE 语句、REPEAT 语句和 LOOP 语句。

① WHILE 语句：该语句是有条件控制的循环语句，当满足特定条件时，执行循环体内的语句。其基本语法格式如下：

```
[begin_label:] WHILE search_condition DO
     statement_list
END WHILE [end_lable]
```

其中，语句首先判断 search_condition 是否为真，为真则执行 statement_list 中的语句，然后，再次进行判断，为真则继续循环，不为真则结束循环。begin_lable 和 end_lable 是 WHILE 语句的标注。除非 begin_lable 存在，否则 end_lable 不能被给出，并且如果两者都出现，则它们的名字必须是相同的。

【例 6.15】 创建一个带 WHILE 循环的存储过程，代码如下：

```
DELIMITER $$
CREATE PROCEDURE dowhile()
BEGIN
     DECLARE v1 INT DEFAULT 5;
     WHILE v1>0 DO
              SET v1 = v1-1;
```

```
        END WHILE;
END$$
DELIMITER ;
```

说明： 在调用这个存储过程时，首先判断 v1 的值是否大于零，若大于零，则执行 "v1-1"，否则结束循环。

② REPEAT 语句：该语句也是有条件控制的循环语句，当满足特定条件时，就会跳出循环语句。REPEAT 语句的基本格式如下：

```
[begin_lable:]REPEAT
    statement_list
UNTIL search_condition
END REPEAT [end_label]
```

其中，statement_list 参数表示循环的执行语句；search_condition 参数表示结束循环的条件，满足条件则循环结束。REPEAT 语句首先执行 statement_list 参数中的语句，然后判断 search_condition 参数是否为真，为真则停止循环，不为真则继续循环。REPEAT 关键字也可以被标注。

说明： REPEAT 语句先执行后判断；WHILE 语句先判断，在条件为真时才执行语句。

【例 6.16】 使用 REPEAT 语句创建一个与【例 6.15】相同的存储过程，代码如下：

```
REPEAT
v1=v1-1;
UNTIL v1<1;
END REPEAT
```

③ LOOP 语句：该语句可以使某些语句重复执行，实现一个简单的循环。但是，由于 LOOP 语句本身没有停止循环的语句，因此必须是遇到 LEAVE 语句等才能停止循环。其基本语法格式如下：

```
[begin_label:]LOOP
    statement_list
END LOOP[end_label]
```

其中，begin_label 参数和 end_label 参数分别是循环开始和循环结束的标志，这两个标志必须相同，而且都可以省略；statement_list 参数表示需要循环执行的语句。LOOP 语句允许某特定语句或语句群重复执行，实现一个简单的循环结构。在循环内的语句一直重复执行，直到循环被退出，在退出时通常伴随着一个 LEAVE 语句。

【例 6.17】 下面是一个 LOOP 语句的实例，代码如下：

```
add_num:LOOP
    SET @count=@count+1;
END LOOP add_num;
```

该实例循环执行 count+1 的操作。LOOP 循环都以 END LOOP 语句结束。因为没有跳出循环的语句，所以这个循环成了一个死循环。

MySQL 数据库还支持两条用于跳出循环控制的语句：LEAVE 和 ITERATE 语句。

① LEAVE 语句：该语句主要用于跳出循环控制，经常和 BEGIN…END 语句块或循环一起使用。其基本语法结构如下：

```
LEAVE label
```

其中，label 是语句中标注的名字，这个名字是自定义的。加上 LEAVE 关键字就可以用来退出被标注的循环语句。

【例 6.18】 创建一个带 LOOP 语句的存储过程，代码如下：

```
DELIMITER $$
CREATE PROCEDURE doloop()
BEGIN
    SET @a=10
    lable:LOOP
        SET @a=@a-1;
        IF @a<0 THEN
            LEAVE label;
            END IF;
        END LOOP label;
END $$
DELIMITER ;
```

说明： 在语句中，首先定义了一个用户变量并赋值为 10，接着进入 LOOP 循环，标注为 label，执行减 1 语句，然后判断用户变量 a 是否小于零，是则使用 LEAVE 语句跳出循环。

② ITERATE 语句：该语句也是用来跳出循环的，但 ITERATE 语句是跳出本次循环，然后直接进入下一次循环。其基本语法格式如下：

```
ITERATE label
```

其中，label 参数是循环的标志。

【例 6.19】 下面是一个 ITERATE 语句示例，代码如下：

```
add_num:LOOP
  SET @count=@count+1;
  IF @count=100 THEN
    LEAVE add_num;
  ELSE IF MOD(@count,3)=0 THEN
    ITERATE    add_num;
  SELECT * FROM student;
END LOOP add_num;
```

说明： 该示例循环执行 count+1 的操作，当 count 值为 100 时结束循环。如果 count 的值能够整除 3，则跳出本次循环，不再执行下面的 SELECT 语句。

ITERATE 语句与 LEAVE 语句差不多，都是用来跳出循环的，但是两者的功能是不一样的。其中，LEAVE 语句是跳出整个循环，然后执行循环后面的程序；ITERATE 语句是跳出本次循环，然后进行下一次循环。

4）异常和异常处理方法

在存储过程中处理 SQL 语句可能会导致出现一条错误消息的结果。例如，向一个表中插入新的行，如果主键值已经存在，则这条 INSERT 语句就会导致系统出现一条错误消息，并且 MySQL 数据库会立即停止对存储过程的处理。每一条错误的消息都有一个唯一的代码和一个 SQLSTATE 代码。例如，SQLSTATE 23000 属于出错代码，其代码如下：

```
Error 1022, "Can't write;duplicate key in table"
```

```
Error 1048, "Column cannot be null"
Error 1052, "Column is ambiguous"
Error 1062, "Duplicate entry for key"
```

为了防止 MySQL 数据库在一条错误消息产生时就停止处理，需要使用定义错误条件（异常）和异常处理程序。定义异常和处理程序就是事先定义在程序执行过程中可能遇到的问题，并且可以在处理程序中定义解决这些问题的办法。这种方法可提前预测可能出现的问题并提出解决办法，这样可以增强程序处理问题的能力，避免程序异常停止。在 MySQL 数据库中是通过 DECLARE 关键字来定义异常和处理程序的。

（1）定义错误条件名称（异常名称）。MySQL 数据库可以使用 DECLARE 关键字来定义条件，其基本语法格式如下：

```
DECLARE condition_name CONDITION FOR condition_type
```

其中，condition_type：

```
SQLSTATE[VALUE] sqlstate_value|mysql_error_code
```

> condition_name 参数表示自定义的异常名称。
> condition_type 参数表示 MySQL 数据库的错误类别，可以采用 sqlstate_value 或 mysql_error_code 来表示，sqlstate_value 和 mysql_error_code 都可以表示 MySQL 数据库的错误，sqlstate_value 表示长度为 5 的字符串类型的错误代码；mysql_error_code 表示数值类型错误代码。例如，在 ERROR1146（42S02）中，sqlstate_value 的值是 42S02，mysql_error_code 的值是 1146。

【例 6.20】 定义 ERROR1146（42S02）这个错误，其名称为 can_not_find。可以用两种不同的方法定义，代码如下：

```
//方法一：使用 sqlstate_value
DECLARE can_not_find CONDITION FOR SQLSTATE '42S02'
//方法二：使用 mysql_error_code
DECLARE can_not_find CONDITION FOR SQLSTATE 1146
```

（2）定义异常处理程序。在 MySQL 数据库中，可以使用 DECLARE 关键字定义异常处理程序，其基本语法格式如下：

```
DECLARE handler_type HANDLER FOR condition_value[,…]sp_statement
```

其中，handler_type：

```
CONTINUE|EXIT|UNDO
```

condition_value：

```
SQLSTATE[VALUE]sqlstate_value|condition_name|SQLWARNING
    |NOT FOUND|SQLEXCEPTION|mysql_error_code
```

① handler_type 参数指明错误的处理方式，主要有 3 种：CONTINUE、EXIT 和 UNDO。
> CONTINUE 表示遇到错误不进行处理，继续向下执行。
> EXIT 表示在遇到错误后马上退出。
> UNDO 表示在遇到错误后撤回之前的操作，MySQL 数据库暂时还不支持这种处理方式。

在通常情况下，在执行过程中遇到错误应立即停止执行下面的语句，并且撤回前面的操作。但是，MySQL 数据库现在还不能支持 UNDO 操作。因此，在遇到错误时最好执行 EXIT 操作。如果事先能够预测错误类型，并且能及时进行相应的处理，则可以执行 CONTINUE 操作。

② condition_value 参数指明错误类型，该参数有 6 个取值。

➢ sqlstate_value 和 mysql_error_code 与条件定义中的解释是同一个意思。

➢ condition_name 是自定义的错误条件名称（异常名称）。

➢ SQLWARNING 表示所有以 01 开头的 sqlstate_value 的值。

➢ NOT FOUND 表示所有以 02 开头的 sqlstate_value 的值。

➢ SQLEXCEPTION 是对所有未被 SQLWARNING 或 NOT FOUND 捕获的 sqlstate_value 的值。

③ sp_statement 表示一些存储过程或函数的执行语句。

【例 6.21】 定义处理程序的几种方式，代码如下：

```
//方法一：捕获 sqlstate_value
DECLARE   CONTINUE HANDLER FOR SQLSTATE '42S02' SET @info='CAN NOT FIND';
//方法二：捕获 mysql_error_code
DECLARE   CONTINUE HANDLER FOR 1146 SET @info='CAN NOT FIND';
//方法三：先定义条件，然后调用
DECLARE can_not_find CONDITION FOR 1146;
DECLARE CONTINUE HANDLER FOR can_not_find SET @info='CAN NOT FIND';
//方法四：使用 SQLWARNING
DECLARE EXIT HANDLER FORSQLWARNING SET @info='ERROR';
//方法五：使用 NOT FOUND
DECLARE EXIT HANDLER FORNOT FOUND SET @info='CAN NOT FIND';
//方法六：使用 SQLEXCEPTION
DECLARE EXIT HANDLER FORSQLEXCEPTION SET @info='ERROR';
```

这里简单阐述以上 6 种定义处理程序的方法。

➢ 捕获 sqlstate_value 值。如果遇到 sqlstate_value 的值为 42S02，则执行 CONTINUE 操作，并且输出 CAN NOT FIND 信息。

➢ 捕获 mysql_error_code 值。如果遇到 mysql_error_code 的值为 1146，则执行 CONTINUE 操作，并且输出 CAN NOT FIND 信息。

➢ 先定义条件，然后调用条件。这里先定义 can_not_find 的条件，如果遇到"1146"错误，就执行 CONTINUE 操作。

➢ 使用 SQLWARNING。SQLWARNING 捕获所有以 01 开头的 sqlstate_value 的值，然后执行 EXIT 操作，并且输出 ERROR 信息。

➢ 使用 NOT FOUND。NOT FOUND 捕获所有以 02 开头的 sqlstate_value 的值，然后执行 EXIT 操作，并且输出 CAN NOT FOUND 信息。

➢ 使用 SQLEXCEPTION，然后执行 EXIT 操作，并且输出 ERROR 信息。

【例 6.22】 创建一个存储过程，向 student 表插入一行数据"202008016，王飞，男，2001-12-10，计算机系"，已知学号 202008016 在 student 表中已存在。如果出现错误，程序仍继续进行。代码如下：

```
USE XSC;
```

```
UDLOMITER $$
CREATE PROCEDURE MY_INSERT()
BEGIN
DECLARE CONTINUE HANDLER FOR SQLSTATE '23000' SET @x2=1;
SET @x2=1;
INSERT INTO student VALUES('202008016','王飞','男','2001-12-10','计算机系');
SET @x=3;
END $$
DELIMITER;
```

3．调用存储过程

存储过程是存储在服务器端的 SQL 语句的集合。使用这些已经定义好的存储过程，必须通过调用的方式来实现。在 MySQL 数据库中，用 CALL 语句来调用存储过程。在调用存储过程后，数据库系统先执行存储过程中的语句，再将结果返回给输出值。CALL 语句的基本语法格式如下：

```
CALL sp_name([parameter[,…]]);
```

其中，sp_name 为存储过程的名称，若要调用某个特定数据库的存储过程，则需要在前面加上该数据库的名称。parameter 为调用该存储过程使用的参数，这条语句中的参数必须等于存储过程的参数个数。

【例 6.23】 创建存储过程，实现查询 student 表中学生人数的功能，该存储过程不带参数，代码如下：

```
USE XSCJ;
    CREATE PROCEDURE DO_QUERY()
    SELECT COUNT(*) FROM student;
```

调用该存储过程，代码如下：

```
CALL DO_QUERY();
```

4．删除存储过程

删除存储过程是指删除数据库中已经存在的存储过程。在 MySQL 数据库中，用 DROP PROCEDURE 语句来删除存储过程。在此之前，必须确认该存储过程没有依赖关系，否则会导致其他与之关联的存储过程无法运行。DROP PROCEDURE 语句的基本语法格式如下：

```
DROP PROCEDURE [IF EXISTS] sp_name
```

其中，sp_name 是要删除的存储过程的名称。IF EXISTS 子句是 MySQL 数据库的扩展，如果程序或函数不存在，则它能防止发生错误。

【例 6.24】 删除存储过程 dowhile，代码如下：

```
DROP PROCEDURE IF EXISTS dowhile;
```

5．修改存储过程

修改存储过程是指修改已经定义好的存储过程。在 MySQL 数据库中，修改存储过程通过 ALTER PROCEDURE 语句实现。其基本语法格式如下：

```
ALTER PROCEDURE sp_name[characteristic…]
```

其中，characteristic 为：

```
{CONTAINS SQL|NO SQL|READS SQL DATA|MODIFIES SQL DATA}
|SQL SECURITY {DEFINER|INVOKER}
|COMMENT'string'
```

说明：characteristic 是存储过程在创建时的特征，在 CREATE PROCEDURE 语句中已经介绍过了。只要设定了其中的值，存储过程的特征就随之变化。如果要修改存储过程的内容，则可以使用先删除再重新定义存储过程的方法。

【例 6.25】 修改存储过程 num_from_student 的定义。将读写权限改为 MODIFIES SQL DATA，并指明调用者可以执行。代码如下：

```
ALTER PROCEDURE num_from_student
MODIFIES SQL DATA
SQL SECURITY INVIKER;
```

任务 6.3.3 管理 MySQL 数据库函数

微课视频

存储函数也是过程式对象之一，与存储过程很相似。它们都是由 SQL 语句和过程式语句组成的代码片段，并且可以从应用程序和 SQL 语句中调用。然而，它们也有一些区别，如下：

➢ 存储函数不能拥有输出参数，因为存储函数本身就是输出参数。
➢ 不能用 CALL 语句来调用存储函数。
➢ 存储函数必须包括一条 RETURN 语句，而这条特殊的 SQL 语句没有包含在存储过程中。

1. 创建存储函数

创建存储过程函数使用 CREATE FUNCTION 语句。想要查看数据库中有哪些存储函数，可以使用 SHOW FUNDCTION STATUS 语句。创建存储函数的基本语法格式为：

```
CREATE FUNCTION sp_name([func_parameter[,…]])
RETURNS type
[characteristic…]routine_body
```

语法剖析如下：

➢ sp_name 是存储函数的名称。存储函数不能拥有与存储过程相同的名字。
➢ func_parameter 是存储函数的参数，可以由多个参数组成，参数只有名称和类型，不能指定 IN、OUT、INOUT。
➢ RETURNS type 子句声明函数返回值的数据类型。
➢ routine_body 是存储函数的主体，也被称为存储函数体，所有在存储过程中适用的 SQL 语句在存储函数中也适用，包括流程控制语句、游标等。但是存储函数体中必须包含一条 RETURN value 语句，value 为存储函数的返回值，这是存储过程体中没有的。

下面列举一些存储函数的例子。

【例 6.26】 创建一个名为 name_from_student 的存储函数，并将 student 表中的学生姓名作为返回结果，代码如下：

```
DELIMITER $$
CREATE FUNCTION name_from_student (s_no varchar(10))
RETURNS VARCHAR(20)
BEGIN
    RETURN (SELECT sname FROM student WHERE sno= s_no);
END $$DELIMITER ;
```

当 RETURN 子句中包含 SELECT 语句时，SELECT 语句的返回结果只能是一行且只有一列的值。

2．调用存储函数

在 MySQL 数据库中，存储函数的使用方法与 MySQL 内部函数的使用方法是一样的。换而言之，用户自己定义的存储函数和 MySQL 内部存储函数是一个性质的。区别在于，存储函数是用户自己定义的，而内部函数是 MySQL 数据库的开发者定义的。

存储函数在创建完成后，就如同系统提供的内置函数（如 VRESION()函数），所以调用存储函数的方法也差不多，都使用 SELECT 关键字。调用存储函数的基本语法格式如下：

```
SELECT sp_name ([func_parameter[,…]])
```

【例 6.27】 调用【例 6.26】中的存储函数，代码如下：

```
SELECT name_from_student ('202008008');
```

代码执行结果为：

```
mysql> SELECT name_from_student ('202008008');
+-------------------------------+
| name_from_student ('202008008') |
+-------------------------------+
| 王明生                         |
+-------------------------------+
1 row in set (0.00 sec)
```

【例 6.28】 创建一个存储函数，通过调用存储函数 name_from_student 获得学生的姓名，判断姓名是否为"李勇"，是则返回其出生日期，不是则返回"FALSE"。其代码如下：

```
DELIMITER $$
CREATE FUNCTION IS_STU(XH CHAR(9))
RETURNS CHAR(12)
BEGIN
  DECLARE NAME CHAR(8);
  SELECT name_from_student (XH) INTO NAME;
  IF NAME='李勇' THEN
      RETURN (SELECT sbirthday FROM student WHERE sno=XH);
  ELSE
      RETURN 'FALSE';
  END IF;
END $$
DELIMITER;
```

接着调用存储函数 IS_STU 查看结果，代码如下：

```
SELECT IS_STU('202008015');
```

若是李勇，则执行结果为：

```
mysql> SELECT IS_STU('202008002');
+--------------------+
| IS_STU('202008002') |
+--------------------+
| 2001-02-23         |
+--------------------+
1 row in set (0.00 sec)
```

若不是李勇，则执行结果为：

```
mysql> SELECT IS_STU('202008015');
+--------------------+
| IS_STU('202008015') |
+--------------------+
| FALSE              |
+--------------------+
1 row in set (0.00 sec)
```

3. 删除存储函数

删除存储函数是指删除数据库中已经存在的存储函数，删除方法与删除存储过程的方法基本一样，使用 DROP FUNCTION 语句。其基本语法格式为：

```
DROP FUNCTION[IF EXISTS] sp_name
```

其中，sp_name 参数是需要删除存储函数的名称。

【例 6.29】 删除存储函数 IS_STU，代码如下：

```
DROP FUNCTION IS_STU;
```

4. 修改存储函数

修改存储函数是指修改已经定义好的存储函数。在 MySQL 数据库中，修改存储函数可以通过 ALTER FUNCTION 语句实现。其基本语法格式为：

```
ALTER FUNCTION sp_name[characteristic...]
```

【例 6.30】 修改存储函数 name_from_xscj 的定义。将读写权限改为 READS SQL DATA，并加上注释信息 FIND NAME。代码如下：

```
ALTER FUNCTION name_from_xscj
READS SQL DATA
COMMENT 'FIND NANE';
```

任务 6.3.4 管理 MySQL 数据库触发器

微课视频

触发器（TRIGGER）是由事件来触发某个操作。这些事件包括 INSERT 语句、UPDATE 语句和 DELETE 语句。当数据库系统执行这些事件时，就会激活触发器执行相应的操作。MySQL 数据库从 MySQL 5.0.2 版本开始支持触发器。触发器必须定义在特定的表上自动执行，而不能直接调用。其作用就是监视某种情况并触发某种操作。触发器的四要素概括为：一、监视地点（table 表）；二、监视事件（INSERT/UPDATE/DELETE）；三、触发事件（INSERT/UPDATE/DELETE）；四、触发时间（BEFORE/AFTER）。

1. 创建触发器

触发器是通过 INSERT、UPDATE 和 DELETE 等事件来触发某种特定操作的。在满足触发器的触发条件时，数据库系统就会执行触发器中定义的程序语句。这样做可以保证某些操作之间的一致性。例如，可以创建一个触发器，当学生表中增加一名学生的信息时，就执行一次计算学生总数的操作，学生的总数就会同时改变。这样就可以保证在每次增加学生的记录后，学生总数与记录数是一致的。触发器触发的执行语句可能只有一个，也可能有多个。

在 MySQL 数据库中，创建只有一个执行语句的触发器。其基本形式如下：

```
CREATE TRIGGER 触发器名 BEFORE | AFTER 触发事件
ON 表名 FOR EACH ROW 执行语句
```

【例 6.31】 创建一个表名为 table1，其中只有 a 一列。在表上创建一个触发器，在每次插入操作时触发，将用户变量 str 的值设为 TRIGGER IS WORKING。代码如下：

```
CREATE TABLE table1(a INTEGER);
CREATE TRIGGER table1_insert AFTER INSERT
    ON table1 FOR EACH ROW
    SET @str=' TRIGGER IS WORKING ';
```

向 table1 表中插入一行数据，代码如下：

```
INSERT INTO table1 VALUES(10);
```

查看用户变量 str 的值，代码如下：

```
SELECT @str;
```

代码执行结果如图 6.3 所示。

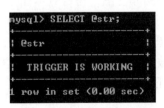

图 6.3　触发器执行结果

2. 查看触发器

查看触发器是指查看数据库中已存在的触发器的定义、状态和语法等信息。在 MySQL 数据库中，可以执行 SHOW TRIGGERS 语句来查看触发器的基本信息。其基本形式如下：

```
SHOW TRIGGERS;
```

3. 触发器的应用

在 MySQL 数据库中，触发器执行的顺序是 BEFORE 触发器、表操作（INSERT、UPDATE 和 DELETE）、AFTER 触发器。请通过下面的示例演示这三者的执行顺序。

【例 6.32】 请在【例 4.5】中的 student 表上创建 BEFORE INSERT 和 AFTER INSERT 两个触发器。在向 student 表中插入数据时，观察这两个触发器的触发顺序。

创建 BEFORE INSERT 触发器的代码如下：

```
CREATE TRIGGER before_insert BEFORE INSERT
ON student FOR EACH ROW
INSERT INTO trigger_test VALUES('201302', '王五',null);
```

创建 AFTER INSERT 触发器的代码如下：

```
CREATE TRIGGER after_insert AFTER INSERT
ON student FOR EACH ROW
INSERT INTO trigger_test VALUES('201302', '王五', null);
```

说明：AFTER INSERT 触发器是先完成数据的增加、删除、修改等操作再触发的，并且触发器中的语句晚于监视事件的增加、删除、修改，无法影响前面的增加/删除/修改操作；BEFORE INSERT 触发器是先完成触发，再完成数据的增加、删除、修改，触发的语句先于监视事件的增加/删除/修改，用户有机会判断修改即将发生的操作。

4．删除触发器

删除触发器是指删除数据库中已经存在的触发器。在 MySQL 数据库中，使用 DROP TRIGGER 语句来删除触发器。其基本形式如下：

```
DROP TRIGGER 触发器名;
```

【例 6.33】 删除触发器 student_DELETE，代码如下：

```
DROP TRIGGER student_DELETE;
```

6.4　任务小结

➢ **任务 1**：管理 MySQL 数据库视图。通过对本任务的学习，读者了解了视图的含义和作用，掌握了视图的创建、修改、删除、更新等方法。本任务介绍了一些造成视图不能更新的情况，希望读者在练习中认真分析、认真总结。

➢ **任务 2**：管理 MySQL 数据库存储过程。通过对本任务的学习，读者从整体上对存储过程进行了了解。本任务通过大量实例，开始了存储过程的创建、编程、调用、删除、修改及异常处理。

➢ **任务 3**：管理 MySQL 数据库函数。通过对本任务的学习，读者对存储函数的概念有了整体的了解，并能够区分存储函数与存储过程的不同之处。本任务通过大量实例，介绍了存储函数的创建、调用、删除和修改等方法。

➢ **任务 4**：管理 MySQL 数据库触发器。通过对本任务的学习，读者对触发器的概念和作用有了整体的了解。本任务通过实例介绍了触发器的创建、查看、删除的方法。创建触发器和使用触发器是本任务内容的重点。读者在创建触发器后，一定要查看触发器的结构。在使用触发器时，触发器执行的顺序为 BEFORE 触发器、表操作（INSERT、UPDATE 和 DELETE）和 AFTER 触发器。创建触发器是本任务的难点。读者需要将本任务的知识结合实际需要来设计触发器。

本章介绍了 MySQL 数据库的视图、存储过程、存储函数和触发器。视图将一个查询语句以一种命名的方式存储下来，形成一个虚拟表，用户通过这个窗口可以看到系统专门提供的数据。存储过程和存储函数都是用户自己的 SQL 语句的集合，它们都存储在服务器端，只要调用就可以在服务器端执行。而触发器则是一种特殊类型的存储过程，当数据库系统执行某些操作时，就会激活触发器并执行相应的操作。本章重点讲解了创建存储过程和存储函数的方法，可以使用 CREATE PROCEDURE 语句创建存储过程，使用 CREATE FUNCTION 语句创建存储函数，这两个内容是本章的难点。

6.5　知识拓展

本章知识拓展部分讲解游标。

查询语句可能查询出多条记录，在存储过程和存储函数中可以使用游标来逐条读取查询结果集中的记录。游标又被称为光标，游标的使用包括声明游标、打开游标、使用游标和关闭游标。游标必须声明于处理程序之前，变量和条件之后。

MySQL 数据库支持简单的游标。在 MySQL 数据库中，游标一定要在存储过程或函数中使用，不能单独在查询中使用。使用一个游标需要用到 4 条特殊的语句，包括：DECLARE CURSOR（声明游标）语句、OPEN CURSOR（打开游标）语句、FETCH CURSOR（读取游标）语句和 CLOSE CURSOR（关闭游标）语句。首先，使用 DECLARE CURSOR 语句声明了一个游标，这样就把它连接到了一个由 SELECT 语句返回的结果集中；然后，使用 OPEN CORSOR 语句打开这个游标；接着，可以使用 FETCH CURSOR 语句把产生的结果逐行地读取到存储过程或存储函数中去。游标相当于一个指针，它指向当前的一行数据，使用 FETCH CORSOR 语句可以把游标移动到下一行。当处理完所有的行时，使用 CLOSE CORSOR 语句关闭这个游标。

（1）声明游标。在 MySQL 数据库中，使用 DECLARE 关键字来声明游标。其语法格式如下：

```
DECLARE cursor_name CURSOR FOR select_statement
```

其中，cursor_name 参数是游标的名称，游标名称与表名的使用规则相同。select_statement 参数是一个 SELECT 语句，返回的是一行或多行数据。这条语句声明一个游标，也可以在存储过程中定义多个游标，但是一个语句块中的每个游标都有自己唯一的名称。

注意：这里的 SELECT 语句不能有 INTO 子句。

【例 6.34】　声明一个名为 cur_student 的游标，代码如下：

```
DECLARE cur_student CURSOR FOR SELECT sno,sname FROM student;
```

上面的示例中，游标的名称为 cur_student；SELECT 语句部分是从 student 表中查询出编号和姓名字段的值。下面定义一条符合游标的声明，代码如下：

```
DECLARE XS_CUR CURSOR FOR
        SELECT sno,sname,ssex,sbirthday
        FROM student
WHERE sdept='软件系';
```

注意：游标只能在存储过程或存储函数中使用，引例中的语句无法单独运行。

（2）打开游标。在声明游标后，要用游标从中提取数据，就必须先打开游标。在 MySQL 数据库中，使用 OPEN 语句打开游标，其基本语法格式如下：

```
OPEN cursor_name
```

在程序中，一个游标可以打开多次，由于其他的用户或程序本身已经更新了表，因此每次打开的结果程序可能不同。

【例 6.35】 打开一个名为 cur_student 的游标，代码如下：

```
OPEN cur_student;
```

（3）读取游标。游标打开后，就可以用 FETCH…INTO 语句块从程序中读取数据。语法格式为：

```
FETCH cursor_name INTO var_name [,var_name]…
```

其中，FETCH…INTO 语句块与 SELECT…INTO 语句块具有相同的意义，FETCH 子句是将游标指向的一行数据赋给一些变量，子句中变量的数目必须等于在声明游标时 SELECT 子句中列的数目。cursor_name 参数是游标的名称；var_name 参数是存放数据的变量名，必须在声明游标之前就定义好。

【例 6.36】 读取一个名为 cur_student 的游标，将查询出来的数据存入 s_no 和 s_name 这两个变量中，代码如下：

```
FETCH cur_ student INTO s_no,s_name;
```

（4）关闭游标。游标使用完以后，要及时关闭，在 MySQL 数据库中，用 CLOSE 关键字来关闭游标。其基本语法格式如下：

```
CLOSE cursor_name
```

6.6　巩固练习

一、基础练习

1．什么是视图？简述创建视图的注意事项。

2．存储过程有什么优缺点？在什么情况下会用到存储过程？

3．创建数据库对象视图、存储函数或存储过程用_____关键词，删除视图、存储函数或存储过程用_____关键词，修改视图、存储函数或存储过程用_____关键词。

4．创建存储函数用 CREATE_____语句。

5．创建存储过程用 CREATE_____语句，调用存储过程需要使用_____语句。

6．存储过程的参数可以有 IN、OUT 和_____三种类型，而函数只能有 IN 一种类型。

7．在 MySQL 数据库中，触发器可以监视事件 INSERT、_____和 DELETE。

8．在 MySQL 数据库中，触发器的执行时间有两种，BEFORE 和_____。

二、巩固练习

1．有 Employee 表，表结构如表 6.1 所示，根据要求完成存储过程。

（1）利用存储过程，给 Employee 表添加一个业务部门员工的信息。

（2）利用存储过程输出所有客户姓名、客户订购金额及其相应业务员的姓名。

（3）利用存储过程查找某员工的员工编号、订单编号、销售金额。

表 6.1　员工 Employee 表的表结构

编　号	字　段	字 段 含 义	数 据 类 型
1	employee_no	员工编号	VARCHAR(8)
2	employee_name	员工姓名	VARCHAR(10)
3	sex	性别	CHAR(1)
4	birthday	出生日期	DATE
5	address	家庭住址	VARCHAR(50)
6	telephone	联系电话	CHAR(11)
7	hiredate	入职日期	DATE
8	department	部门	VARCHAR(30)
9	salary	工资	DECIMAL(8,2)

2．根据要求，完成触发器。

（1）要求：触发器名称为 insert_trigger，在 xskc 表中，每添加一条记录，就触发 number 表，使 number 中"课程号"所对应的"选课人数"就添加一人。

（2）要求：触发器名称为 delete_trigger，在 xsqk 表中删除某名学生的选课信息，同时在 xskc 表中也将该学生的选课信息删除。

（3）要求：触发器名称为 update_trigger，在 xsqk 表中修改某名学生的学号，同时在 xskc 表中也会修改学生的学号。

【单元活页部分】

一、单元能力对标检查

序　号	能 力 目 标	自检达标情况	总结与反思	备　注
1	能使用 mysql 命令创建和删除视图			
2	能使用 mysql 命令修改和管理视图			
3	能使用 mysql 命令创建和删除存储过程			
4	能使用 mysql 命令调用和管理存储过程			
5	能使用 mysql 命令调用系统函数			
6	能使用 mysql 命令创建、调用和管理函数			
7	能使用 mysql 命令创建和查看触发器			
8	能使用 mysql 命令管理触发器			

二、单元综合实训

【实训名称】

数据库编程对象实训

【实训目的】

本次实训在第 1 单元学生成绩管理信息系统的基础上，通过创建并执行不同要求的存储过程和触发器，巩固学生在数据库编程方面的知识，本次实训涵盖了数据库实用编程的大部分内容，以此提升学生在数据库高级操作上的能力。

【实训内容】

1．创建并执行带有输入参数的基于插入操作的存储过程。

要求：使用存储过程，插入学生信息，学生对应的参数都以存储过程输入参数的方式体现。

2．创建并执行带有输入参数的基于更新操作的存储过程。

要求：输入参数为"课程编号"，要求将对应的课程编号的全部课程成绩在 50～60 分的，全部更新为 60 分。

3．创建并执行带有输入和输出参数的存储过程。

要求：输入参数为"学号"，输出参数用于保存对应的学生姓名、性别、年龄、班级、专业等基本信息。

4．创建并激活 INSERT 触发器。

要求：当在学生表中插入一条学生信息时，激活触发器提示数据插入成功。

5．创建并激活 UPDATE 触发器。

要求：当更新课程表中的课程编号时，激活触发器更新相关表里面的课程编号。

6．创建并激活 DELETE 触发器。

要求：当删除学生表中的某名学生的记录时，激活触发器删除该学生相关的成绩信息。

7．将所有存储函数的读写权限修改为 READS SQL DATA，并加上注释 FIND NAME。

8．使用 SHOW STATUS 语句查看存储函数的状态。

9．删除原有触发器，在完成触发器的删除操作后，执行 SELECT 语句来查看触发器是否还存在。

【实训总结】

三、单元认证拓展

1．参考大纲

➢ 基于 INFORMATION_SCHEMA 表创建视图。

➢ 创建和执行存储过程及函数。

➢ 创建和执行触发器。

➢ 创建、变更和删除事件。

➢ 描述执行存储过程和函数的安全性。

➢ 描述如何调用要执行的事件。

2．参考考题

（1）Review the definition of the phone_list view.

```
CHEATE OR REPLACE
ALGORITHM=MERGE
DEFINER= 'root'@'localhost'
SQL SECURITY DEFINER
VIEW 'phone list' AS
SELECT
e . id as id
'e . first_name AS 'first_name'
'e . last_name AS 'last_name'
'coalesce ( ph1.phone_no, '–') AS 'office_no'
'coalesce (ph2 .phone_no, '–') AS 'cell_no'
FROM employees e
LEFT JOIN employee_phone ph1
ON ph1.emp_id = e.id AND ph1.type = 'office'
LEFT JOIN employee_phone ph2
ON ph2 .emp_id = e.id AND ph2 .type = 'mobile'
```

The tables employees and employee_phone are InnoDB tables; all columns are used in this view.

The contents of the phone_list view are as follows:

mysql> SELECT * FROM phone_list;

Id	First_name	Last_name	Office_no	Cell_no
1	John	Doe	X1234	—

1 row in set 0.00 sec

Which method can you use to change the cell_no value to '555-8888' for John Doe?（   ）

A. DELETE FROM phone_list WHERE first_name= 'John' and last_name= 'Doe';
INSERT INTO phone_list (first_name, last_name, office_no, cell_no) VALUES ('John' , 'Doe' , 'x1234' , '555-8888');

B. INSERT INTO employee_phone (emp_id, phone_no, type) VALUES (1, '555-8888', 'mobile');

C. UPDATE phone_list SET cell_name '555-8888' WHERE first_name= 'John' and last_name='Doe';

D. UPDATE employee_phone SET phone_no= '555-8888' WHERE emp_id=1;

（2）Consider the MySQL Enterprise Audit plugin. A CSV file called data.csv has 100 rows of data. The stored procedure prepare_db ( ) has 10 auditable statements. You run the following statements in the mydb database:

```
Mysql> CALL prepare_db ( );
Mysql> LOAD DATA INFILE '/tmp/data.cav' INTO TABLE mytable;
Mysql> SHOW TABLES;
```

How many events are added to the audit log as a result of the preceding statements? （   ）

A. 102; top-level statements are logged, but LOAD DATA INFILE is logged as a separate event.

B. 3; only the top-level statements are logged.

C. 111; top-level statements and all lower-level statements are logged.

D. 12; only top-level statements and stored procedure events are logged.

（3）Choose two

What are two functions of the max_binlog_size variable? （   ）

A. It determines the maximum size of the relay log files if the value of max_relay_log_size is 0.

B. It determines the collective maximum size for all binary log files created.

C. It determines the size when the server will rotate the binary logs.

D. It determines the maximum size of a transaction that can be written in a binary log in row-baed replication.

E. It determines the maximum size of each binary log packet from the master to the slave.

F. It determines the ceiling for a relay log and truncates to max_binlog_size.

（4）Data is stored in MyISAM engine and needs backups taken using the mysqldump tool.This database has many triggers and views that also need to the backed up at the same time.

A user 'backupuser' is created to facilitate backups automatically and has the following privileges:

```
Grant for backupuser@localhost
GRANT USAGE ON*.*TO 'backupuser'@'localhost' INDENTIFIED BY PASSWORD '*94BDCEBE
19083CE2A1F959FD02F964C7AF4CFC29'
GRANT DELECT,LOCAK TABLED,SHOW VIEW ON 'living'.*TO ' backupuser'@' localhost'
```

When the backup is taken,there are no errors. Why are triggers missing from the backup? （   ）

A. The FILE privilege is required to back up the TRG files stored in the database directory

B. The PROCESS privilege will allow the user access to process items such as triggers and functions

C. The ALL privilege is required to back up triggers because triggers have a wide variety of abilities.

D. The TRIGGER privilege is required to create,execute, and show triggers in a database

（5）When designing an InnoDB table, identify an advantage of using the BIT datatype Instead of one of the integer data types. （   ）

A. BIT columns are written by InnoDB at the head of the row, meaning they are always the first to be retrieved.

B. Multiple BIT columns pack tightly into arow, using less space.

C. BIT (8) takes less space than eight TINYINT fields.

D. The BIT columns can be manipulated with the bitwise operators &, |, ~, ^, <<, and >>. The other integer types cannot.

（6）In a design situation, there are multiple character sets that can properly encode your data.Which three should influence your choice of character set? （   ）

A. Disk usage when storing data

B. Syntax when writing queries involving JOINS

C. Comparing the encoded data with similar columns on other tables

D. Memory usage when working with the data

E. Character set mapping index hash size

（7）Which three are properties of the MYISAM storage engine? （   ）

A. Transaction support

B. FULLTEXT indexing for text matching

C. Table and page level locking support

D. Foreign key support

E. Geospatial indexing

F. HASH index support

G. Table level locking only

（8）Assume that you want to know which MySQL Server options were set to custom values.Which two methods would you use to find out? （   ）

A. Check the configuration files in the order in which they are read by the MySQL Server and compare them with default values.

B. Check the command-line options provided for the MySQL Server and compare them with default values.

C. Check the output of SHOW GLOBAL VARIABLES and compare it with default values.

D. Query the INFORMATION_SCHEMA.GLOBAL_VARIABLES table and compare the result with default values.

第3单元

管理篇

【单元简介】

本单元是读者在掌握数据库设计及增、删、查、改等操作的基础上，进一步学习数据库管理知识，旨在培养 MySQL 数据库运维与管理的能力。本单元分为两章进行讲解，学习任务包括：MySQL 数据库权限、账户及安全相关的管理，MySQL 数据库的备份、还原、导入和导出数据等，其中，权限与账户管理、数据库的备份与还原是本单元的重点。

读者可结合专业人才的培养定位及职业面向，将本单元与其他 3 个单元进行灵活组合来设计学习内容，以重点强化或针对性培养数据库管理能力，也可用作读者今后考取 OCA、OCP 及 DBA 资格证书的参考学习资料，是数据库运维与管理等职业能力拓展必备的基础。

第7章

管理 MySQL 用户与权限

7.1　情景引入

小李配合导师完成了学生成绩管理系统的数据库设计，建好了相关数据库及表，录入了部分测试数据。但随着软件开发的推进，小李发现，数据库中的表数据及其他数据库对象偶尔会被其他成员误操作或误删，使数据库中的数据部分或全部丢失。为了保证 MySQL 数据库的安全性，小李有必要进一步学习数据库用户管理及其操作权限管理以保护相关数据信息，包括：

1. 用户的添加与删除管理。
2. 用户密码的设置与修改。
3. 用户权限设置与回收管理。

用户管理包括管理用户的账户与权限。MySQL 数据库将用户分为普通用户和 root 用户，这两种用户的权限是不一样的。root 用户是超级管理员，拥有的权限包括：创建用户、删除用户、修改普通用户的密码等管理权限。而普通用户只拥有在创建用户时赋予它的权限。

7.2　任务目标

➜ 知识目标

1. 了解 MySQL 权限表的基本信息。
2. 掌握用户登录和退出 MySQL 服务器的方法。
3. 掌握创建和删除普通用户的方法。
4. 掌握普通用户和 root 用户的密码管理。
5. 掌握 MySQL 数据库权限管理知识。

➜ 能力目标

1. 能正确使用 MySQL 数据库的系统表。
2. 能使用 mysql 命令创建、删除、修改系统账户。
3. 能以管理员身份对普通账户进行管理。
4. 能对系统账户进行密码修改。

5. 能对 MySQL 账户赋予指定的权限。
6. 能从 MySQL 账户中收回已经赋予的权限。
7. 能使用 GRANT 和 REVOKE 语句灵活管理数据库权限。

素质目标

1. 具备数据安全与规范的意识。
2. 具备规范操作数据的技术及职业素养。
3. 具备一定的团队协作意识。
4. 具备较强的规则与秩序意识。
5. 具备规范操作数据库的技术及职业素养。

7.3 任务实施

微课视频

任务 7.3.1 MySQL 数据库权限表

在安装 MySQL 数据库软件时会自动安装一个名为 mysql 的数据库。mysql 数据库中存储的都是权限表。用户登录以后，mysql 数据库系统会根据这些权限表的内容为每个用户赋予相应的权限。MySQL 服务器通过 MySQL 权限表来控制用户对数据库的访问，MySQL 权限表存放在 mysql 数据库里，由 mysql_install_db 脚本初始化。这些 MySQL 权限表分别为 user、db、table_priv、columns_priv、proc_priv、host 等。下面依次简单介绍一下这些表的结构和内容。

➢ user 权限表：记录允许连接到服务器的用户账号信息，其中的权限是全局级的。
➢ db 权限表：记录各个账号在各个数据库上的操作权限。
➢ table_priv 权限表：记录数据表级的操作权限。
➢ columns_priv 权限表：记录数据列级的操作权限。
➢ proc_priv 权限表：存储过程和存储函数的操作权限。
➢ host 权限表：配合 db 权限表对给定主机上的数据库级操作权限实施更细致的控制。这个权限表不受 GRANT 和 REVOKE 语句的影响。

1．user 表

user 表是 mysql 数据库中最重要的一个权限表。用户可以使用 DESC 语句来查看 user 表中的基本结构。user 表中有 39 个字段，这些字段大致分为 4 列，分别是用户列、权限列、安全列和资源控制列。

1）用户列

user 表中的用户列包括 host 字段、user 字段、password 字段，分别表示主机名、用户名和密码。用户登录首先要判断的就是这 3 个字段，只有这 3 个字段同时匹配，mysql 数据库系统才允许其登录。而且，创建新用户也是设置这 3 个字段的值。修改用户密码实际就是修改 user 表的 password 字段的值。因此，这 3 个字段决定了用户能否登录。

2）权限列

user 表的权限列包括了 select_priv、insert_priv 等以 priv 为结尾的字段。这些字段决定了用户的权限，其中不仅包括查询权限、修改权限等普通权限，还包括关闭服务器的权限、超级权限和加载用户等高级管理权限。普通用户用于操作数据库，高级管理权限用于对数据库进行管理。

这些字段的值只有 Y 和 N。Y 表示该权限可以用到所有的数据库上；N 表示该权限不能用到所有的数据库上。从安全角度考虑，这些字段的默认值都是 N。可以使用 GRANT 语句为用户赋予一些权限，也可以通过使用 UPDATE 语句更新 user 表的方式来设置权限。

说明：在权限列中有很多权限字段需要特别注意。grant_priv 字段表示是否拥有 GRANT 权限；shutdown_priv 表示是否拥有停止 MySQL 服务的权限；super_priv 字段表示是否拥有超级权限；execute_priv 字段表示是否拥有 EXECUTE 权限，拥有 EXECUTE 权限可以执行存储过程和存储函数。

3）安全列

user 表的安全列只有 4 个字段，分别是 ssl_priv、ssl_cipher、x509_issuer、x509_subject。其中，ssl 用于加密，x509 标准可以用来标识用户。通常标准的发行版不支持 SSL，使用 SHOW VARIABLES LIKE'have_openssl'语句可以查看 user 表是否具有 SSL 功能。如果 have_openssl 的取值为 DISABLED，则没有支持 SSL 加密的功能。

4）资源控制列

user 表的 4 个资源控制分别是 max_questions、max_updates、max_connections、max_user_connections。其中，max_questions 和 max_updates 分别规定了每个小时可以允许执行多少次查询和更新；max_connections 规定了每个小时可以建立多少链接；max_user_connections 规定了单个用户可以同时具有的链接数。这些字段的默认值都为 0，表示没有限制。

2. db 表和 host 表

db 表和 host 表是 MySQL 数据库中非常重要的权限表。db 表中存储了某个用户对一个数据库的权限。db 表比较常用，而 host 表很少会用到。这两个表的表结构差不多，可以使用 DESC 语句查看这两个表的基本结构。db 表和 host 表的字段大致可以分为两类，分别为用户列和权限列。

1）用户列

db 表的用户列有 3 个字段，分别是 host、db、user。这 3 个字段分别表示主机名、数据库名和用户名。host 表的用户列有两个字段，分别是 host 和 db，这两个字段分别表示主机名和数据库名。

host 表是 db 表的扩展。如果 db 表中找不到 host 字段的值，就需要到 host 表中去寻找。但是 host 表很少用到，通常 db 表的设置已经满足要求了。

2）权限列

db 表和 host 表的权限列几乎一样，只是 db 表中多了一个 create_routine_priv 字段和 alter_routine_priv 字段。这两个字段决定了用户是否具有创建和修改存储过程的权限。

user 表中的权限是针对所有数据库。如果 user 表中的 select_priv 字段取值为 Y，则该用户可以查询所有数据库中的表；如果为某个用户只设置了查询 test 表的权限，则 user 表的 select_priv 字段的取值为 N。然而这个 SELECT 权限会记录在 db 表中，并且 db 表中的 select_priv 字段的取值将会是 Y。由此可知，用户先根据 user 表的内容获取权限，再根据 db 表的内容获取权限。

3. tables_priv 表和 columns_priv 表

tables_priv 表可以对单个表进行权限设置。columns_priv 表可以对单个数据列进行权限设置。tables_priv 表包含了 8 个字段，分别是 host、db、user、table_name、table_priv、column_priv、timestamp、grantor。其中，前 4 个字段分别表示主机名、数据库名、用户名和表名；table_priv 表示进行操作的权限，这些权限包括 SELECT、INSERT、UPDATE、DELETE、CREATE、DROP、GRANT、REFERENCES、INDEX、ALTER；column_priv 表示对表中的数据列进行操作的权限，这些权限包括 SELECT、INSERT、UPDATE、REFERENCES；timestamp 表示修改权限的时间；grantor 表示权限是谁设置的。

columns_priv 表包含了 7 个字段，分别是 host、db、user、table_name、column_name、column_priv、timestamp。与 tables_priv 表不同的是，这里多出了 column_name 字段，它表示可以对哪些数据列进行操作。

注意：MySQL 数据库中的权限分配是按照 user 表、db 表、tables_priv 表和 columns_priv 表的顺序进行分配的。在数据库系统中，先判断 user 表中的值是否为 Y。若 user 表中的值是 Y，则不需要检查后面的表；若 user 表中的值为 N，则依次查看 db 表、tables_priv 表和 columns_priv 表。

4. procs_priv 表

procs_priv 表可以对存储过程和存储函数进行权限设置。procs_priv 表包含了 8 个字段，分别是 host、db、user、routine_name、routine_type、proc_priv、timestamp、grantor。前 3 个字段分别表示主机名、数据库名、用户名。routine_name 字段表示存储过程或函数的名称。routine_type 字段表示类型。该字段有两个取值，分别是 FUNCTION 和 PROCEDURE。其中，FUNCTION 表示这是一个存储函数；PROCEDURE 表示这是一个存储过程。proc_priv 字段表示拥有的权限。权限分为 3 类，分别是 EXECUTE、ALTER ROUTINE、GRANT。timestamp 字段用于存储更新的时间。grantor 字段用于存储创建者的名称。

任务 7.3.2 管理 MySQL 账户

账户管理是 MySQL 用户管理最基本的内容。账户管理包括登录和退出 MySQL 服务器、创建用户、删除用户、密码管理和权限管理等内容。通过管理 MySQL 账户，可以保证 MySQL 数据库的安全性。

1. 登录和退出 MySQL 服务器

用户可以通过 mysql 命令来登录 MySQL 服务器。打开 Windows 环境下的虚拟 DOS 窗口，可以使用 mysql 命令登录 MySQL 服务器。语法形式如下：

```
mysql -h hostname|hostIP -P prot -u username -p password databaseName -e SQL 语句;
```

语法剖析如下：

➤ -h 选项后面接主机名，hostname 为主机名（默认为 localhost），hostIP 为主机 IP（默认为 127.0.0.1）。

➤ -p 选项后面接 MySQL 服务的端口。通过该参数连接到指定的端口。MySQL 服务的默认端口为 3306，在不使用该参数时会自动连接到 3306 端口，port 为连接的端口号。

- -u 选项后面接用户名，username 为用户名（默认为 root）。
- -p 选项会提示输入密码，password 为用户登录数据库的密码。
- databaseName 参数指明登录哪一个数据库中，可以使用 USE 命令选择数据库。如果没有修改参数，则会直接登录到 MySQL 数据库中。
- -e 选项后面可以直接加 SQL 语句。在登录 MySQL 服务器后就可以执行这个 SQL 语句，然后退出 MySQL 服务器。

【例 7.1】 使用 root 用户信息登录 test 数据库，用户密码为 123，主机的 IP 为 127.0.0.1。命令如下：

```
C:\Documents and Settings\Administrator>mysql -h 127.0.0.1 -u root -p test
Enter password: ******
Welcome to the MySQL monitor.   Commands end with ; or \g.
Your MySQL connection id is 27 to server version: 5.5.24-log
Type 'help;' or '\h' for help. Type '\c' to clear the buffer.
mysql>
```

【例 7.2】 使用 root 用户信息登录到自己计算机的 MySQL 数据库中，同时查询 func 表的结果。命令如下：

```
C:\Documents and Settings\Administrator>mysql -h localhost -u root -p mysql -e "
DESC func"
Enter password: ******
+------+---------------------------+------+-----+---------+-------+
| Field | Type                      | Null | Key | Default | Extra |
+------+---------------------------+------+-----+---------+-------+
| name| char(64)                   | NO   | PRI | NULL    |       |
| ret  | tinyint(1)                 | NO   |     | 0       |       |
| dl   | char(128)                  | NO   |     | NULL    |       |
| type | enum('function','aggregate') | NO |  |   | NULL |       |
```

在执行命令并输入正确的密码后，窗口中会显示 func 表的基本结构。然后，系统会退出 MySQL 服务器，命令行显示为：

```
C:\Documents and Settings\Administrator>
```

注意：用户也可以直接在 mysql 命令的-p 选项后面加上登录密码。但是，这个登录密码必须与-p 选项之间没有空格。

【例 7.3】 使用 root 用户信息登录到自己计算机的 MySQL 服务器中，密码直接加在 mysql 命令中。命令如下：

```
mysql -h 127.0.0.1 -u root -p123
```

命令执行结果如下：

```
C:\Documents and Settings\Administrator>mysql -h 127.0.0.1 -u root -p123
Welcome to the MySQL monitor.   Commands end with ; or \g.
Your MySQL connection id is 4 to server version: 5.5.24-log
Type 'help;' or '\h' for help. Type '\c' to clear the buffer.
mysql>
```

在执行命令后，即可直接登录 MySQL 服务器。执行这个命令之后，后面不会提示输入密码。因为-p 选项后面有密码，MySQL 数据库会直接使用这个密码。

退出 MySQL 服务器的方式很简单，只要在命令行输入 EXIT 或 QUIT 即可。\q 是 QUIT 的缩写，也可以用来退出 MySQL 服务器。退出后就会显示 Bye。

2．添加用户

在 MySQL 数据库中，可以使用 CREATE USER 语句创建一个或多个新的用户并设置相应的密码，也可以直接在 mysql.user 表中添加用户，还可以使用 GRANT 语句新建用户。

1）使用 CREATE USER 语句添加用户

在使用 CREATE USER 语句创建新用户时，必须拥有 MySQL 数据库的全局 CREATE USER 权限或 INSERT 权限。若账户已经存在，则会出现错误。CREATE USER 语句基本语法形式如下：

```
CREATE USER user[IDENTIFIED BY [PASSWORD]'password'][,user[IDENTIFIED BY [PASSWORD]
'password']]…
```

其中，user 参数表示新建用户的账户，user 由用户名（User）和主机名（Host）构成；IDENTIFIED BY 关键字用来设置用户的密码；password 参数表示用户的密码。如果密码是一个普通的字符串，就不需要使用 PASSWORD 关键字。CREATE USER 语句可以同时创建多个用户。新用户可以没有初始密码。

【例 7.4】 使用 CREATE USER 语句创建一个名为 xsc，密码为 111 的用户，其主机名为 localhost。命令如下：

```
mysql> CREATE USER xsc@localhost IDENTIFIED BY '111';
```

命令执行结果如下：

```
mysql> CREATE USER xsc@localhost IDENTIFIED BY '111';
Query OK, 0 rows affected (0.00 sec)
```

结果显示，用户创建成功。

【例 7.5】 使用 CREATE USER 语句同时添加两个新的用户，yjh 用户的密码为 yy，yg 用户的密码为 111，其主机名都为 127.0.0.1。命令如下：

```
mysql> CREATE USER 'yjh'@'127.0.0.1' IDENTIFIED BY 'YY',
'yg'@'127.0.0.1' IDENTIFIED BY '111';
```

说明：在用户名的后面声明了关键字 localhost 或 127.0.0.1，这个关键字指定了用户创建使用 MySQL 服务器的连接来自本台主机。若在一个用户名和主机名中包含特殊符号或通配符，则需要用单引号将其括起来。"%"表示一组主机。

如果两个用户具有相同的用户名但主机不同，则视其为不同的用户，允许为这两个用户分配不同的权限集合。如果没有输入密码，则允许相关的用户不使用密码登录 MySQL 服务器，但是从安全的角度并不推荐这种做法。

2）使用 INSERT 语句新建普通用户

使用 INSERT 语句可以直接将用户的信息添加到 mysql.user 表中，但必须拥有对 mysql.user 表的 INSERT 权限。在通常情况下，INSERT 语句只能添加 Host、User、Password 这 3 个字段的值。INSERT 语句的基本语法形式如下：

```
INSERT INTO mysql.user(Host,User,Password)
values('hostname','username',PASSWORD ('password'));
```

其中，PASSWORD()函数是用来给密码加密的。因为只设置了这 3 个字段的值，所以其他字段的取值均为其默认值。若除这 3 个字段以外的某个字段也没有默认值，则这个语句将不能执行。因此，需要将没有默认值的字段也设置值。在通常情况下，ssl_cipher、x509_subject 和 x509_issuer 这 3 个字段是没有默认值的，因此必须为这 3 个字段设置初始值。INSERT 语句的代码如下：

```
INSERT INTO mysql.user(Host,User,Password,ssl_cipher,x509_issuer,x509_subject) values ('hostname',
'username', PASSWORD('password'),'','','');
```

注意：在 mysql.user 表中，因为 ssl_cipher、x509_issuer、ssl_subject 这 3 个字段没有默认值，所以在向 user 表中插入新记录时，一定要设置这 3 个字段的值，否则 INSERT 语句将不能执行。而且，Password 字段一定要使用 PASSWORD()函数给密码加密。

【例 7.6】 使用 INSERT 语句创建名为 xsc 的用户，主机名是 localhost，密码是 111。命令如下：

```
INSERT INTO mysql.user(Host,User,Password,ssl_cipher,x509_issuer,x509_subject) values ('localhost',
'xsc', PASSWORD('111'),'','','');
```

命令执行结果如下：

```
mysql>INSERT INTO mysql.user(Host,User,Password,ssl_cipher,x509_issuer,x509_subject)
values ('localhost', 'xsc', PASSWORD('111'),'','','');
Query OK, 1 row affected (0.00 sec)
```

结果显示，操作成功。在执行完 INSERT 命令后，需要使用 FLUSH 命令来使用户生效。命令如下：

```
FLUSH PRIVILEGES;
```

这个命令可以从 mysql.user 表中重新装载权限。但是，执行 FLUSH 命令需要 RELOAD 权限。

3）使用 GRANT 语句新建普通用户

在创建用户时，可以使用 GRANT 语句为用户授权，但必须拥有对 GRANT 的权限。GRANT 语句的基本语法形式如下：

```
GRANT priv_type ON database.table TO user[IDENTIFIED BY [PASSWROD] 'password']
[,user[IDENTIFIED BY [PASSWROD]'password'];
```

其中，priv_type 参数表示新用户的权限；database.table 参数表示新用户的权限范围，即只能在制定的数据库和表上使用自己的权限；user 参数表示新用户的账户，由用户名和主机名构成；IDENTIFIED BY 关键字用来设置密码；password 参数表示新用户的密码。GRANT 语句可以同时创建多个用户。

【例 7.7】 使用 GRANT 语句创建名为 xsc 的用户，主机名为 localhost，密码为 111。该用户对所有数据库的所有表都有 SELECT 权限。命令如下：

```
GRANT SELECT ON *.* TO 'xsc'@'localhost' IDENTIFIED BY '111';
```

其中，"*.*"表示所有数据库下的所有表。命令执行结果如下：

```
mysql> GRANT SELECT ON *.* TO 'xsc'@'localhost' IDENTIFIED BY '111';
Query OK, 0 rows affected (0.14 sec)
```

结果显示，操作成功，xsc 用户对所有表都有查询权限。

说明：GRANT 语句不仅可以创建用户，还可以修改用户密码，甚至可以设置用户的权限。因此，GRANT 语句是 MySQL 数据库中非常重要的语句。

3. 删除用户

在 MySQL 数据库中，可以使用 DROP USER 语句删除普通用户，也可以直接在 mysql.user 表中删除用户。

1）使用 DROP USER 语句删除普通用户

在使用 DROP USER 语句删除普通用户时，必须拥有 DROP USER 权限。DROP USER 语句的基本语法形式如下：

```
DROP USER user[,user];
```

其中，user 参数是需要删除的用户，由用户的用户名和主机名组成。

DROP USER 语句可以同时删除多个用户，各用户之间用逗号隔开。如果删除的用户已经创建了表、索引或其他的数据库对象，那么它们将继续保留，因为 MySQL 数据库中并没有记录是谁创建了这些对象。

【例 7.8】 使用 DROP USER 语句删除 xsc 用户，其 host 值为 localhost。命令如下：

```
DROP USER 'xsc'@'localhost';
```

命令执行结果如下：

```
mysql> DROP USER 'xsc'@'localhost';
Query OK, 0 rows affected (0.00 sec)
```

结果显示，用户删除成功。

2）使用 DELETE 语句删除普通用户

可以使用 DELETE 语句直接将用户的信息从 mysql.user 表中删除。但必须拥有 mysql.user 表的 DELETE 权限。DELETE 语句的基本语法形式如下：

```
DELETE FROM mysql.user WHERE Host='hostname' AND User='username';
```

Host 和 User 这两个字段都是 mysql.user 表的主键。因此，这两个字段的值才能唯一确定一条记录。

【例 7.9】 使用 DELETE 语句删除名为 test 的用户，该用户的主机名是 localhost。命令如下：

```
DELETE FROM mysql.user WHERE Host='localhost' AND User='test';
```

命令执行结果如下：

```
mysql> DELETE FROM mysql.user WHERE Host='localhost' AND User='test';
Query OK, 1 row affected (0.00 sec)
```

结果显示，操作成功。可以使用 SELECT 语句来查询 mysql.user 表，以确定该用户是否已经成功删除。在执行完 DELETE 命令后，用 FLUSH 命令来使用户生效，命令如下：

```
FLUSH PRIVILEGES ;
```

在执行该命令后。MySQL 数据库系统可以从 mysql.user 表中重新装载权限。

4．修改用户

使用 RENAME USER 语句可以修改一个已经存在的用户名字。语法格式如下：

```
RANAME USER old_user TO new_user[,old_user TO new_user]…
```

其中，old_user 为已经存在的用户名，new_user 为需要修改的新的用户名。RENAME USER 语句用于对原有 MySQL 账户进行重命名。使用 RENAME USER 语句必须要拥有全局 CREATE USER 权限和 MySQL 数据库 UPDATE 权限。若旧账户不存在或新账户已存在，则会出现错误。

【例 7.10】 使用 RENAME USER 语句将 yjh 和 yg 用户的名字分别修改为 yy 和 jj。命令如下：

```
RENAME USER 'yjh'@'127.0.0.1' TO 'yy'@'127.0.0.1',
'yg'@'127.0.0.1' TO 'jj'@'127.0.0.1';
```

命令执行结果如下：

```
mysql> RENAME USER 'yjh'@'127.0.0.1' TO 'yy'@'127.0.0.1',
'yg'@'127.0.0.1' TO 'jj'@'127.0.0.1';
Query OK, 0 rows affected (0.00 sec)
```

结果显示，操作成功。

5．修改 root 用户密码

MySQL 数据库是开源数据库，一般来说，MySQL 数据库会搭配 PHP 来使用。但是，现在越来越多的 ASP/ASPX 及 JSP 程序员也都考虑选择使用 MySQL 数据库开发程序。通常连接 MySQL 数据库都是通过 root 用户名和密码连接的，MySQL 数据库在安装时 root 用户初始默认密码为空，在使用 MySQL 数据库做系统开发时，都需要填写连接 MySQL 数据库的用户名和密码，此时如果用户忘记了 MySQL 数据库的 root 密码或没有设置 MySQL 数据库的 root 密码，就必须要修改或设置 MySQL 数据库的 root 密码。在 MySQL 数据库中，由于 root 用户拥有最高的权限，因此必须保证 root 用户的密码安全。root 用户可以通过多种方式修改密码。

1）使用 phpMyAdmin 修改 root 密码

使用 phpMyAdmin 修改 MySQL 数据库的 root 密码非常方便，在安装配置好 phpMyAdmin 后，首先登录管理界面，单击右侧导航栏中的用户按钮，进入 phpMyAdmin 用户概况界面，如图 7.1 所示。选择 root 用户，单击编辑权限按钮，则进入 phpMyAdmin 修改密码界面，如图 7.2 所示，在"输入"和"重新输入"文本框中，输入要修改的 MySQL 数据库的 root 新密码，单击执行按钮即可。

图 7.1 phpMyAdmin 用户概况界面

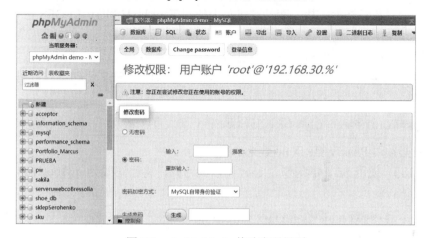

图 7.2 phpMyAdmin 修改密码界面

2）使用 mysqladmin 命令修改密码

root 用户可以使用 mysqladmin 命令修改密码。mysqladmin 命令的语法形式如下：

```
mysqladmin -u username -p password "new_password";
```

注意：上面语法中的 password 为关键字，而不是指旧密码。而且新密码 new_password 必须用双引号括起来，使用单引号会出现错误，这一点要特别注意。如果使用单引号，则可能会造成修改后的密码不是用户想要修改的密码。

【例 7.11】使用 mysqladmin 命令修改 root 用户的密码，将密码改为 myroot。mysqladmin 命令执行结果如下：

```
mysql> mysqladmin -u root -p password "myroot";
Enter password：******
```

输入正确的旧密码就可以修改密码了，在修改完成后，只能使用 myroot 才能登录 root 用户。

3）修改 MySQL 数据库下的 user 表

root 用户在登录 MySQL 服务器后，可以使用 UPDATE 语句更新 mysql.user 表。在 user 表中修改 password 字段的值，就可以达到修改密码的目的了。UPDATE 语句的代码如下：

```
UPDATE mysql.user SET Password=PASSWORD ("new_password") WHERE User="root" AND
Host="localhost";
```

新密码必须使用 PASSWORD()函数来加密。在执行完 UPDATE 语句后，需要执行
FLUSH PRIVILEGES 语句来加载权限。

【例 7.12】使用 UPDATE 语句修改 root 用户的密码，将密码改为 myroot520。UPDATE
语句执行结果如下：

```
mysql> UPDATE mysql.user SET Password=PASSWORD("myroot520") WHERE User= "root" AND
Host="localhost";
Query OK, 1 row affected (0.02 sec)
Rows matched: 1 Changed: 1 Warnings: 0
mysql> FLUSH PRIVILEGES;
Query OK, 0 rows affected (0.00 sec)
```

结果显示，密码修改成功。而且在代码中使用了 FLUSH PRIVILEGES 语句加载权限，
退出后就必须使用新密码来登录了。

4）使用 SET 语句修改 root 用户的密码

在使用 root 用户信息登录 MySQL 服务器后，可以使用 SET 语句修改密码。SET 语句
的代码如下：

```
SET PASSWORD=PASSWORD("new_password");
```

新密码必须用 PASSWORD()函数来加密。

【例 7.13】 使用 SET 语句修改 root 用户的密码，将密码改为 myroot1314。SET 语句
执行结果如下：

```
mysql> SET PASSWORD=PASSWORD("myroot1314");
Query OK, 0 rows affected (0.00 sec)
mysql> flush privileges;
Query OK, 0 rows affected (0.00 sec)
```

结果显示，密码修改成功。

6．root 用户修改普通用户密码

root 用户具有最高权限，不仅可以修改自己的密码，还可以修改普通用户的密码。root
用户在登录 MySQL 服务器后，可以通过使用 SET 语句、修改 user 表和使用 GRANT 语句
3 种方式修改普通用户的密码。

1）使用 SET 语句修改普通用户密码

在使用 root 用户信息登录 MySQL 服务器后，可以使用 SET 语句修改普通用户的密
码。SET 语句的代码如下：

```
SET PASSWORD FOR 'username'@'hostname'=PASSWORD('new_password');
```

其中，username 参数是普通用户的用户名，hostname 参数是普通用户的主机名，新密码必
须使用 PASSWORD()函数来加密。

【例 7.14】 使用 SET 语句修改 xsc 用户的密码，将密码改为 mysql520。SET 语句执行
结果如下：

```
mysql>SET PASSWORD FOR 'xsc'@'localhost'=PASSWORD("mysql520");
```

```
Query OK,0 rows affected(0.00 sec)
```

结果显示，密码修改成功。

2）修改 MySQL 数据库下的 user 表

在使用 root 用户信息登录 MySQL 服务器后，可以使用 UPDATE 语句修改 mysql.user 表。UPDATE 语句的代码如下：

```
UPDATE mysql.user SET PASSWORD=PASSWORD("new_password")
WHERE User="username" AND    Host="hostname";
```

其中，username 参数是普通用户的用户名，hostname 参数是普通用户的主机名，新密码必须使用 PASSWORD()函数来加密。在执行完 UPDATE 语句后，需要执行 FLUSH PRIVILEGES 语句来加载权限。

【例 7.15】使用 UPDATE 语句修改 xsc 用户的密码，将密码改为 mysql1314。UPDATE 语句执行结果如下：

```
mysql> UPDATE mysql.user SET PASSWORD=PASSWORD("mysql1314") WHERE user="xsc" AND
host="localhost";
Query OK, 0 rows affected (0.00 sec)
Rows matched: 0    Changed: 0    Warnings: 0
mysql> FLUSH PRIVILEGES;
Query OK, 0 rows affected (0.01 sec)
```

结果显示，密码修改成功。

3）使用 GRANT 语句修改普通用户的密码

root 用户可以使用 GRANT 语句修改普通用户的密码，但必须拥有对 GRANT 权限。GRANT 语句的基本语法形式如下：

```
GRANT priv_type ON database.table TO user[IDENTIFIED BY [PASSWORD]'password'];
```

其中，priv_type 参数表示普通用户的权限；database.table 参数表示用户的权限范围，即在指定的数据库和表上使用自己的权限；user 参数表示用户的账户，由用户名和主机名构成；IDENTIFIED BY 关键字用来设置密码；password 参数表示用户的新密码。

【例 7.16】 使用 GRANT 语句修改 xsc 用户的密码，将密码改为 myroot。GRANT 语句执行结果如下：

```
mysql>GRANT SELECT ON *.* TO 'xsc'@'localhost' IDENTIFIED BY 'myroot';
Query OK, 0 rows affected (0.00 sec)
```

结果显示，密码修改成功。使用 GRANT 语句修改密码的语法和创建用户的语法一样。

7. 普通用户修改密码

普通用户也可以修改自己的密码。这样普通用户在修改密码时就不完全需要管理员了。普通用户在登录 MySQL 服务器后，也可以通过 SET 语句设置自己的密码。SET 语句的基本形式如下：

```
SET PASSWORD=PASSWORD("new_password");
```

这里必须使用 PASSWORD()函数来为新密码加密。如果不使用 PASSWORD()函数加密，则用户将无法登录。

【例 7.17】 使用 SET 语句修改 xsc 用户的密码，将密码修改为 root。命令如下：

```
SET PASSWORD=PASSWORD("root");
```

命令执行结果如下：

```
mysql> SET PASSWORD=PASSWORD("root");
Query OK, 0 rows affected (0.00 sec)
```

结果显示，密码修改成功。

8．root 用户密码丢失的解决办法

如果 root 用户密码丢失了，则会造成很大的麻烦。但是，root 用户可以通过某种特殊方法登录 MySQL 服务器，然后在 root 用户下设置新的密码。解决 root 用户密码丢失的方法如下：

1）使用 skip-grant-tables 选项启动 MySQL 服务器

skip-grant-tables 选项可以使 MySQL 服务器停止权限判断，任何用户都有访问数据库的权限。这个选项是连接在 MySQL 服务器的命令后面的。在 Windows 操作系统中，root 用户可以使用 mysqld 或 mysqld-nt 命令启动 MySQL 服务，也可以使用 net start mysql 命令启动 MySQL 服务。

mysqld 命令如下：

```
mysqld --skip-grant-tables
```

mysqld-nt 命令如下：

```
mysqld-nt --skip-grant-tables
```

net start mysql 命令如下：

```
net start mysql --skip-grant-tables
```

在启动 MySQL 服务后，若可以看到窗口光标在下一行的第一个位置闪烁，则说明 MySQL 服务器已经启动，不需要管。新建一个命令行窗口，启动 MySQL 数据库，root 用户就可以登录了。

2）登录用户，并设置新的密码

通过上述方式启动 MySQL 服务，root 用户可以不输入密码就能登录 MySQL 服务器了。然后，可以使用 UPDATE 语句修改密码。

```
C:\Users\xsc>mysql -u root;
Welcome to the MySQL monitor.    Commands end with ; or \g.
Your MySQL connection id is 2
Server version: 5.5.24-log MySQL Community Server (GPL)
Copyright (c) 2000, 2011, Oracle and/or its affiliates. All rights reserved.
Oracle is a registered trademark of Oracle Corporation and/or its
affiliates. Other names may be trademarks of their respective owners.
Type 'help;' or '\h' for help. Type '\c' to clear the current input statement.
mysql> UPDATE mysql.user SET PASSWORD=PASSWORD('root') WHERE User='root' and Host
='localhost';
```

上面的程序没有输入 root 用户的密码，而是直接使用用户名 root 登录 MySQL 数据库的。而且在使用 UPDATE 语句修改密码后，其结果显示 user 表已经更新。

注意：这里必须使用 UPDATE 语句来更新在 MySQL 数据库下的 user 表，而不能使用 SET 语句。如果使用 SET 语句，就会出现 ERROR 1290（HY000）：The mysql server is running with –skip-grant-tables option so it cannot execute this statement 的错误提示。

3）加载权限表

在修改完密码之后，必须用 FLUSH PRIVELEG 语句加载权限表。在加载完权限表后，新密码开始生效，MySQL 服务器也开始进行权限认证。用户必须输入用户名和密码才能登录 MySQL 数据库。加载权限表的代码执行结果如下：

```
mysql> flush privileges;
Query OK, 0 rows affected (0.01 sec)
```

这样一来，root 用户的密码就设置成功了。

任务 7.3.3　管理 MySQL 权限

权限管理主要是对数据库的用户进行权限验证。所有用户的权限都存储在 MySQL 数据库的权限表中。数据库管理员要对权限进行管理，合理的权限管理能够保证数据库系统的安全，不合理的权限设置可能会给数据库系统带来意想不到的危害。

1. MySQL 数据库中的各种权限

MySQL 数据库中有很多种类的权限，这些权限都存储在 MySQL 数据库下的权限表中。下面列出了 MySQL 数据库中的各种权限名称、对应 user 表中的列和权限的范围等信息，如表 7.1 所示。

表 7.1　MySQL 数据库中的各种权限表

权 限 名 称	对应 user 表中的列	权限的范围
CREATE	Create_priv	数据库、表或索引
DROP	Drop_priv	数据库、表
GRANT OPTION	Grant_priv	数据库、表、存储过程或函数
REFERENCES	References_priv	数据库或表
ALTER	Alter_priv	修改表
DELETE	Delete_priv	删除表
INDEX	Index_priv	用索引查询表
INSERT	Insert_priv	插入表
SELECT	Select_priv	查询表
UPDATE	Update_priv	更新表
CREATE VIEW	Create_view_priv	创建视图
SHOW VIEW	Show_view_priv	查看视图
ALTER ROUTINE	Alter_routine_priv	修改存储过程或存储函数
CREATE ROUTINE	Create_routine_priv	创建存储过程或存储函数
EXECUTE	Execute_priv	执行存储过程或存储函数
FILE	File_priv	加载服务器主机上的文件
CREATE TEMPORARY TABLES	Create_tmp_table_priv	创建临时表

续表

权 限 名 称	对应 user 表中的列	权限的范围
LOCK TABLES	Lock_tables_priv	锁定表
CREATE USER	Create_user_priv	创建用户
PROCESS	Process_priv	服务器管理
RELOAD	Reload_priv	重新加载权限表
REPLICATION CLIENT	Repl_client_priv	服务器管理
REPLICATION SLAVE	Repl_slave_priv	服务器管理
SHOW DATABASES	Show_db_priv	查看数据库
SHUTDOWN	Shutdown_priv	关闭服务器
SUPER	Super_priv	超级权限

通过权限设置，用户可以拥有不同的权限。拥有 GRANT 权限的用户可以为其他用户设置权限。拥有 REVOKE 权限的用户可以收回自己设置的权限。合理地设置权限能够保证 MySQL 数据库的安全。

2. 授权

授权就是为某个用户赋予某些权限。例如，可以为新建的用户赋予查询所有数据库和表的权限。合理的授权能够保证数据库的安全。不合理的授权可能会使数据库存在安全隐患。在 MySQL 数据库中，使用 GRANT 关键字来为用户设置权限。

新的 SQL 用户不允许访问属于其他 SQL 用户的表，也不能立即创建自己的表，因此他必须被授权。可以授予的权限有以下几项。

➤ 列权限：与表中的一个具体列相关。例如，使用 UPDATE 语句更新 XSCJ 表的学号列的值的权限。

➤ 表权限：与一个具体表中的所有数据相关。例如，使用 INSERT INTO 语句为 XSCJ 表添加新的数据的权限。

➤ 数据库权限：与一个具体的数据库中的所有表相关。例如，在已有的 XSC 数据库中创建新表或删除表的权限。

➤ 用户权限：与所有的数据库相关。例如，删除已有的数据库或创建一个新的数据库的权限。

在 MySQL 数据库中，必须拥有 GRANT 权限的用户才可以执行 GRANT 语句。GRANT 语句的基本语法如下：

```
GRANT priv_type [(column_list)] ON database.table TO user [IDENTIFIED BY [PASSWORD]
'password'][,user [IDENITIFIED BY [PASSWORD] 'password']]… [WITH with_option [with_ option]…];
```

其中，priv_type 参数表示权限的类型，如 SELECT、UPDATE 等，给不同的对象授予权限 priv_type 的值也不相同；column_list 参数表示权限作用于哪些列上，若没有该参数则作用于整个表上；ON 关键字后面给出的是授予权限的数据库或表名；TO 子句用来设定用户和密码；user 参数由用户名和主机名构成，如'username'@ 'hostname'；IDENTIFIED BY 参数用来为用户设置密码；password 参数是用户的新密码；WITH 关键字后面带一个或多个 with_option 参数。这个参数有 5 个选项，详细介绍如下。

➢ GRANT OPTION：被授权的用户可以将这些权限赋予别的用户。

➢ MAX_QUERIES_PER_HOUR count：设置每小时可以允许执行 count 次查询。

➢ MAX_UPDATES_PER_HOUE count：设置每小时可以允许执行 count 次更新。

➢ MAX_CONNECTIONS_PER_HOUR count：设置每小时可以建立 count 次连接。

➢ MAX_USER_CONNECTIONS count：设置单个用户可以同时具有的 count 个连接数。

【例7.18】使用 GRANT 命令来创建一个新的用户 test。test 用户对所有数据库有 SELECT 和 UPDATE 的权限。将密码设置为 test，并加上 WITH GRANT OPTION 子句。GRANT 语句的代码如下：

```
GRANT SELECT,UPDATE ON *.* TO 'test'@'localhost' IDENTIFIED BY 'test' WITH GRANT OPTION;
```

代码执行结果如下：

```
mysql> GRANT SELECT,UPDATE ON *.* TO 'test'@'localhost' IDENTIFIED BY 'test' WITH GRANT
OPTION;
Query OK, 0 rows affected (0.00 sec)
```

结果显示，GRANT 语句执行成功。想查看 test 用户的信息，可以使用 SELECT 语句来查询 user 表。SELECT 语句执行结果如下：

```
mysql> SELECT Host,user,password,select_priv,update_priv,grant_priv FROM mysql.user WHERE
user='test';
| Host       | user          | password
| select_priv | update_priv | grant_priv |
| localhost  | test          | *94BDCEBE19083CE2A1F959FD02F964C7AF4CFC29
|Y          |Y           |Y          |
1 row in set (0.00 sec)
```

查询结果显示，user 参数的值为 test；select_priv，update_priv，grant_priv 参数的值均为 Y；password 参数值为加密后的值。

1）授予表权限和列权限

在授予表权限时，ON 关键字后面连接表名或视图名。priv_type 参数可以是以下值。

➢ SELECT：给予用户使用 SELECT 语句访问特定的表的权力。用户可以在一个视图公式中包含表。然而，用户必须对视图公式中指定的每个表（或视图）都有 SELECT 权限。

➢ INSERT：给予用户使用 INSERT 语句向一个特定表中添加行的权力。

➢ DELETE：给予用户使用 DELETE 语句向一个特定表中删除行的权力。

➢ UPDATE：给予用户使用 UPDATE 语句修改特定表中值的权力。

➢ REFERENCDES：给予用户创建一个外键来参照特定的表的权力。

➢ CREATE：给予用户使用特定的名字创建一个表的权力。

➢ ALTER：给予用户使用 ALTER TABLE 语句修改表的权力。

➢ INDEX：给予用户在表中定义索引的权力。

➢ DROP：给予用户删除表的权力。

➢ ALL 或 ALL PRIVILEGES：表示所有权限名。

【例 7.19】 授予 yy 用户在 news 数据库的 news 表上的 SELECT 权限。GRANT 语句的代码如下：

```
mysql> use news;
Database changed
mysql> GRANT SELECT ON news TO 'yy'@'localhost';
Query OK, 0 rows affected (0.07 sec)
```

结果显示，GRANT 语句授权执行成功。这样 yy 用户就可以直接使用 SELECT 语句查询在 news 数据库的 news 表中的信息了，而不管是谁创建的这个数据库和表。

若在 TO 子句中给存在的用户指定密码，则新密码将会覆盖用户原来定义的密码；若权限授予了一个不存在的用户，则会自动执行一条 CREATE USER 语句来创建这个新用户，但必须为该用户指定密码。

【例 7.20】如果 wang 用户不存在，下面授予他在 news 数据库的 news 表上的 SELECT 和 DELETE 权限。GRANT 语句的代码与执行结果如下：

```
mysql>GRANT SELECT,DELETE ON news TO 'wang'@'localhost' IDENTIFIED BY '111';
Query OK, 0 rows affected (0.00 sec)
```

对于列权限，priv_type 的值只能取 SELECT、INSERT、UPDATE。权限的后面需要加上列名 column_list。

【例 7.21】授予 wang 用户在 news 数据库的 news 表上，newstype 列和 title 列的 UPDATE 权限。GRANT 语句的代码与执行结果如下：

```
mysql> GRANT UPDATE(newstype,title) ON news TO wang@localhost;
Query OK, 0 rows affected (0.00 sec)
```

2）授予数据库权限

表权限适用于一个特定的表。MySQL 数据库还支持针对整个数据库的权限设置。例如，在一个特定的数据库中授予用户创建表和视图的权限。

授予数据库权限时，在 GRANT 语法格式中，ON 关键字后面连接"*"和"db_name.*"。其中，"*"表示当前数据库中的所有表；"db_name.*"表示某个数据库中的所有表。priv_type 可以是以下值。

➢ SELECT：给予用户使用 SELECT 语句访问特定数据库中所有表和视图的权力。
➢ INSERT：给予用户使用 INSERT 语句向一个特定数据库中所有表添加行的权力。
➢ DELETE：给予用户使用 DELETE 语句删除特定数据库中所有表的行的权力。
➢ UPDATE：给予用户使用 UPDATE 语句更新特定数据库中所有表的值的权力。
➢ REFERENCDES：给予用户创建指向特定数据库中表的外键的权力。
➢ CREATE：给予用户使用 CREATE TABLE 语句在特定数据库中创建新表的权力。
➢ ALTER：给予用户使用 ALTER TABLE 语句修改特定数据库中所有表的权力。
➢ INDEX：给予用户在特定数据库的所有表上定义和删除索引的权力。
➢ DROP：给予用户删除特定数据库中所有表和视图的权力。
➢ CREATE TEMPORARY TABLES：给予用户在特定数据库中创建临时表的权力。
➢ CREATE VIEW：给予用户在特定数据库中创建新的视图的权力。
➢ SHOW VIEW：给予用户查看特定数据库中已有视图的视图定义的权力。
➢ CREATE ROUTINE：给予用户为特定数据库创建存储过程和存储函数的权力。
➢ ALTER ROUTINE：给予用户更新或删除特定数据库中已有的存储过程和存储函数的权力。

➢ EXECUTE ROUTINE：给予用户调用特定数据库的存储过程和存储函数的权力。

➢ LOCK TABLES：给予用户锁定特定数据库中已有表的权力。

➢ ALL 或 ALL PRIVILEGES：表示所有权限名。

【例 7.22】 授予 wang 用户在 news 数据库中所有表的 SELECT 权限。GRANT 语句的代码与执行结果如下：

```
mysql> GRANT SELECT ON news.* TO 'wang'@'localhost';
Query OK, 0 rows affected (0.00 sec)
```

这个权限适用于 news 数据库中全部已有的表，以及以后添加到 news 数据库中的任何表。

【例 7.23】 授予 wang 用户在 news 数据库的所有权限。GRANT 语句的代码与执行结果如下：

```
mysql> GRANT ALL ON * to 'wang'@'localhost';
Query OK, 0 rows affected (0.00 sec)
```

与表权限类似，授予一个数据库权限并不意味着拥有另一个权限。例如，用户被授权可以创建新表和视图，却不能访问它们，要访问它们，还需要单独授予 SELECT 权限或更多权限。

3）授予用户权限

最有效率的权限就是用户权限，对于需要授予数据库权限的所有语句，也可以定义在用户权限上。例如，在用户级别上授予某用户 CREATE 权限，这个用户可以创建一个新的数据库，也可以在所有数据库中创建新表。

在 MySQL 数据库授予用户权限时，GRANT 语句格式中的 ON 子句中使用*.*，表示所有数据的所有表。priv_type 除了授予数据库权限所使用的值，还可以是以下值。

➢ CREATE USER：给予用户创建和删除新用户的权力。

➢ SHOW DATABASES：给予用户查看所有数据库的所有表的权力。

【例 7.24】 授予 wang 用户对所有数据库的所有表的 CREATE、ALTER、DROP 权限。GRANT 语句的代码与执行结果如下：

```
mysql> GRANT CREATE,ALTER,DROP ON *.* TO 'wang'@'localhost';
Query OK, 0 rows affected (0.00 sec)
```

【例 7.25】 授予 wang 用户创建新用户的权限。GRANT 语句的代码与执行结果如下：

```
mysql> GRANT CREATE USER ON *. * TO 'wang'@'localhost';
Query OK, 0 rows affected (0.00 sec)
```

3．回收权限

回收权限就是取消某个用户的某些权限，当从一个用户回收权限，但不从 user 表中删除该用户时，可以使用 REVOKE 语句。这条语句和 GRANT 语句格式相似，但具有相反的效果。想要使用 REVOKE 语句，用户必须拥有 MySQL 数据库的全局 CREATE USER 权限和 UPDATE 权限。例如，如果数据库管理员觉得某个用户不应该拥有 DELETE 权限，就可以将 DELETE 权限回收。回收权限的使用可以保证数据库的安全。在 MySQL 数据库中，使用 REVOKE 关键字回收用户权限。回收指定权限的 REVOKE 语句的基本语法如下：

```
REVOKE priv_type [(column_list)] ON database.table FROM user[,user];
```

其中，priv_type 参数表示权限的类型；column_list 参数表示权限作用于哪些列上，若没有该参数，则作用于整个表上；user 参数是由用户名和主机名构成的，其形式是'username'@'localhost'。

回收全部权限的 REVOKE 语句的基本语法如下：

```
REVOKE ALL PRIVILEGES, GRANT OPTION FROM user[,user];
```

【例 7.26】 使用 REVOKE 语句收回 yy 用户的 UPDATE 权限。REVOKE 语句的代码与执行结果如下：

```
mysql> REVOKE UPDATE ON *.* FROM 'yy'@'localhost';
Query OK, 0 rows affected (0.00 sec)
```

结果显示，REVOKE 语句执行成功。使用 SELECT 语句查看 yy 用户的 UPDATE 权限。查询结果显示，update_priv 的值为 N。

【例 7.27】 使用 REVOKE 语句收回 wang 用户的所有权限。REVOKE 语句的代码与执行结果如下：

```
mysql> REVOKE ALL PRIVILEGES, GRANT OPTION FROM 'wang'@'localhost';
Query OK, 0 rows affected (0.00 sec)
```

结果显示，REVOKE 语句执行成功，使用 SELECT 语句查看 wang 用户的 SELECT 权限、UPDATE 权限和 GRANT 权限。结果显示，select_priv、update_priv、grant_priv 的值都为 N。

注意：数据库管理员在给普通用户授权时一定要特别小心，如果授权不当，就可能会给数据库带来致命的破坏。一旦发现给用户授权太多，就应尽快使用 REVOKE 语句将权限回收。此处需要特别注意的是，最好不要授权普通用户 SUPER 权限、GRANT 权限。

4. 查看权限

在 MySQL 数据库中，可以使用 SELECT 语句来查询 user 表中各用户的权限，也可以直接使用 SHOW GRANTS 语句来查看权限。MySQL 数据库下的 user 表中存储着用户的基本权限，可以使用 SELECT 语句来查看。SELECT 语句的代码如下：

```
Select * FROM mysql.user;
```

执行该语句，必须拥有对 user 表的查询权限。除了使用 SELECT 语句，还可以使用 SHOW GRANTS 语句来查看权限。SHOW GRANTS 语句的代码如下：

```
SHOW GRANTS FOR 'username'@' hostname';
```

其中，username 参数表示用户名，hostname 表示主机名或主机 IP。

7.4 任务小结

➤ **任务 1**：MySQL 数据库权限表。通过对本任务的学习，读者对 MySQL 数据库的系统表有了整体的理解，针对 user、db、host、tables_priv 等表分别进行详细的学习。

➤ **任务 2**：管理 MySQL 账户。通过对本任务的学习，读者不仅可以掌握数据库的登录和退出，还可以掌握添加、删除、修改用户的方法，以及 root 用户和普通用户修改密码的方法。本任务最后讲解了 root 用户密码丢失的解决办法。

➢ **任务 3**：管理 MySQL 权限。通过对本任务的学习，读者对 MySQL 数据库的权限管理有了整体的认识。本任务重点解决权限的授予和回收，读者应重点掌握如何使用命令的方式对用户进行授予和回收权限。

本章介绍了 MySQL 数据库的权限表、账户管理、权限管理等内容。其中，账户管理、权限管理是本章的重点内容，密码管理、授权和回收权限更是重中之重，因为这些内容涉及整个 MySQL 数据库的安全性，所以希望读者能够认真学习这部分的内容。取回 root 用户的密码和授权是本章的难点。取回 root 用户密码的操作很复杂，需要读者按照本章的内容进行练习。授权时需要确定给用户分配什么权限，这需要根据实际情况决定。

7.5 知识拓展

本章的知识拓展部分将拓展 MySQL 用户权限的转移和限制。

GRANT 语句使用 WITH 子句可以实现用户权限的转移和限制，若 WITH 子句指定为 WITH GRANT OPTION，则表示 TO 子句中指定的所有用户都拥有把自己所掌握的权限授予其他用户的权利，而不管其他用户是否拥有该权限，这就是权限的转移。

【例 7.28】 授予 yy 用户在 news 数据库中对 news 表的 SELECT 权限，并允许 yy 用户将该权限授予其他用户。GRANT 语句的代码与执行结果如下：

```
mysql> GRANT SELECT ON news. news TO 'yy'@'localhost' WITH   GRANT OPTION;
Query OK, 0 rows affected (0.00 sec)
```

WITH 子句也可以对一个用户授予使用限制，其中，MAX_QUERIES_PER_HOUR count 表示每小时可以查询数据库的次数；MAX_CONNECTIONS_PER_HOUR count 表示每小时可以连接数据库的次数；MAX_UPDATES_PER_HOUR count 表示每小时可以修改数据库的次数；MAX_USER_CONNECTIONS count 表示同时连接 MySQL 数据库的最大用户数。count 是一个数值，对于前三个字段，count 如果为 0 则表示不起限制作用。

【例 7.29】 授予 yy 用户每小时只能处理 10 条 SELECT 语句的限制。GRANT 语句的代码与执行结果如下：

```
mysql> GRANT SELECT ON news. news TO 'yy'@'localhost' WITH MAX_QUERIES_ PER_HOUR 10;
Query OK, 0 rows affected (0.00 sec)
```

7.6 巩固练习

一、基础练习

1．在 MySQL 数据库中，用于存放权限信息的系统表是＿＿＿＿＿表。

2．在 MySQL 数据库中的权限表中，字段大致分为 4 类，分别是＿＿＿＿＿、＿＿＿＿＿、安全列和资源控制列。

3．在 MySQL 数据库中，添加用户所用到的语句是＿＿＿＿＿。

4．在 MySQL 数据库中，删除用户所用到的语句是＿＿＿＿＿。

5．在 MySQL 数据库中使用＿＿＿＿＿关键字来为用户设置权限。

6．在 MySQL 数据库中使用＿＿＿＿＿关键字来回收用户权限。

二、进阶练习

1．使用 root 用户创建一个名为 myuser 的用户，将密码设置为 mysql，并且为该用户设置 CREATE 和 DROP 权限。写出相应的 SQL 语句。

2．修改上一题中 myuser 用户的密码，将密码改为 mybook。分别练习使用 root 用户和 myuser 用户的权限来修改。

3．假设忘记了 myuser 用户的密码，使用 root 用户设置新的密码。写出对应的 SQL 语句。

4．分析 MySQL 数据库采用哪些措施实现数据库的安全管理？

5．分析服务器分为哪几类用户？分别有哪些权限？

第8章
数据库的备份与恢复

8.1 情景引入

小李配合导师开发的学生成绩管理系统已经进入调试与试运行阶段了。在系统调试过程中，小李发现尽管对数据库进行了严格的用户管理和权限管理，减少了人为误操作导致的数据丢失和恶意破坏，但还是不能完全保证数据库的安全性和完整性。为了保证 MySQL 数据库更加安全，小李想给数据库制作一个副本，在数据遭到破坏时，能够使用这个副本去修复数据库并恢复数据。

小李想要完成 MySQL 数据库的备份与恢复操作，建议了解以下内容。

1. 数据备份：及时对数据库进行备份，以防万一。

2. 数据恢复：当数据库受到破坏时，及时将备份的数据进行数据库恢复，从而保障数据库中数据的正确性。

3. 表数据的导入与导出：在 MySQL 数据库文件与其他格式的文件之间实现数据的导入与导出。

8.2 任务目标

➡ 知识目标

1. 掌握数据备份的方法。
2. 掌握数据还原的方法。
3. 掌握导入和导出文本文件的方法。

➡ 能力目标

1. 能使用 mysql 命令对数据库进行备份。
2. 能使用 mysql 命令对数据库进行还原。
3. 能使用 mysql 命令在数据库文件与文本文件之间进行导入、导出操作。

➡ 素质目标

1. 具备数据安全的责任意识、规范意识及道德意识。

2. 具备数据灾难恢复、应急处理的职业素养与能力。

3. 具备规范操作数据库的职业素养。

4. 具备较强的团队协作精神。

8.3 任务实施

微课视频

任务 8.3.1 备份数据库

在数据库的操作过程中，尽管系统中采用了各种措施来保证数据库的安全性和完整性，但是硬件故障、软件错误、病毒侵入、误操作等现象仍有可能发生，导致运行事务的异常中断，影响数据的正确性，甚至破坏数据库，使数据库中的数据部分或全部丢失。因此，拥有能够恢复数据的方法对一个数据库系统来说是非常重要的。在 MySQL 数据库中有 3 种保证数据库安全的方法。

➤ 数据库备份：通过导出数据或复制表文件来保护数据。

➤ 二进制日志文件：保存更新数据的所有语句。

➤ 数据库复制：MySQL 数据库的内部复制功能建立在两个或两个以上的服务器之间，是通过设定它们之间的主从关系来实现的。其中一个作为主服务器，其他的作为从服务器。

数据库备份是最简单的保护数据的方法。

1. 使用 mysqldump 命令备份数据

mysqldump 命令可以将数据库中的数据备份成一个文本文件。表的结构和表中的数据将存储在生成的文本文件中。mysqldump 命令的工作原理很简单，首先，检查需要备份的表的结构，在文本文件中生成一个 CREATE 语句；然后，将表中的所有记录转换成 INSERT 语句。这些 CREATE 语句和 INSERT 语句都是在还原时使用的。在还原数据时，用户可以使用其中的 CREATE 语句来创建表，使用其中的 INSERT 语句来还原数据。

1）备份一个数据库

使用 mysqldump 命令备份一个数据库中的表，其基本语法格式如下：

```
mysqldump -u username -p dbname table1 table2…>backupName.sql
```

其中，dbname 参数表示数据库的名称；table1 和 table2 参数表示表的名称，若没有该参数则备份整个数据库；backupName.sql 参数表示备份文件的名称，文件生成后保存在 mysql 数据库安装目录（\mysql\mysql5.5.24\bin）下，也可以在文件名里加上一个绝对路径。通常将数据库备份文件的后缀名定为 ".sql"。

注意：使用 mysqldump 命令备份的文件并非一定要求后缀名为 ".sql"，备份成其他格式的文件也是一样的。例如，后缀名为 ".txt" 的文件。

【例 8.1】 使用 mysqldump 命令为 root 用户备份 news 数据库下的 news 表，将其备份到 E 盘根目录下。命令如下：

```
mysqldump -u root -p news>e:\news.sql
```

在输入密码，执行完命令后，用户可以在 E 盘根目录下找到 news.sql 文件，该文件中的部分内容如下：

```
-- MySQL dump 10.13 Distrib 5.5.24, for Win32 (x86)
-- Host: localhost Database: news
-- --------------------------------------------------------
-- Server version 5.5.24-log
/*!40101 SET @OLD_CHARACTER_SET_CLIENT=@@CHARACTER_SET_CLIENT */;
/*!40101 SET @OLD_CHARACTER_SET_RESULTS=@@CHARACTER_SET_RESULTS */;
/*此处省略掉部分内容*/
--
-- Table structure for table 'news'
--
DROP TABLE IF EXISTS 'news';
/*!40101 SET @saved_cs_client = @@character_set_client */;
/*!40101 SET character_set_client = utf8 */;
CREATE TABLE 'news' (
   'Id' int(11) NOT NULL AUTO_INCREMENT,
   'newstype' varchar(21) DEFAULT NULL,
   'title' varchar(25) DEFAULT NULL,
   'ncontent' text,
   'createpeople' varchar(25) DEFAULT NULL,
   'countnumber' int(6) DEFAULT NULL,
   'creattime' datetime DEFAULT NULL,
   PRIMARY KEY ('Id')
) ENGINE=InnoDB AUTO_INCREMENT=3 DEFAULT CHARSET=utf8;
/*!40101 SET character_set_client = @saved_cs_client */;
--
-- Dumping data for table 'news'
--
LOCK TABLES 'news' WRITE;
/*!40000 ALTER TABLE 'news' DISABLE KEYS */;
INSERT INTO 'news' VALUES (1,'国际新闻','社会主义','大家生活好','张三',1,'2013- 12-20 00:00:00'),(2,'
国内新闻','天气预报','又是一个好天气','xsc',0,'2013-11-20 00:00:00');
/*!40000 ALTER TABLE `news` ENABLE KEYS */;
UNLOCK TABLES;
/*!40103 SET TIME_ZONE=@OLD_TIME_ZONE */;
/*!40101 SET SQL_MODE=@OLD_SQL_MODE */;
/*此处省略掉部分内容*/
-- Dump completed on 2014-01-02 13:29:47
```

　　文件开头记录了 MySQL 数据库的版本号、备份的主机名和数据库名。文件中，以 "--"开头的都是 SQL 语言的注释；以 "/*!40101" 形式开头的都是与 MySQL 数据库有关的注释，40101 是 MySQL 数据库的版本号。在还原数据库时，如果 MySQL 数据库的版本号比 4.1.1 高，则 "/*!40101" 和 "*/" 之间的内容会被当作 SQL 命令来执行；如果比 4.1.1 版本号低，则 "/*!40101" 和 "*/" 之间的内容会被当作注释。

　　后面的 DROP 语句、CREATE 语句和 INSERT 语句都是在还原时使用的。其中，DROP TABLE IF EXISTS 'news'语句用来判断数据库中是否还有名为 news 的表，如果存在，就删除这个表；CREAT 语句用来创建 news 表；INSERT 语句用来还原所有数据。文件的最后记录了备份的时间。

注意：由于上面的 news.sql 文件中没有创建数据库的语句，因此 news.sql 文件中的所有表和记录必须还原到一个已经存在的数据库中。在还原数据时，首先执行 CREATE TABLE 语句在数据库中创建表，然后执行 INSERT 语句向表中插入记录。

【例 8.2】 使用 mysqldump 命令为 root 用户备份 news 数据库，备份到 E 盘根目录下。命令如下：

```
mysqldump -u root -p -databases news >e:\news.sql
```

在输入密码，执行完命令后，用户可以在 E 盘根目录下找到 news.sql 文件。

2）备份多个数据库

使用 mysqldump 命令备份多个数据库，其语法格式如下：

```
mysqldump -u username -p -databases dbname1 dbname2…>backupname.sql
```

这里需要加上"-databases"这个选项，然后连接多个数据库的名称。

【例 8.3】 使用 mysqldump 命令为 root 用户备份 test 数据库和 news 数据库，备份到 E 盘根目录下。命令如下：

```
mysqldump -u root -p -databases test news >e:\backup.sql
```

在输入密码，执行完命令后，用户可以在 E 盘根目录可以找到 backup.sql 文件。这个文件中存储着这两个数据库的所有信息。

3）备份所有数据库

使用 mysqldump 命令备份所有数据库，其语法格式如下：

```
mysqldump -u username -p -all-databases > e:\backupname.sql
```

【例 8.4】 使用 mysqldump 命令为 root 用户备份所有数据库，备份到 E 盘根目录下。命令如下：

```
mysqldump -u root -p -all-databases > e:\allbackname.sql
```

在执行完命令后，用户可以在 E 盘根目录下找到 allbackname.sql 文件。这个文件中存储着所有数据库的所有信息。

2．直接复制整个数据库目录

MySQL 数据库有一种最简单的备份方法，就是将 MySQL 数据库中的数据库文件直接复制出来。这种方法最简单，速度也是最快的。在使用这种方法时，最好先将服务器停止。这样一来，可以保证在复制期间数据库的数据不会发生变化。如果在复制数据库的过程中还有数据写入，就会造成数据不一致。

这种方法虽然简单快速，但不是最好的备份方法。因为，实际情况可能不允许停止 MySQL 服务器。而且，这种方法对 InnoDB 存储引擎的表不适用。虽然，对于 MyISAM 存储引擎的表，这样备份和还原很方便。但是，在还原时最好是相同版本的 MySQL 数据库，否则可能会出现文件类型不同的情况。

3．使用 mysqlhotcopy 工具快速备份

如果备份时不能停止 MySQL 服务器，则可以采用 mysqlhotcopy 工具。mysqlhotcopy 工具的备份方式比 mysqldump 命令的备份方式快。

mysqlhotcopy 工具是一个 Perl 脚本，主要在 Linux 操作系统下使用。mysqlhotcopy 工具使用 LOCK TABLES、FLUSH TABLES 和 cp 进行快速备份。其工作原理是，首先，将需要备份的数据库加上一个读操作锁；然后，用 FLUSH TABLES 将内存中的数据写到硬盘上的数据库中；最后，把需要备份的数据库文件复制到目标目录。其语法格式如下：

```
[root@loclhost~]# mysqlhotcopy [option] dbname1 dbname2…backupDir/
```

其中，dbname1、dbname2 等参数表示需要备份的数据库的名称；backupDir 参数指出备份到哪个文件夹下。这个命令的含义就是将 dbname1、dbname2 等数据库备份到 backupDir 目录下。mysqlhotcopy 工具有一些常用的选项，这些选项的介绍如下。

- --help：用来查看 mysqlhotcopy 的帮助。
- --allowold：如果备份目录下存在相同的备份文件，则将旧的备份文件名加上"_old"。
- --keepold：如果备份目录下存在相同的备份文件，则不删除旧的备份文件，而是将旧的文件更名。
- --flushlog：本次备份之后，将数据库的更新记录到日志中。
- --noindices：只备份数据文件，不备份索引文件。
- --user=用户名：用来指定用户名，可以用"-u"选项代替。
- --password=密码：用来指定密码，可以用"-p"选项代替。在使用"-p"选项时，密码与"-p"选项紧挨着，或者只使用"-p"选项，然后用交换的方式输入密码。这与登录数据库时的情况是一样的。
- --port=端口号：用来指定访问端口，可以用"-p"选项代替。
- --socket=socket 文件：用来指定 socket 文件，可以用"-s"选项代替。

注意：虽然 mysqlhotcopy 工具速度快，使用起来很方便，但是 mysqlhotcopy 工具不是 MySQL 数据库自带的，需要安装 Perl 的数据库接口包。mysqlhotcopy 工具的工作原理是将数据库文件复制到目标目录。因此，mysqlhotcopy 工具只能备份 MyISAM 类型的表，不能用来备份 InnoDB 类型的表。

任务 8.3.2　还原数据库

管理员的非法操作和计算机的故障都会破坏数据库文件。当数据库遭到这些意外时，可以通过备份文件将数据库还原到备份时的状态。这样可以将损失降低到最小。

1. 使用 mysql 命令还原

管理员通常使用 mysqldump 命令将数据库中的数据备份成一个文本文件。通常这个文本文件的后缀名为".sql"。当需要还原时，可以使用 mysql 命令来还原备份的数据。

备份文件中通常包含 CREATE 语句和 INSERT 语句。mysql 命令可以执行备份文件中的 CREATE 语句和 INSERT 语句，通过 CREATE 语句来创建数据库和表，通过 INSERT 语句来插入备份的数据。mysql 命令的基本语法如下：

```
mysql -u root -p [dbname]<backupname.sql
```

其中，dbname 参数表示数据库的名称。该参数是可选参数，可以指定数据库名，也可以不指定，若指定数据库名，则表示还原该数据库下的表；若不指定数据库名，则表示还原特定的数据库，即备份文件中有创建数据库语句的数据库。

【例 8.5】 使用 mysql 命令为 root 用户还原备份所有的数据库。命令如下：

```
mysql -u root -p <e:\news.sql
```

执行完命令后，在 MySQL 数据库中就已经还原了 news.sql 文件里的所有数据库。

注意：如果使用-all-databases 参数备份了所有的数据库，则在还原时不需要指定数据库。因为，其对应的 sql 文件含有 CREATE DATABASE 语句，可以通过该语句来创建数据库。在创建数据库后，可以执行 sql 文件中的 USE 语句选择数据库，再到数据库中创建表并插入记录。

2. 使用 mysqlimport 还原数据

mysqlimport 命令可以用来还原表中的数据，它提供了 LOAD DATA INFILE 语句的一个命令接口，发送一个 LOAD DATA INFILE 命令到服务器来运作。mysqlimport 命令的大多数选项直接对应 LOAD DATA INFILE 语句。其语法格式如下：

```
mysqlimport [options] db_name filenamge…
```

其中，options 是 mysqlimport 命令的可选项，使用 mysqlimport -help 即可查看这些选项的内容和作用。常用的选项如下。

> ➤ -d，-delete：在导入文本文件前清空表格。
> ➤ -lock-tables：在处理任何文本文件前锁定所有的表，保证所有的表在服务器上同步。然而，对于 InnoDB 类型的表则不必锁定。
> ➤ --low-priority，--local，--replace，--ignore：分别对应 LOAD DATA INFILE 语句的 LOW_PRIORITY、LOCAL、REPLACE、IGNORE 关键字。

对于在命令行上命名的每个文本文件，mysqlimport 命令都可以剥去文件名的扩展名，并使用该命令决定向哪个表导入文件的内容。例如，patient.txt、patient.sql 和 patient 都会被导入名为 patient 的表中。所以备份的文件名应根据需要恢复的表命名。

【例 8.6】 使用 mysqlimport 命令恢复 news 数据库中 news 表的数据，将数据的文件保存为 news.txt 文本文件。命令如下：

```
mysqlimport -u root -p --low-priority --replace news news.txt
```

注意：mysqlimport 命令也需要提供"-u""-p"选项来选择服务器。mysqlimport 命令是通过执行 LOAD DATA INFILE 语句来恢复数据库的，所以上例中未指定位置的备份文件默认在 MySQL 数据库的 DATA 目录中。如果不在则是需要指定文件的具体路径。

3. 直接复制到数据库目录

之前介绍过一种直接复制数据的备份方法。通过这种方式备份的数据，可以直接复制到 MySQL 数据库的目录下。通过这种方式，在还原时，必须保证两个 MySQL 数据库的主版本号是相同的。只有在 MySQL 数据库主版本号相同时，才能保证这两个 MySQL 数据库的文件类型是相同的。而且，这种方式对 MyISAM 类型的表比较有效，对 InnoDB 类型的表则不可用。因为 InnoDB 类型的表的空间不能直接复制。

在 Windows 操作系统下，MySQL 数据库的目录通常存放在 3 个路径 C:\mysql\data、C:\Documents and Setting\All Users\application Data\MySQL\MySQL Server 5.1\data 或 C:\Program Files\MySQL\MySQL Server 5.1\data 中。在 Linux 操作系统下，MySQL 数据库的目录通常存放在 3 个目录 var/lib/mysql、/usr/local/mysql/data 或/usr/local/ mysql/var 下，

上述位置只是数据库目录最常用的位置。具体位置根据用户在安装时设置的位置而定。

使用 mysqlhotcopy 命令备份的数据也是通过这种方式来还原的。在 Linux 操作系统下，在复制到数据库目录后，一定要将数据库的用户和组都变成 mysql。命令如下：

```
chown -R mysql.mysql dataDir
```

其中，两个 mysql 分别表示组和用户；"-R" 参数可以改变文件夹下的所有子文件的用户和组；dataDir 参数表示数据库目录。

注意：在 Linux 操作系统下，MySQl 数据库的权限设置非常严格。在通常情况下，MySQL 数据库只有 root 用户和 mysql 用户组下的 mysql 用户可以访问。因此，在将数据库目录复制到指定文件夹后，一定要使用 chown 命令将文件夹的用户组变为 mysql，将用户变为 mysql。

任务 8.3.3 导入和导出表

MySQL 数据库中的表可以导出成文本文件、XML 文件或 HTML 文件。相应的文本文件也可以导入 MySQL 数据库中。在数据库的日常维护中，经常需要进行表的导出和导入操作。

1. 使用 SELECT…INTO OUTFILE 语句块导出文本文件

在 MySQL 数据库中，使用 SELECT…INTO OUTFILE 语句块将表的内容导出成一个文本文件，然后使用 LOAD DATA…INFILE 语句块恢复数据。但是，这种方法只能导入和导出数据的内容，却不包括表的结构。如果表的文件结构损坏，则必须先恢复原来的表结构。SELECT…INTO OUTFILE 语句块的基本语法格式如下：

```
SELECT [列名] FROM TABLE [where 语句] INTO OUTIFILE '目标文件' [option];
```

该语句分为两个部分。前半部分是一个普通的 SELECT 语句，通过这个 SELECT 语句来查询所需要的数据；后半部分是导出数据的。其中，目标文件参数指出将查询的记录导出到哪个文件，option 参数有 6 个常用的选项，分别介绍如下。

- ➢ FIELDS TERMINATED BY'字符串'：设置"字符串"为字段的分隔符，默认值为"\t"。
- ➢ FIELDS ENCLOSED BY'字符'：设置用"字符"来括上字段的值。在默认情况下不使用任何符号。
- ➢ FIELDS OPTIONALLY ENCLOSED BY'字符'：设置用"字符"来括上 CHAR、VARCHAR 和 TEXT 等数据类型字段的值。在默认情况下不使用任何符号。
- ➢ FIELDS ESCAPED BY'字符'：设置转义字符，默认值为"\"。
- ➢ LINES STARTING BY'字符串'：设置每行开头的字符，在默认情况下无任何字符。
- ➢ LINES TERMINATED BY'字符串'：设置每行的结束符，其默认值为"\n"。

【例 8.7】 使用 SELECT…INTO OUTFILE 语句块来导出 test 数据库下 xsc 表的记录。其中，字段之间用"、"隔开，字符型数据用双引号括起来。每条记录以">"开头。命令如下：

```
SELECT * FROM test.xsc INTO OUTFILE 'e:/xsc.txt' FIELDS TERMINATED BY '\、' FIELDS
OPTIONALLY ENCLOSED BY ' \" ' LINES STARTING BY '\>' TERMINTED BY '\r\n';
```

其中，TERMINATED BY'\r\n'可以保证每条记录占一行。在 Windows 操作系统下，"\r\n"才是回车换行。如果不加这个选项，在默认情况只是"\n"。使用 root 用户信息登录 MySQL 数据库，然后执行上述命令。在执行完以后，可以在 E 盘下看到一个名为 xsc.txt 的文本文件。xsc.txt 文本文件中的内容如下：

```
>1、"张东"、"男"、1991、"互联网工程系"
>2、"张三"、"男"、1990、"软件技术系"
>3、"李四"、"男"、1993、"互联网工程系"
>4、"张梅"、"女"、1992、"游戏动漫学院"
>5、"于娟"、"女"、1991、"电子工程系"
```

这些记录都是以">"开头，每条记录之间以"、"隔开。而且，字符型数据都加上了引号。

2. 使用 mysqldump 命令导出文本文件

mysqldump 命令可以备份数据库中的数据。但是，备份时是在备份文件中保存了 CREATE 语句和 INSERT 语句。不仅如此，mysqldump 命令还可以导出文本文件。其基本语法格式如下：

```
mysqldump -u root -pPassword -T 目标目录  dbname table[option];
```

其中，Password 参数表示 root 用户的密码，密码紧挨着"-p"选项；"目标目录"参数是指导出的文本文件的路径；dbname 参数表示数据库的名称；table 参数表示表的名称；option 表示附件选项。这些附件选项的介绍如下。

➢ --fields-terminated-by=字符串：设置"字符串"为字段的分隔符，默认值为"\t"。

➢ --fields-enclosed-by=字符：设置用"字符"来括上字段的值。

➢ --fields-optionally-enclosed-by=字符：设置用"字符"来括上 CHAR、VARCHAR 和 TEXT 等数据类型字段的值。

➢ --fields-escaped-by=字符：设置转义字符。

➢ --lines-terminated-by=字符串：设置每行的结束符。

注意：这些选项必须用双引号括起来，否则 MySQL 数据库系统就不能识别这些参数。

【例 8.8】 使用 mysqldump 语句导出 test 数据库下 xsc 表的记录。其中，字段之间用","号隔开，字符型数据用双引号括起来。命令如下：

```
mysqldump -u root -p111 -T e:\test xsc "--fields-terminated-by =,  "" -fields -optionally -enclosed-by =";
```

其中，root 用户的密码为 111，密码紧挨着"-p"选项。"-fields-terminated-by"等选项都用双引号括起来。在命令执行完后，可以在 E 盘下看到一个名为 xsc.txt 的文本文件和一个名为 xsc.sql 的文件。xsc.txt 文本文件中的内容如下：

```
1，"张东"，"男"，1991，"互联网工程系"
2，"张三"，"男"，1990，"软件技术系"
3，"李四"，"男"，1993，"互联网工程系"
4，"张梅"，"女"，1992，"游戏动漫学院"
5，"于娟"，"女"，1991，"电子工程系"
```

这些记录都以","隔开。而且字符数据都加上了引号。其实，mysqldump 命令也是通过调用 SELECT…INTO OUTFILE 语句块来导出文本文件的。除此之外，mysqldump 命令同时还生成了 xsc.sql 文件。这个文件中有表的结构和表中的记录。

注意：在导出数据时，一定要注意数据的格式。通常每个字段之间都必须用分隔符隔开，比如，可以使用逗号，空格或制表符（Tab）进行分割。每条记录占用一行，新记录要从下一行开始。字符串数据都要使用双引号括起来。

mysqldump 命令还可以导出 XML 格式的文件，其基本语法如下：

```
mysqldump -u root -pPassword --xml | -X dbname table >C:/name.xml;
```

其中，Password 参数表示 root 用户的密码；使用"--xml"或"-X"选项可以导出 XML 格式的文件；dbname 参数表示数据库的名字；table 参数表示表的名称；C:/name.xml 参数表示导出的 XML 文件的路径和名字。

3. 使用 mysql 命令导出文本文件

mysql 命令可以用来登录 MySQL 服务器，也可以用来还原备份文件。同时，mysql 命令还可以导出文本文件。其基本语法格式如下：

```
mysql -u root -pPassword -e "SELECT 语句" dbname>C:/name.txt;
```

其中，Password 参数表示 root 用户的密码；使用"-e"选项可以执行后面的 SQL 语句；"SELECT 语句"用来查询记录；C:/name.txt 参数表示导出文件的路径。

【例 8.9】 使用 mysql 命令来导出 test 数据库下 xsc 表的记录。命令如下：

```
mysql -u root -p111 -e "SELECT * FROM xsc" test >C:/xsc.txt;
```

上述命令将 xsc 表中的所有记录查询出来，然后写入 xsc.txt 文本文件中。xsc.txt 文本文件中的内容如下：

```
Id  姓名  性别  出生年月  所属系部
1   张东  男    1991    互联网工程系
2   张三  男    1990    软件技术系
3   李四  男    1993    互联网工程系
4   张梅  女    1992    游戏动漫学院
5   于娟  女    1991    电子工程系
```

mysql 命令还可以导出 XML 文件和 HTML 文件。使用 mysql 命令导出 XML 文件的语法如下：

```
mysql -u root -pPassword --xml | -X -e "SELECT 语句" dbname > C:/name.xml;
```

其中，Password 参数表示 root 用户的密码；使用"--xml"或"-X"选项可以导出 XML 格式的文件；dbname 参数表示数据库的名称；C:/name.xml 参数表示导出 XML 文件的路径。

使用 mysql 命令导出 HTML 文件的语法如下：

```
mysql -u root -pPassword --html |-H -e "SELECT 语句" dbname > C:/name.html;
```

其中，使用"--html"或"-H"选项可以导出 HTML 格式的文件。

4. 使用 LOAD DATA INFILE 命令导入文本文件

在 MySQL 数据库中，可以使用 LOAD DATA INFILE 命令将文本文件导入 MySQL 数据库中。其基本语法格式如下：

```
LOAD DATA [local] INFILE file INTO TABLE table [option];
```

其中，local 参数是在本地计算机中查找文本文件时使用的；file 参数指定了文本文件的路径和名称；table 参数表示表的名称；option 参数有 9 个常用的选项，分别介绍如下。

> ➢ FIELDS TERMINATED BY'字符串'：设置"字符串"为字段的分隔符，默认值为"\t"。
> ➢ FIELDS ENCLOSED BY'字符'：设置用"字符"来括上字段的值，在默认情况下不使用任何符号。
> ➢ FIELDS OPTIONALLY ENCLOSED BY'字符'：设置用"字符"来括上 CHAR、TEXT 和 VARCHAR 等数据类型字段的值，在默认情况下不使用任何符号。
> ➢ FIELDS ESCAPED BY'字符'：设置转义字符，默认值为"\"。
> ➢ LINES STATING BY'字符串'：设置每行开头的字符，在默认情况下无任何字符。
> ➢ LINES TERMINATED BY'字符串'：设置每行的结束符，默认值为"\n"。
> ➢ IGNORE n LINES：忽略文件的前 n 行记录。
> ➢（字段列表）：根据字段列表中的字段和顺序来加载记录。
> ➢ SET column=expr：将指定的 column 列进行相应地转换后再加载，使用 expr 表达式进行转换。

【例 8.10】 使用 LOAD DATA INFILE 命令将 xsc.txt 文本文件中的记录导入 xsc 表中。命令如下：

```
LOAD DATA INFILE 'e:\xsc.txt' INTO table xsc FIELDS TERMINATED BY ',' OPTIONALLY ENCLOSED BY'"';
```

在使用 LOAD DATA INFILE 命令导入时，要注意 xsc.txt 文本文件中的分隔符。

5．使用 mysqlimport 命令导入文本文件

在 MySQL 数据库中，将文本文件导入数据库中可以使用 mysqlimport 命令。其基本语法形式如下：

```
mysqlimport -u root -pPassword [--local] dbname file [option]
```

其中，Password 参数是 root 用户的密码，必须与"-p"选项紧挨着；local 参数是在本地计算机中查找文本文件时使用的；dbname 参数表示数据库的名称；file 参数是指定了文本文件的路径和名称；option 参数有 6 个常用的选项。分别介绍如下。

> ➢ --fields-terminated-by=字符串：设置"字符串"为字段的分隔符，默认值是"\t"。
> ➢ --fields-enclosed-by=字符：设置用"字符"来括上字段的值。
> ➢ --fields-optionally-enclosed-by=字符：设置用"字符"来括上 CHAR、VARCHAR 和 TEXT 等数据类型字段的值。
> ➢ --fields-escaped-by=字符：设置转义字符。
> ➢ --lines-terminated-by=字符串：设置每行的结束符。
> ➢ --ignore-lines=n：表示可以忽略前几行。

【例 8.11】 使用 mysqlimport 命令将 xsc.txt 文本文件中的记录导入 xsc 表中。命令如下：

```
mysqlimport -u root -p111 test e:\xsc.txt"--fields-terminated-by=,""--fields-optionally-enclosed by="";
```

在使用 mysqlimport 命令导入时，需要注意 xsc.txt 文本文件中的分隔符。执行该命令，就可以将 xsc.txt 文本文件中的记录导入 test 数据库下的 xsc 表中。

8.4 任务小结

➢ **任务 1**：备份数据库。通过对本任务的学习，读者应当掌握使用 mysqldump 命令、直接复制整个数据库目录、使用 mysqlhotcopy 工具这 3 种方法进行数据库备份。其中，使用 mysqldump 命令备份数据是最常用的方法，读者应重点学习和掌握。

➢ **任务 2**：还原数据库。通过对本任务的学习，读者应当掌握使用 mysql 命令、mysqlimport 命令和复制整个数据库目录的方式来还原数据库。这 3 种方式各有优势，读者可以根据自身情况学习。

➢ **任务 3**：导入和导出表。通过对本任务的学习，读者从 5 种方式上学习了数据的导入和导出的方法，每一种方式的学习都需要读者进行实际的操作和练习方可掌握。

本章介绍了利用 mysqlhotcopy 工具和 mysqldump、mysql、mysqlimport、LOAD DATA INFILE 等命令进行数据库的备份、还原，以及表的导入与导出等操作，灵活运用这些工具，将会为数据库的安全操作提供有力的保障。

8.5 知识拓展

本章的知识拓展部分将介绍迁移数据库的相关知识。

数据库迁移是指数据库从一个系统移动到另一个系统上。数据库迁移的原因是多种多样的，比如，升级了计算机，或者升级了 MySQL 数据库或部署开发的管理系统，甚至是换用了其他的数据库。根据上述情况，可以将数据库迁移大致分为 3 类。这 3 类分别是：相同版本的 MySQL 数据库之间的迁移，迁移到其他版本的 MySQL 数据库中和迁移到其他类型的数据库中。

1．相同版本的 MySQL 数据库之间的迁移

相同版本的 MySQL 数据库之间的迁移就是在主版本号相同的 MySQL 数据库之间进行数据库移动。这种数据库迁移的方式最容易实现。在相同版本的 MySQL 数据库之间进行数据库迁移的原因有很多，通常是因为换了新机器，或者是装了新的操作系统。还有一种常见的原因是需要将开发的管理系统部署到工作机器上。因为迁移前后 MySQL 数据库的主版本号相同，所以可以通过复制数据库目录的方式来实现数据库迁移。但是，只有数据表都是 MyISAM 类型的才能使用这种方式。最常用和最安全的方式是使用 mysqldump 命令来备份数据库。然后使用 mysql 命令将备份文件还原到新的 MySQL 数据库中。这里可以将备份和迁移同时进行。假设从一个名为 host1 的机器中备份出所有数据库，然后，将这些数据库迁移到名为 host2 的机器上。命令如下：

```
mysqldump -h name1 -u root -password=password1 -all-databases | mysql -h host2 -u root -password=password2
```

其中，"|" 符号表示管道，其作用是将 mysqldump 备份的文件送给 mysql 命令；password1 是 name1 主机上 root 用户的密码。同理，password2 是 name2 主机上的 root 用户的密码。

通过这种方式可以实现迁移。

2. 不同版本的 MySQL 数据库之间的迁移

不同版本的 MySQL 数据库之间进行数据迁移通常是 MySQL 数据库升级的原因。例如，原来很多服务器使用 4.0 版本的 MySQL 数据库。5.0 版本的 MySQL 数据库推出以后，改进了 4.0 版本的很多缺陷。因此需要将 MySQL 数据库升级到 5.0 版本。这样就需要进行不同版本的 MySQL 数据库之间的数据迁移了。

高版本的 MySQL 数据库通常都会兼容低版本的 MySQL 数据库，因此数据库可以从低版本的 MySQL 数据库迁移到高版本的 MySQL 数据库中。对于 MyISAM 类型的表可以直接复制，也可以直接使用 mysqlhotcopy 工具。但是，InnoDB 类型的表不可以使用这两种方法。对于 InnoDB 类型的表最常用的办法就是使用 mysqldump 命令来进行备份，然后通过 mysql 命令将备份文件还原到目标 MySQL 数据库中，但是，高版本的 MySQL 数据库很难迁移到低版本的 MySQL 数据库。因为高版本的数据库可能有一些新的特性，这些新特性是低版本 MySQL 数据库所不具有的。数据库在迁移时要特别小心，最好使用 mysqldump 命令进行备份，避免造成数据丢失。

3. 不同类型的数据库之间的迁移

不同类型的数据库之间的迁移是指数据库从其他类型的数据库迁移到 MySQL 数据库中，或者从 MySQL 数据库迁移到其他类型的数据库中。例如，某个网站原来使用 Oracle 数据库或 SQL Server 数据库，因为运行成本太高等诸多因素，希望改用 MySQL 数据库。或者，某个管理系统原来使用 MySQL 数据库，因为某种特殊性能的要求，希望改用 Oracle 数据库或 SQL Server 数据库。这种不同类型的数据库之间的迁移也会经常发生。但是，这种迁移没有普遍适用的解决办法。

除 MySQL 数据库以外的数据库也有类似 mysqldump 这样的备份工具，可以将数据库中的文件备份成一个 sql 文件或普通文本。但是，因为不同数据库厂商没有完全按照 SQL 标准来设计数据库，所以就造成了不同数据库适用不同 SQL 语句的结果。例如，微软的 SQL Server 软件适用的是 T-SQL 语句。T-SQL 语句中包含了非标准的 SQL 语句。这就造成了 SQL Server 数据库和 MySQL 数据库的 SQL 语句不能兼容。除了 SQL 语句存在不兼容的情况，不同的数据库之间的数据类型也有差异。例如，SQL Server 数据库中有 ntext、image 等数据类型，这些 MySQL 数据库都没有；MySQL 数据库支持的 ENUM 和 SET 类型，这些 SQL Server 数据库都不支持。数据类型的差异也造成了迁移的困难。从某种意义上说，这种差异是商业数据库公司故意造成的壁垒。这种行为阻碍了数据库市场的健康发展。

但是，不同类型的数据库之间的迁移并不是完全不可能的。在 Windows 操作系统下，MySQL 数据库与 SQL Server 数据库之间的迁移通常可以通过使用 MyODBC 软件来实现。从 MySQL 数据库迁移到 Oracle 数据库需要使用 mysqldump 命令导出 sql 文件，然后，手动更改 sql 文件中的 CREATE 语句。

8.6 巩固练习

一、基础练习

1. 通过执行 mysqldump 命令可以将数据库保存到一个_____中。

2．在进行数据还原时，通过执行 mysqldump 命令中的＿＿＿＿＿语句和＿＿＿＿＿语句就可以将数据还原到备份时的状态。

3．在进行数据库备份时，如果已经登录了 MySQL 服务器，则可以使用＿＿＿＿＿命令导入 sql 文件。

4．备份多个数据库与备份多个表一样，在各个数据库之间使用＿＿＿＿＿隔开。

5．使用 mysqldump 命令备份产生的备份文件类型是 ＿＿＿＿＿。

二、进阶练习

1．使用 mysqldump 命令备份 XSCJ 数据库中的 xs_kc 表和 kc 表，备份文件为 kc_xs_kc.sql，存放到 D 盘的 bak 文件夹中。

2．使用 mysqldump 命令将整个数据库系统备份到 backmysql.sql 文件中，存放到 D 盘的 bak 文件夹中。

3．利用题目 1 和题目 2 产生的备份文件进行还原。

4．分析使用 mysqldump 命令备份产生的文本文件其还原数据的原理是什么？

5．写出使用 mysqldump 命令对 Demo 数据库进行备份的完整命令，假设数据库主机为 127.0.0.1，管理员为 root，密码为 123456，备份的数据库文件为 Demo.sql。

6．写出使用 mysqldump 命令对 Demo 数据库中的 users 表进行备份的完整命令，假设数据库主机为 127.0.0.1，管理员为 root，密码为 123456，备份的数据库文件为 Demo_Users.sql。

7．写出使用 mysqldump 命令将 Demo 和 Demo2 两个数据库的数据进行备份的完整命令，假设数据库主机为 127.0.0.1，管理员为 root，密码为 123456，备份的数据库文件为 Demos.sql。

8．针对题目 1 和题目 2 的要求，如果仅备份数据库的结构，命令如何写？

9．写出将题目 5 备份的数据库文件 Demo.sql 还原到 Demo 数据库的命令。

【单元活页部分】

一、单元能力对标检查

序　号	能　力　目　标	自检达标情况	总结与反思	备　注
1	能正确使用 MySQL 数据库的权限表			
2	能使用 mysql 命令创建、删除、修改系统账户			
3	能以管理员身份对普通账户进行管理			
4	能对系统账户进行密码修改			
5	能对 MySQL 账户赋予指定的权限			
6	能从 MySQL 账户收回已经赋予的权限			
7	能使用 GRANT 和 REVOKE 命令灵活管理数据库权限			
8	能使用 MySQL 数据库命令对数据库进行备份和还原			
9	能使用 MySQL 数据库命令对数据库进行迁移			
10	能使用 MySQL 数据库命令在数据库与文本文件之间进行导入、导出			

二、单元综合实训

【实训名称】

数据库管理模块实训

【实训目的】

本次实训模拟了数据库管理的主要内容，包括用户创建、登录与配置，数据库和表的创建，用户授权、权限回收、数据导入与导出、数据库的备份与还原等，其目的培养学生对数据库的常规管理与运维能力。

【实训内容】

1．使用 root 用户信息登录 MySQL 数据库，并使用命令将 MySQL 管理员 root 用户的密码修改为 123456。

2．使用命令新建名为 tempuser 的用户，将密码设置为 123456。

3．新建 MySQL 数据库，数据库名称为 Demo。

4．使用 root 用户信息登录 MySQL 数据库，并选择 Demo 数据库，在 Demo 数据库中创建表 table1 和 table2。

5．给 tempuser 用户授予可以完全访问 Demo 数据库的权限。

6．撤销 tempuser 用户访问 Demo 数据库 table2 表的权限。

7．使用命令导出 Demo 数据库中 table1 表的结构和数据。

8．使用命令备份 Demo 数据库到 Demo.sql 文件中。

9．删除 Demo 数据库。

10．将 Demo.sql 文件还原到 Demo 数据库中。

【实训总结】

三、单元认证拓展

1．参考大纲

读者可以在本单元已学知识的基础上，参考以下大纲内容拓展 OCA/OCP 考证相关知识。

➤ MySQL 数据库逻辑备份和恢复。

➤ MySQL 数据库物理备份和恢复。

➤ mysqlbackup 命令的使用。

➤ mysqldump 命令的使用。

➤ MySQL DML 数据手工恢复。

➤ MySQL 索引的使用。

2．参考考题

（1）哪个命令可转换二进制数的日志的内容？（　　　）

A．binconvert　　　　B．mysql　　　　C．mysqlbinlog　　　　D．mysqldump

（2）mysqldump 命令适用于小规模导出，但不适用于完整备份解决方案。这种说法（　　　）。

A．正确　　　　　　B．错误

（3）哪种备份类型在进行读取或修改数据的过程中可以很少中断或不中断的传输或处理数据？（　　　）

A．冷备份　　　　　　B．热备份　　　　C．温备份

（4）哪种备份类型将数据库和表转换为 SQL 语句？（　　　）

A．逻辑备份　　　　　　　　　　B．物理备份

C．基于复制的备份　　　　　　　D．基于快照的备份

（5）哪些原始文件是使用 mysqlbackup 命令备份的？（　　　）

A．ibdata*文件　　　B．.ibd 文件　　　C．ib_logfile*文件　　　D．以上都是

（6）要使用 mysqldump 命令创建完全备份，需要满足以下条件：

一是它必须包含所有模式和数据，二是所有创建语句都必须存在于转储中，三是该命令应经过将来的验证，以便在包含对架构的更改时，不需要修改 mysqldump 命令。

除了默认设置，还必须使用哪 3 个选项来确保这一点？（　　　）

A．all-databases.　　　　　　　B．create-options.

C．databases.　　　　　　　　　D．events.

E．master-data.　　　　　　　　F．routines.

G．tables.

（7）You need to dump the data from the master server and import it into a new slave server.Which mysqldump option can be used when dumping data from the master server in order to include the master server's binary log Information?（　　）

A．include-master-info
B．master-binlog

C．include-log-file
D．master_data

（8）作为管理员，您可以使用以下语句创建新用户：

GRANT SELECT,UPDATE,DELETE ON word.*to 'ioe'@'example.com'

其结果如何？（　　）

A．该用户不可信，因为您必须始终为新用户指定密码。

B．根据数据库的 sql 模式，可能会阻止您创建用户，否则，将创建一个没有密码的用户。

C．创建一个没有密码的用户，不管 sql 模式如何。

D．由于没有指定密码，因此用户将增加一个空密码，用户在首次登录时必须更改该密码。

（9）要立即停止远程用户'mike'@'client.example.com'对数据库服务器的访问。用户当前未连接到服务器。您可以采取哪两种操作来停止用户的任何访问？（　　）

A．使用 revoke all privileges from'mike'@'client.example.com'语句。

B．在启用--skip networking 的情况下重新启动服务器。

C．使用 GRANT USAGE ON *.* TO 'mike'@'client.example.com' WITH MAX_CONNETIONS_PER_HOUR=0 语句。

D．使用 GRANT USAGE ON *.* TO 'mike'@'client.example.com' WITH MAX_CONNETIONS_PER_HOUR=0 语句。

E．使用 DROP user 'mike'@'client.example.com'语句。

F．执行 mysql_secure_installation 命令。

（10）As an administrator, you create a user account with the following statement:

GRANT SELECT,UPDATE,DELETE ON word.*TO 'ioe'@'example.com'

What is the outcome?（　　）

A．The account is not creaked because you must always specify a password For new a users.

B．Depending on active SQL modes, you may be prevented From creating the account-Otherwise, an account with no password is created.

C．An account with no password is created, regardless of SQL modes.

D．Because no password is specified, the account is creased with an empty password that must be change by the user on first login.

（11）You want to immediately stop access to the database server for the remote user 'mike'@'client.example.com'. The user is currently not connected to the server.

Which two actions can you take to stop any access from the user?（　　）

A．Use REVOKE ALL PRIVILEGES FROM 'mike'@'client.example.com'.

B．Restart the server with --skip-networking enabled.

C．Use GRANT USAGE ON *.* TO 'mike'@'client.example.com' WITH MAX_

CONNETIONS_PER_HOUR=0.

    D. Use GRANT USAGE ON *.* TO 'mike'@'client.example.com'MAX_USER_
CONNECTIONS=0.

    E. Use DROP USER 'mike'@'client.example.com'.

    F. Execute the mysql_secure_installation command.

第4单元

实 战 篇

【单元简介】

本单元是在读者掌握数据库体系结构、数据库设计、数据库编程对象等相关知识的基础上设计的一个驾校学员信息管理系统项目。该项目包括了需求分析，数据库设计及测试等学习任务，建议项目团队以小组的方式完成该系统的设计与实现，并通过测试来验证所设计的数据库的正确性。通过该项目实践，读者可参与到项目各环节并亲自动手实践，提升数据库设计专业技能的同时，还要熟悉数据库项目设计与实现过程中的规范、流程与各种指南要求。

建议将该单元与其他单元组合学习，强化专业技能的同时，强化其专业精神、职业精神与工匠精神读者可结合专业人才的培养定位及职业面向，将本单元与 Java、C#等其他程序设计课程相结合，完成整个项目系统的分析、设计、编码与实现等。

第9章

驾校学员信息管理系统数据库设计

9.1 情景引入

进入大学后小李想学驾驶，小李发现学校周围的驾校数不胜数，该如何选择呢？于是，他准备到各驾校走走看看了解一下情况再做决定。小李周末走访了十多家驾校发现，各驾校的管理参差不齐，相关信息登记采用手工操作的还不少。学过数据库设计的小李突然冒出能否开发一个驾校学员信息管理系统的想法。

随着人们生活水平提高，汽车已经成为家庭生活的必需品，驾照是成年人必备证件。汽车驾驶培训行业一直经久不衰，但驾校的管理工作复杂，需要耗费大量人力、物力资源。要提高驾校的管理质量与效率，信息管理系统的设计与开发是必不可少的。下面将一起学习驾校学员信息管理系统数据库的设计。

9.2 任务目标

1. 能制定数据库设计实施计划。
2. 能深入、有效地调研，然后收集、分析信息，以数据流图（DFD）、数据字典的方式进行描述，形成用户需求规约。
3. 能撰写需求分析报告文档，配合项目组召开需求分析评审会。
4. 能根据系统业务的需求分析，进行数据抽象与局部视图的 E-R 图设计。
5. 能使用视图集成法，有效解决冲突，完成数据库全局模式设计，形成全局 E-R 图。
6. 能将 E-R 图中的实体、实体的属性和实体之间的联系转换为关系模式。
7. 能对关系模型进行修改，调整数据模型结构，优化数据模型。
8. 能配合项目组完成数据库物理结构设计，部署数据库。

9.3 项目描述

随着计算机技术的飞速发展，数据库技术成为数据管理的一个有效手段，并在各行各业得到广泛应用。下面将介绍驾校学员信息管理系统项目的概况。

伴随着驾校每年招收学员数量的剧增，驾校管理员在资料整理、查询及数据处理等方面的数据信息量也会大大增加，从而给管理带来极大不便。开发驾校学员信息管理系统的目的就是为了规范日常管理，降低管理人员的工作难度，方便查询、处理和统计数据，提高工作质量与效率。

本系统主要用于管理学员的学籍信息、体检信息、成绩信息和驾照领取信息等。这些信息是设计数据库的重要依据，对这些信息进行录入、查询、修改和删除等操作是该系统需要实现的主要功能。

本系统分为 5 个模块，即管理员信息管理、学员学籍信息管理、学员体检信息管理、学员成绩信息管理和驾照领取信息管理。

9.4 任务实施

任务 9.4.1 系统功能需求分析

本任务主要对驾校学员信息管理系统进行功能及业务流程的分析，系统功能模块的划分，关键功能流程图的绘制。

1. 系统功能及业务流程分析

为了使读者进一步了解系统的模块结构和运行流程，本任务将对系统功能进行详细描述，根据功能进行系统模块划分和流程分析。根据驾校实际需要，整理了驾校学员信息管理系统的基本要求。

（1）用户登录：因为该系统管理的是关键的业务数据，所以为了保证系统及数据的安全性，要求用户登录系统必须进行安全性验证，即需要进入系统的人员，必须拥有合法的用户名和密码，通过后台验证才能进入系统，因此需要有用户登录模块。

（2）修改密码：为了用户账号的安全性，密码需要定期进行修改，所以该系统需要有修改用户密码的功能，并且要求用户只能修改自己的密码，在修改密码之前，需要验证原密码。

（3）增加用户：如果有多个用户需要登录该系统，则需要由系统最高管理员增加普通操作员实现，其中包括操作员的用户名、密码、级别等信息。

（4）修改、删除用户：对于用户的基本资料可以进行修改，对于不使用的用户可以进行删除操作。

（5）学员学籍信息管理：学员基本信息应该包含姓名、性别、年龄、身份证号、家庭住址等，功能包括学员信息的报名录入、修改、删除和查询，尤其是查询功能，要能满足多条件组合、模糊查询。

（6）学员体检信息管理：由于驾校招生的特殊性，在对准备报名的学员，首先要体检，进行身体检查。为了便于日后管理，需要将学员体检的基本情况录入系统，驾校体检主要包括：身高、体重、听力、视力、辨色能力、腿长和血压等信息，主要功能应该包括：体检报告的录入、修改、删除和查询，甚至可以根据学员姓名、身份证号等进行多条件组合查询。

（7）学员成绩信息管理：学员在培训后，会有考试成绩需要记录，所以我们应该将学员的考试成绩保存在系统中，作为以后学员领取驾照的依据。由于考试科目不止一门，因此在保存成绩时要分科目进行处理。

（8）驾照领取信息管理：在学员培训完成且全部考试合格后，即可以领取驾照，我们需要将学员领取驾照的信息保存在系统中，以备查验。

2．系统功能模块划分

根据以上系统业务分析，本系统可以分为 5 个大模块（管理员信息管理、学员学籍信息管理、学员体检信息管理、学员成绩信息管理和驾照领取信息管理）和 21 个子模块。本系统详细的功能模块图，如图 9.1 所示。

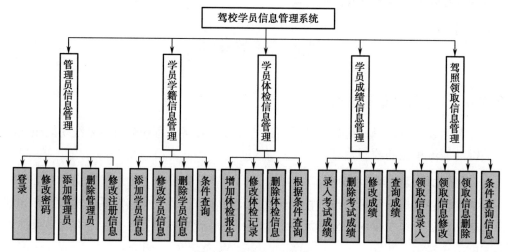

图 9.1　系统功能模块图

下面分析一下本系统各模块的详细功能。

（1）管理员信息管理：主要是对管理员的登录操作进行管理。在管理员登录成功后，系统会进入系统管理界面。在这里，管理员可以修改自己的密码。

（2）学员学籍信息管理：主要是处理学员学籍信息的插入、查询、修改和删除等操作，使学员学籍信息的管理更加方便。学员的学籍信息可以通过学号、姓名、报考的车型和学员的状态进行查询。通过这 4 个方面处理。

（3）学员体检信息管理：主要对学员体检后的体检信息进行插入、查询、修改和删除等操作。

（4）学员成绩信息管理：对学员的成绩信息进行插入、查询、修改和删除等操作，以便有效地管理学员的成绩信息。

（5）驾照领取信息管理：对学员的驾驶证的领取等相关记录进行管理。这部分主要进行领证信息的插入、查询、修改和删除等操作。这样可以保证学员驾驶证被领取之后，相关信息还能够被有效地管理。

3．关键功能流程图

经过前面对系统功能分析和模块划分，我们了解到本系统的流程并不是很复杂，为了数据库设计和编程的需要，将本系统的关键流程以流程图的方式描述出来，这样可以很直观地看到系统的数据流向和业务逻辑关系。关键功能流程图，如图 9.2 所示。

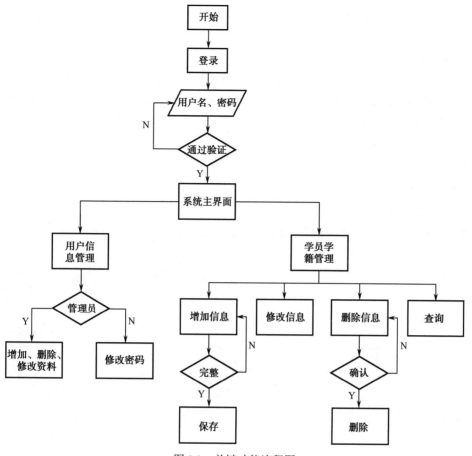

图 9.2　关键功能流程图

通过本任务的介绍，读者对驾校学员信息管理系统的主要功能有了一定了解，后面会向读者介绍本系统所需要的数据库的详细设计过程。

任务 9.4.2　系统数据库设计

数据库设计是开发管理系统的一个重要步骤。如果数据库设计不合理，则会给后续的系统开发带来很多麻烦。本任务为读者介绍驾校学员信息管理系统的数据库设计过程。

1. 系统实体及属性分析

根据系统业务分析、模块划分和关键功能流程图，下面按照五大功能模块对该系统进行相关实体分析。

（1）管理员（用户）管理模块：该模块包含的实体为管理员（用户），其基本属性包括：用户名、用户密码、是否是管理员。

（2）学员学籍信息管理模块：该模块包含的实体为学员，其基本属性包括：学员编号、姓名、性别、年龄、身份证号、联系电话、报考级别（A、B、C）、报名时间、毕业时间、学员状态（学习、结业、退学）、备注。

（3）学员体检信息管理模块：该模块对应的实体为体检报告，其基本属性包括：报告编号、学员编号、姓名、身高、体重、辨色能力（正常、色弱、色盲）、左眼视力、右眼视力、左耳听力（正常、偏弱）、右耳听力（正常、偏弱）、腿长是否相等（是、否）、血压（正常、偏高、偏低）、病史、备注等。

（4）学员成绩信息管理模块：该模块对应的实体为课程信息和成绩信息。课程信息实体的基本属性包括：课程编号、课程名称、先修课程编号（可选）；成绩信息实体的基本属性包括：成绩编号、学员编号、课程编号、考试时间、考试次数、考试成绩。

（5）驾照领取信息管理模块：该模块对应的实体为驾照。其基本信息包括：学员编号、姓名、驾驶证编号、领证时间、领证人、备注。

以上就是驾校学员信息管理系统的实体及其对应的属性，接下来，将根据以上分析，绘制实体属性图和 E-R 图。

2．系统 E-R 图设计

根据上面的分析，先绘画出各自的实体属性图，如图 9.3～图 9.8 所示。

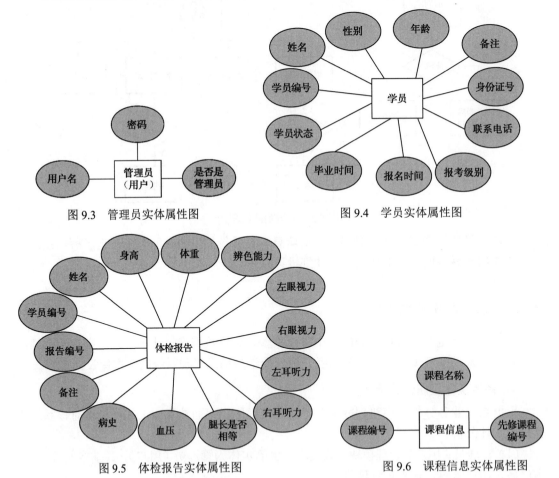

图 9.3　管理员实体属性图　　　　　　　　图 9.4　学员实体属性图

图 9.5　体检报告实体属性图　　　　　　　图 9.6　课程信息实体属性图

由于各实体属性过多，因此在总 E-R 图中省略了部分属性。总 E-R 图，如图 9.9 所示。在 E-R 图转化为关系模型时，可以结合上面的实体属性图来完成。

3．E-R 图转为关系模型

运用第 2 章的知识，可以将 E-R 图转化为关系模型（带"__"的属性为主码，斜体字属性为外码）。比如，分解为如下关系：

（1）用户表（<u>用户名</u>、密码、是否是管理员）。

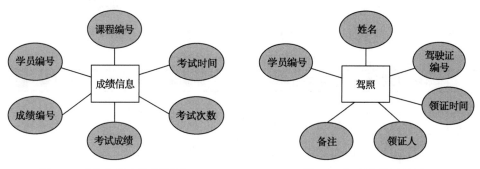

图 9.7 成绩信息实体属性图　　　　　图 9.8 驾照实体属性图

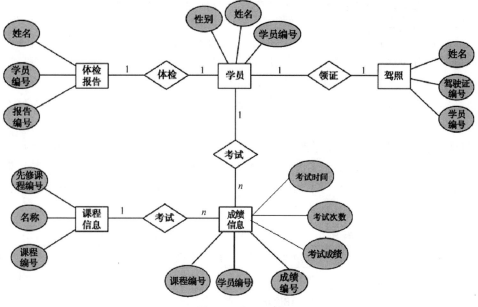

图 9.9 总 E-R 图

（2）学员表（<u>学员编号</u>、姓名、性别、年龄、身份证号、联系电话、报考级别、报名时间、毕业时间、学员状态、备注）。

（3）体检报告表（<u>报告编号</u>、*学员编号*、姓名、身高、体重、辨色能力、左眼视力、右眼视力、左耳听力、右耳听力、腿长是否相等、血压、病史、备注）。

（4）课程信息表（<u>课程编号</u>、课程名称、先修课程编号）。

（5）成绩信息表（<u>成绩编号</u>、*学员编号*、*课程编号*、考试时间、考试次数、考试成绩）。

（6）驾照表（<u>驾驶证编号</u>、*学员编号*、姓名、领证时间、领证人、备注）。

任务 9.4.3　系统数据库表设计

1．系统数据字典

1）用户表（users）

用户表中存储用户名、密码和是否是管理员 3 个属性，所以可以将用户表设计成 3 个字段。username 字段表示用户名，password 字段表示密码，isadmin 字段表示是否是管理员。因为用户名和密码都是字符串，所以这两个字段都使用 VARCHAR 类型，并且将这两个字段的长度都设置为20，而且用户名必须唯一。是否为管理员字段用 ENUM 类型表示，0 不是管理员、1 是管理员。users 表的每个字段的信息如表 9.1 所示。

表 9.1　用户表（users）字段信息

字段名	字段描述	数据类型	主键	外键	非空	唯一	默认值	自增
username	用户名	VARCHAR(20)	是	否	是	是	无	否
password	密码	VARCHAR(20)	否	否	否	否	无	否
isadmin	是否管理员	ENUM	否	否	否	否	无	否

2）学员表（studentInfo）

学员表（学员编号、姓名、性别、年龄、身份证号、联系电话、报考级别、报名时间、毕业时间、学员状态、备注）。

studentlnfo 表中主要存储学员的学籍信息，包括学员编号、姓名、性别、年龄和身份证号等信息。用 sno 字段表示学员编号，因为编号是 studentlnfo 表的主键，所以"sno"字段是不能为空值的，而且值必须是唯一的。identify 字段表示学员的身份证，而每个学员的身份证也必须是唯一的，因为有些身份证以字母 x 结束，所以 identify 字段设计为 VARCHAR 类型。sex 字段表示学员的性别，该字段只有"男"和"女"这两个取值，因此 sex 字段使用 ENUM 类型。state 字段表示学员的学业状态，每个学员只有 3 种状态，分别为"学习""结业""退学"，因此，state 字段也使用 ENUM 类型。报名时间和毕业时间都是日期，因此选择 DATE 类型。remark 字段用于存储备注信息，所以选择 TEXT 类型比较合适。studentlnfo 表的每个字段的信息如表 9.2 所示。

表 9.2　学员表（studentInfo）的字段信息

字段名	字段描述	数据类型	主键	外键	非空	唯一	默认值	自增
sno	学员编号	INT(8)	是	否	是	是	无	否
sname	姓名	VARCHAR(20)	否	否	是	否	无	否
sex	性别	ENUM	否	否	是	否	无	否
age	年龄	INT(3)	否	否	否	否	无	否
identify	身份证号	VARCHAR(18)	否	否	否	是	无	否
tel	联系电话	VARCHAR(15)	否	否	否	否	无	否
car_type	报考级别	ENUM	否	否	是	否	无	否
in_time	报名时间	DATE	否	否	否	否	无	否
out_time	毕业时间	DATE	否	否	否	否	无	否
state	学员状态	ENUM	否	否	是	否	无	否
remark	备注	TEXT	否	否	否	否	无	否

3）体检报告表（healthInfo）

因为驾校体检主要检查身高、体重、视力、听力、辨色能力、腿长和血压等信息。所以 healthlnfo 表中必须包含这些信息。身高、体重、左眼视力和左眼视力分别用 height 字段、weight 字段、left_sight 字段和 right_sight 字段表示，因为这些字段的值有小数，所以这些字段都定义成 FLOAT 类型。辨色能力、左耳听力、右耳耳听力、腿长和血压分别用

differentiate 字段、left_ear 字段、right_ear 字段、legs 字段和 pressure 字段表示，由于这些字段的取值都是在特定几个取值中取一个，因此定义成 ENUM 类型。

id 字段是记录的编号，而且该字段为自增类型。每插入一条新记录，id 字段的值会自动加 1。由于 healthlnfo 表中需要一个字段与 studentlnfo 表建立连接关系，因此将 sno 字段作为外键，让其依赖于 studentlnfo 表的 sno 字段。在 healthlnfo 表中设计一个学员姓名的字段，用 sname 字段表示。特别值得注意的是，sname 字段与 studentlnfo 表中的 sname 字段的值是一样的。这个字段使 healthlnfo 表能满足第三范式的要求。但是，在查询 healthlnfo 表时需要使用这个字段。为了提高查询速度，特意在 healthlnfo 表中增加了 sname 字段。healthlnfo 表的每个字段的信息如表 9.3 所示。

表 9.3　体检报告表（healthInfo）的字段信息

字段名	字段描述	数据类型	主键	外键	非空	唯一	默认值	自增
id	编号	INT(8)	是	否	是	是	无	是
sno	学员编号	INT(8)	否	是	是	是	无	否
sname	姓名	VARCHAR(20)	否	否	是	否	无	否
weight	体重	FLOAT	否	否	否	否	无	否
height	身高	FLOAT	否	否	否	否	无	否
differentiate	辨色能力	ENUM	否	否	否	否	无	否
left_sight	左眼视力	FLOAT	否	否	否	否	无	否
right_sight	右眼视力	FLOAT	否	否	否	否	无	否
left_ear	左耳听力	ENUM	否	否	否	否	无	否
right_ear	右耳听力	ENUM	否	否	否	否	无	否
legs	腿长是否相等	ENUM	否	否	否	否	无	否
pressure	血压	ENUM	否	否	否	否	无	否
history	病史	VARCHAR(50)	否	否	否	否	无	否
remark	备注	TEXT	否	否	否	否	无	否

4）课程信息表（courseInfo）

courseInfo 表用于存储考试科目的信息，每个科目都必须有课程编号、课程名称。有些科目必须在前一个科目考试完成之后才能学习，因此，每个科目都要有个先行考试科目。这个表只需要 3 个字段就可以了，cno 字段表示课程编号，cname 字段表示课程名称，before_cour 字段表示先行考试科目的课程编号，即先修课程编号。每条记录中只有 before_cour 字段存储的科目考试通过后，学员才可以报考 cno。由于第一个科目没有设置先行考试科目，因此第一个科目的先行考试科目号的默认值为 0。courseInfo 表的每个字段的信息如表 9.4 所示。

表 9.4　课程信息表（courseInfo）字段的信息

字段名	字段描述	数据类型	主键	外键	非空	唯一	默认值	自增
cno	课程编号	INT(4)	是	否	是	是	无	否
cname	课程名称	VARCHAR(20)	否	否	是	是	无	否
before_cour	先修课程编号	INT(4)	否	否	是	否	0	否

5）成绩信息表（gradeInfo）

gradeInfo 表用于存储学员的成绩信息。这个表必须与 studentlnfo 表和 courseInfo 表建立联系，因此设计 sno 字段和 cno 字段作为外键。sno 字段依赖于 studentlnfo 表的 sno 字段，cno 字段依赖于 courseInfo 表的 cno 字段。这里一个学员可能需要参加多个科目，而且同一个科目可能需要考多次。因此，sno 字段和 cno 字段都不是唯一的，表中可以出现重复的值。而且，需要记录每科的考试时间和考试次数。这里用 last_time 字段表示考试时间，times 字段表示某一个科目的考试次数。在默认值情况下，学员都是第一次参加考试的，因此 times 字段的默认值为 1。分数用 grade 字段表示，默认分数为 0 分。gradeInfo 表的每个字段的信息如表 9.5 所示。

表 9.5　成绩信息表（gradInfo）字段的信息

字段名	字段描述	数据类型	主键	外键	非空	唯一	默认值	自增
id	成绩编号	INT(8)	是	否	是	是	无	是
sno	学员编号	INT(8)	否	是	是	是	无	否
cno	课程编号	INT(4)	否	是	是	否	无	否
last_time	考试时间	DATE	否	否	否	否	无	否
times	考试次数	INT(8)	否	否	否	否	无	否
grade	考试成绩	FLOAT	否	否	否	否	无	否

6）驾照表（licenseInfo）

licenseInfo 表用于存储学员领取驾驶证的信息。这个表中需要记录学员编号、姓名、驾驶证编号、领取时间、领证人等信息。而且 licenseInfo 表需要与 studentlnfo 表建立联系，可以通过学号来完成。在该表中将 sno 字段设置为外键，sno 字段依赖于 studentlnfo 表的 sno 字段。姓名用 sname 字段表示，sname 字段是冗余字段，设置这个字段是为了提高查询速度。

驾驶证号码用 lno 字段表示，每个人的驾驶证号都是唯一的。领取时间用 receive_time 字段表示，并将该字段设置为 DATE 类型。领取人的姓名用 receive_name 字段表示。表中需要一个字段来存储备注信息，这里设计 remark 字段来存储备注信息，而且该字段应该为 TEXT 类型。licenseInfo 表的每个字段的信息如表 9.6 所示。

表 9.6　驾照表（licenseInfo）字段的信息

字段名	字段描述	数据类型	主键	外键	非空	唯一	默认值	自增
sno	学员编号	INT(8)	否	是	是	是	无	否
sname	姓名	VARCHAR(20)	否	否	是	是	无	否
lno	驾驶证编号	VARCHAR(18)	是	否	是	是	无	否
receive_time	领证时间	DATE	否	否	否	否	无	否
receive_name	领证人	VARCHAR(20)	否	否	否	否	无	否
remark	备注	TEXT	否	否	否	否	无	否

2．主要表创建

1）创建 users 表的 SQL 代码

CREATE TABLE 'users' (

```
'username' VARCHAR( 20 ) NOT NULL ,
'password' VARCHAR( 20 ) DEFAULT NULL ,
'isadmin' ENUM( '0', '1' ) DEFAULT NULL ,
PRIMARY KEY ( 'username' )
) ENGINE = INNODB DEFAULT CHARSET = latin1;
```

2）创建 studentlnfo 表的 SQL 代码

```
CREATE TABLE 'drivschool'.'studentlnfo' (
'sno' INT( 8 ) NOT NULL ,
'sname' VARCHAR( 20 ) NOT NULL ,
'sex' ENUM( '男', '女' ) NOT NULL ,
'age' INT( 3 ) NULL ,
'identify' VARCHAR( 18 ) NOT NULL ,
'tel' VARCHAR( 15 ) NULL ,
'car_type' ENUM( 'A', 'B', 'C' ) NOT NULL ,
'in_time' DATE NOT NULL ,
'out_time' DATE NULL ,
'state' ENUM( '学习', '结业', '退学' ) NOT NULL ,
'remark' TEXT NULL ,
PRIMARY KEY ( 'sno' ) ,
UNIQUE (
'identify'
)
) ENGINE = INNODB
```

3）创建 healthInfo 表的 SQL 代码

```
CREATE TABLE 'drivschool'.'healthinfo' (
'id' INT( 8 ) NOT NULL AUTO_INCREMENT ,
'sno' INT( 8 ) NOT NULL ,
'sname' VARCHAR( 20 ) NOT NULL ,
'height' FLOAT NULL,
'weight' FLOAT NULL ,
'differentiate' ENUM( '正常', '色弱', '色盲' ) NULL ,
'left_sight' FLOAT NULL ,
'right_sight' FLOAT NULL ,
'left_ear' ENUM( '正常', '偏弱' ) NULL ,
'right_ear' ENUM( '正常', '偏弱' ) NULL ,
'legs' ENUM( '正常', '不相等' ) NULL ,
'pressure' ENUM( '正常', '偏高', '偏低' ) NULL ,
'history' VARCHAR( 50 ) NULL ,
'remark' TEXT NULL ,
PRIMARY KEY ( 'id' ) ,
UNIQUE (
'sno'
)
) ENGINE = INNODB
```

4）创建 courseInfo 表的 SQL 代码

```
CREATE TABLE 'drivschool'.'courseInfo' (
'cno' INT( 4 ) NOT NULL ,
'cname' VARCHAR( 20 ) NOT NULL ,
```

```
'before_cour' INT( 4 ) NOT NULL DEFAULT '0',
PRIMARY KEY ( 'cno' )
UNIQUE('cname')
) ENGINE = INNODB
```

5）创建 gradeInfo 表的 SQL 代码

```
CREATE TABLE 'drivschool'.'gradeInfo' (
'id' INT( 8 ) NOT NULL AUTO_INCREMENT ,
'sno' INT( 8 ) NOT NULL ,
'cno' INT( 4 ) NOT NULL ,
'last_time' DATE NULL ,
'times' INT( 8 ) NULL ,
'grade' FLOAT NULL ,
PRIMARY KEY ( 'id' )
UNIQUE('sno')
) ENGINE = INNODB
```

6）创建 licenseInfo 表的 SQL 代码

```
CREATE TABLE 'drivschool'.'licenseInfo' (
AUTO_INCREMENT ,
'sno' INT( 8 ) NOT NULL ,
'sname' VARCHAR( 20 ) NOT NULL ,
'lno' VARCHAR( 18 ) NULL ,
'receive_time' DATE NULL ,
'receive_name' VARCHAR( 20 ) NULL ,
'remark' TEXT NULL ,
PRIMARY KEY ( 'ino' ) ,
UNIQUE (
'Sno' ,
'Sname' ,
)
) ENGINE = INNODB
```

任务 9.4.4 系统数据库测试

1. 数据增加、删除、修改测试

以管理员表（users）为例来测试数据表的增加、删除和修改。

增加：向表中添加用户名为 admin，密码为 111111 的管理员数据。

添加数据的 SQL 语句如下：

```
INSERT INTO users(username,password, isadmin)
VALUES ('admin', '111111', '1')
```

删除：删除 users 表中用户名为 dyc 的数据。

删除数据的 SQL 语句如下：

```
DELETE FROM users WHERE username = 'dyc'
```

修改：将 users 表中 admin 用户的密码修改为 123456。

修改数据的 SQL 语句如下：

```
UPDATE users SET password = '123456' WHERE username = 'admin'
```

针对其他数据表的增加、删除和修改等操作的代码与以上例子的 SQL 语句类似，读者可自行在 MySQL 数据库环境下编写相应的 SQL 语句进行测试。

2．关键业务数据查询测试

（1）根据学员姓名查询"张三"的基本信息，代码如下：

```
SELECT * FROM 'studentlnfo' WHERE sname ='张三' LIMIT 0 , 30
```

（2）根据学员姓名查询"张三"的考试成绩，代码如下：

```
SELECT * FROM 'gradeInfo' WHERE sno=
(SELECT sno FROM 'studentInfo' WHERE sname = '张三')
```

（3）根据学员姓名查询"张三"的驾驶证领取信息，代码如下：

```
SELECT * FROM 'licenselnfo' WHERE sno=
(SELECT sno FROM 'studentInfo' WHERE sname = '张三')
```

9.5　任务小结

➢ **任务 1**：系统功能需求分析。通过对本任务的操作实践，读者需要掌握在需求分析过程中客户调研、信息收集与整理的方式方法，能分析用户的业务活动和数据种类、范围及数量，了解用户的信息需求和处理需求，确定用户对数据库系统的使用要求和各种约束条件等，形成用户需求规约。

➢ **任务 2**：系统数据库设计。通过对本任务的操作实践，读者进一步熟悉数据库设计的整个流程，从数据库的概念模型、逻辑模型到物理模型，能进行数据抽象与局部视图的 E-R 图设计；能使用视图集成法完成数据库全局模式设计，形成全局 E-R 图。

➢ **任务 3**：系统数据库表设计。通过对本任务的操作实践，读者能根据数据字典动手操作设计并创建数据表。

➢ **任务 4**：系统数据库测试。通过对本任务的操作实践，读者可以测试出团队所设计创建的表是否符合要求。

通过本章的学习，读者能掌握一般信息管理系统的数据库设计步骤和方法，并且能独立完成数据库设计任务。

【单元活页部分】

一、单元能力对标检查

序　号	能 力 目 标	自检达标情况	总结与反思	备　注
1	能结合项目背景制定数据库设计实施计划			
2	能深入、有效地调研、收集、分析信息，通过数据流图（DFD）、数据字典进行描述，形成用户需求规约			
3	能撰写需求分析报告文档，配合项目组召开需求分析评审会			
4	能根据系统业务需求分析，进行数据抽象与局部视图的 E-R 图设计			
5	能使用视图集成法，有效解决冲突，完成数据库全局模式设计，形成全局 E-R 图			
6	能将 E-R 图的实体、实体的属性和实体之间的联系转换为关系模式			
7	能修改关系模型，调整数据模型结构，优化数据模型			
8	能配合项目组完成数据库物理结构设计，部署数据库			
9	能编写数据库脚本代码			

二、典型大数据场景分析拓展

阅读以下关于数据查询应用场景，辨析并总结、归纳关键查询子句的典型用法。

【场景一】在一份销售表中，提取上一个月付款用户量最高的 3 天并查询昨天每个用户最后的付款订单 ID 和金额。

```
SELECT DATA_FORMAT(pay_time,'%Y-%m-%d') AS pay_date,
       COUNT(DISTINCT user_id) AS user_count
FROM Orders
WHERE order_amount>0
AND MONTH(pay_date)=MONTH(NOW())-1
GROUP BY pay_date
ORDER BY user_count DESC
LIMIT 3;
```

在这份销售数据中，主要需要的是 order_id（订单 ID）、user_id（客户 ID）、pay_time（交易时间）、order_amoun（交易金额）。由于一天中可能有客户多次购买，因此需要对客户进行去重处理，首先对月份进行定位（上一个月）过滤付款用户。然后进行排序直接锁定付款用户量最高的 3 天。

```
SELECT user_id,order_id,order_amount
FROM Orders
WHERE DATE_FORMAT(pay_time,'%Y-%m-%d')=DATE_SUB(CURDATE(),interval 1 day)
AND DATE_FORMAT(pay_time,'%Y-%m-%d')=MAX(DATE_FORMAT(pay_time,'%Y-%m-%d'))
GROUP BY user_id;
```

获取昨天每个用户最后的付款订单 ID 和金额，首先过滤交易时间（昨天），然后按照 user_id 进行分组，并选取最后交易时间的订单信息。

【场景二】根据某网站的访问记录，我们得到两个各 40 亿条数据的表格，即表 A 和表 B，主要包含用户 ID（user_id）和商品 ID（goods_id）这两项，在防止数据倾斜的前提下，找出表 A 和表 B 共同的用户及其对应的商品 ID。

```
SELECT *
FROM A INNER JOIN B
ON A.user_id IS NOT NULL
AND A.user_id=B.user_id
UNION ALL
SELECT *
FROM A
WHERE A.user_id IS NULL;
```

这里主要解决因空值导致的数据倾斜，现将非空值数据通过 INNER JOIN 联结，在合并空值后，得到两个共同的用户表和商品表。

【场景三】对于一个用户登录日志表，查找出近一个月内，平均每天登录的用户的数量

```
SELECT AVG(t1.user_num)
FROM
(SELECT DATE_FORMAT(log_time,'%Y-%m-%d') log_date,COUNT(DISTINCT user_id) user_num
FROM t
WHERE t.log_date>=DATE_SUB(CURDATE(),INTERVAL 30 day)
AND t.log_date<CURDATE()
GROUP BY log_date)t1
```

这里需要的数据是用户 ID（user_id）和时间日志（log_time）。按天将用户去重，并通过 DATE_SUB()函数和 CURDATE()函数将时间定为在 1 个月内，将得到的每天登录的用户的数量进行平均值计算。

【场景四】对商家而言，复购率和回购率是两项重要的指标，前者主要反映客户对商品的需求程度，后者反映客户对商品的忠诚度。通过某商品网站的交易数据提取其复购率和回购率。

```
SELECT OrderMonth,COUNT(c),COUNT(IF(c>1,1,NULL)),COUNT(IF(c>1,1,NULL)/COUNT(c)
FROM (
SELECT DATE_FORMAT(paidtime,'%Y-%m-01')) OrderMonth,user_id,COUNT(user_id) c
FROM OrderInfo
WHERE idpaid='已支付'
GROUP BY OrderMonth,user_id
)
```

```
GROUP BY OrderMonth;
```

这里主要针对有效订单（idpaid='已支付'）的用户的购买次数来统计，利用 COUNT()和IF()函数过滤购买次数在两次及两次以上的客户数量，从而计算复购率。

对于一个月之后的回购率，这里通过内联结将本月有购买、下个月又有购买的用户进行统计，计算出回购用户数量。

```
SELECT A.t1,COUNT(A.t1)
FROM (SELECT user_id,DATE_FORMAT(paidtime,'%Y-%m-01') t1
FROM OrderInfo
WHERE idpaid='已支付'
GROUP BY user_id) A,(SELECT user_id,DATE_FORMAT(paidtime,'%Y-%m-01') t2
FROM OrderInfo
WHERE idpaid='已支付'
GROUP BY user_id) B
WHERE A.user_id=B.user_id
AND A.t1=DATE_SUB(B.t2,INTERVAL 1 MONTH)
GROUP BY A.t1;
```

三、单元综合实训

【实训名称】

CRM 综合应用实训

【实训目的】

本次实训模拟了一个客户关系管理系统的场景，从项目背景分析到数据库概念模型、逻辑模型和物理模型的设计，再到数据库编程等环节，涵盖了数据库设计的整个生命周期，最后根据读者的专业和知识，选择是否完成实现高级语言编程部分。其目的是培养读者数据库项目的分析、设计和实现能力。

【实训内容】

项目背景：客户关系管理系统，简称 CRM，整个系统最重要的数据就是客户信息，也是众多商务活动中的重要信息，随着电子商务的不断发展，客户信息数量也在持续增长，有关客户的各种数据也在飞速增长。面对巨大的信息量，不可避免的增加了管理的工作量及难度。因为人工管理存在大量不可控因素，对客户信息的管理无法规范和统一，所以 CMR将 MySQL 数据库作为后台数据库管理系统，配合一门高级语言，实现系统的业务功能。作为数据库的实训项目，本项目仅从两个基本功能出发去考虑，包括用户登录和密码修改业务。

项目要求：

1．根据背景描述，完成系统的 E-R 图概念模型。

2．根据前面章节的知识内容，将 E-R 概念模型转化成关系数据模型。

3．根据关系数据模型，建立本系统的数据字典。

4．使用 MySQL 编程技术，编写系统对象（表）的数据库脚本。

5．通过存储过程实现用户登录和密码修改的业务。

6．结合一门高级语言（Java 或 Python）完成本系统的实现。（根据实际情况选做）。

【实训总结】

附录A

MySQL 数据库常用命令及语言参考

1. 连接 MySQL

格式："mysql -h 主机地址 -u 用户名 -p 用户密码"。

（1）连接到本机上的 MySQL。首先打开 DOS 窗口，然后进入 mysql\bin 目录，最后键入 mysql -u root -p 命令，按 Enter 键输入密码。

注意：在输入用户名前可以有空格，也可以没有空格，但是，在输入密码前必须没有空格，否则需要重新输入密码。

如果刚安装好 MySQL 数据库，则超级用户 root 是没有密码的，故直接按 Enter 键即可进入 MySQL 中了，MySQL 的提示符是 "mysql>"。

（2）连接到远程主机上的 MySQL。假设远程主机的 IP 为 110.110.110.110，用户名为 root，密码为 abcd123。则键入以下命令：

```
mysql -h110.110.110.110 -u root -p 123;
```

注意：-u 与 root 之间可以不用加空格，其他也一样。

（3）退出 mysql 命令：exit（回车）。

2. 修改密码

格式："mysqladmin -u 用户名 -p 旧密码 password 新密码"。

（1）给 root 用户添加一个密码 ab12。首先在 DOS 状态下进入 mysql\bin 目录中，然后键入以下命令：

```
mysqladmin -u root -password ab12
```

注意：因为开始时 root 用户没有密码，所以 "-p 旧密码" 这一项就可以省略了。

（2）再将 root 用户的密码改为 djg345，代码如下：

```
mysqladmin -u root -p ab12 password djg345
```

3. 增加新用户

注意：和上面不同，以下代码因为是 MySQL 环境中的命令，所以后面都带一个分号作为命令结束符。

格式："GRANT SELECT ON 数据库.* TO 用户名@登录主机 IDENTIFIED BY "密码";"。

（1）增加一个用户 test1，密码为 abc，让他可以在任何主机上登录，并对所有数据库有查询、插入、修改、删除的权限。首先使用 root 用户信息连入 MySQL，然后键入以下命令：

```
GRANT SELECT,INSERT,UPDATE,DELETE ON *.* TO test1@"%" IDENTIFIED BY "abc";
```

但是，增加的用户是十分危险的，如果有人知道 test1 用户的密码，则可以在连接互联网的任何一台计算机上登录该数据库并对其中的数据进行随意操作，解决办法见下一条。

（2）增加一个用户 test2，密码为 abc，让该用户只可以在 localhost 上登录，并且可以对 mydb 数据库进行查询、插入、修改、删除的操作。localhost 指本地主机，即 MySQL 数据库所在的那台主机，这样一来，即使有人知道 test2 用户的密码，也无法从互联网上直接访问数据库，只能通过 MySQL 数据库本地主机上的 Web 页访问。代码如下：

```
GRANT SELECT,INSERT,UPDATE,DELETE ON mydb.* TO test2@localhost IDENTIFIED BY "abc";
```

如果不想令 test2 用户有密码，则可以再输入一条命令将密码消掉。代码如下：

```
GRANT SELECT,INSERT,UPDATE,DELETE ON mydb.* TO test2@localhost IDENTIFIED BY " ";
```

4．操作技巧

（1）如果在输入命令时，在按下 Enter 键后发现忘记加分号了，不必重输一遍命令，只要输入一个分号按 Enter 键就可以了。也就是说，用户可以把一个完整的命令分成几行来输入，完后用分号作结束标志就可以了。

（2）用户可以使用光标上下键调出以前的命令。

5．显示命令

（1）显示当前数据库服务器中的数据库列表，代码如下：

```
mysql> SHOW DATABASES;
```

注意：mysql 数据库里面有 MySQL 数据库的系统信息，修改密码和新增用户，实际上就是使用这个库进行操作。

（2）显示数据库中的数据表，代码如下：

```
mysql> USE 库名;
mysql> SHOW TABLES;
```

（3）显示数据表的结构，代码如下：

```
mysql> DESCRIBE 表名;
```

（4）建立数据库，代码如下：

```
mysql> CREATE DATABASE 库名;
```

（5）建立数据表，代码如下：

```
mysql> USE 库名;
mysql> CREATE TABLE 表名 (字段名 VARCHAR(20), 字段名 CHAR(1));
```

（6）删除数据库，代码如下：

```
mysql> DROP DATABASE 库名;
```

（7）删除数据表，代码如下：

```
mysql> DROP TABLE 表名;
```

（8）将表中记录清空，代码如下：

```
mysql> DELETE FROM 表名;
```

（9）显示表中的记录，代码如下：

```
mysql> SELECT * FROM 表名;
```

（10）向表中插入记录，代码如下：

```
mysql> INSERT INTO 表名 VALUES ("hyq","M");
```

（11）更新表中数据，代码如下：

```
mysql-> UPDATE 表名 SET 字段名 1='a',字段名 2='b' WHERE 字段名 3='c';
```

（12）用文本方式将数据装入数据表中，代码如下：

```
mysql> LOAD DATA LOCAL INFILE "D:/mysql.txt" INTO TABLE 表名;
```

（13）导入".sql"文件命令，代码如下：

```
mysql> USE 数据库名;
mysql> SOURCE d:/mysql.sql;
```

（14）命令行修改 root 用户的密码，代码如下：

```
mysql> UPDATE mysql.user SET password=PASSWORD('新密码') WHERE User='root';
mysql> FLUSH PRIVILEGES;
```

（15）显示 user 的数据库名，代码如下：

```
mysql> SELECT DATABASE();
```

（16）显示当前的 user，代码如下：

```
mysql> SELECT USER();
```

6. 建库、建表及插入数据的实例

```
DROP DATABASE if exists school;           //如果存在 school 数据库，则删除
CREATE DATABASE school;                   //创建 school 数据库
use school;                               //打开 school 数据库
create table teacher                      //创建 teacher 表
(
id INT(3) AUTO_INCREMENT NOT NULL PRIMARY KEY,
name CHAR(10) not null,
address VARCHAR(50) DEFAULT '深圳',
year DATE
); //创建表结束
//以下为插入字段
INSERT INTO teacher values('','allen','重庆一中','1998-10-10');
INSERT INTO teacher values('','jack','重庆三中','1997-12-23');
```

如果在 mysql 命令提示符后键入上面的命令也可以，但不方便调试。

（1）可以将以上命令原样写入一个文件中，假设为 school.sql 文件，然后复制到 "c:\\" 目录下，并在 DOS 状态下进入 "\\mysql\\bin" 目录中，最后键入以下命令：

```
mysql -u root -p 密码 < c:\\school.sql
```

如果成功，则空出一行无任何显示；如有失败，则会有错误提示。（以上命令已经调试，读者只要将"//"的注释内容去掉即可使用）。

（2）进入命令行以后，使用 mysql> source c:\\school.sql 语句，也可以将 school.sql 文件导入数据库中。

7. 将文本数据移到数据库中

（1）文本数据应符合的格式：字段数据之间用 Tab 键隔开，null 值用"\\n"来代替。例如：

```
3 rose  重庆八中  1999-10-10
4 mike  重庆一中  1996-12-23
```

假设把这两组数据存为 school.txt 文本文件，放在 C 盘根目录下。

（2）数据传入命令。其代码格式如下：

```
LOAD DATA LOCAL INFILE "c:\\school.txt" INTO TABLE  表名;
```

注意：最好将文件复制到"\\mysql\\bin"目录下，并且首先使用 use 命令打开表所在的库。

8. 备份数据库

以下命令在 DOS 状态下的"\\mysql\\bin"目录下执行。

（1）导出整个数据库。导出文件默认是存在 mysql\bin 目录下。其代码格式如下：

```
mysqldump -u 用户名  -p 数据库名 > 导出的文件名
mysqldump -u user_name -p123456 database_name > outfile_name.sql
```

（2）导出一个表。其代码格式如下：

```
mysqldump -u 用户名  -p 数据库名 表名> 导出的文件名
mysqldump -u user_name -p database_name table_name > outfile_name.sql
```

（3）导出一个数据库结构。其代码格式如下：

```
mysqldump -u user_name -p -d -add-drop-table database_name > outfile_name.sql
```

说明："-d"选项表示没有数据；"-add-drop-table"选项表示在每个 CREATE 语句之前增加一个 DROP TABLE 关键字。

（4）带语言参数导出。其代码格式如下：

```
mysqldump  -uroot  -p  -default-character-set=latin1  -set-charset=gbk  -skip-opt  database_name >
outfile_name.sql
```

（5）备份数据库。其代码格式如下：

```
mysqldump -uroot -p test_db > test_db.sql
```

（6）恢复数据库。其代码格式如下：

```
mysql -uroot -p test_db < test_db.sql
```

（7）创建权限。其代码格式如下：

```
GRANT ALL PRIVILEGES ON test_db.* TO test_db@'localhost' IDENTIFIED BY '123456';
```

兼容 MySQL 4.1 之前的版本模式：

```
UPDATE mysql.user SET Password=old_password('123456') WHERE User='test_db';
```

（8）忘记密码。

在 my.cnf 或 my.ini 文件的 mysqld 命令配置段后面添加 skip-grant-tables 选项，然后重新启动 MySQL 服务器，即可登录修改 root 用户的密码。

进一步了解更详细的 MySQL 数据库命令，请参考"MySQL 中文参考手册"。

附录B

MySQL 数据库常用系统函数

MySQL 数据库中提供了很丰富的系统函数，这些内部函数可以帮助用户更加方便的处理表中的数据。MySQL 数据库包括数学函数、字符串函数、日期和时间函数、条件判断函数、系统信息函数、加密函数和格式化函数等。SELECT 语句及其条件表达式都可以使用这些函数，同时 INSERT、UPDATE、DELETE 语句及其条件表达式也可以使用这些函数。

1. 数学函数

数学函数是 MySQL 数据库中常用的一类函数，主要用于处理数字，常见数学函数如下。

- ABS(x)：返回某个数的绝对值。
- PI()：返回圆周率。
- GREATEST()、LEAST()：返回一组数的最大值、最小值。
- SQRT(x)：返回一个数的平方根。
- RAND()、RAND(x)：返回 0~1 的随机数。
- ROUND()、ROUND(x,y)：四舍五入。
- SIGN()：返回一个数的符号，如-1，0，1。
- POW(x,y)：返回 x 的 y 次幂。
- EXP(x)：返回 e 的 x 次幂。
- MOD(x,y)：取模运算，返回 x 除以 y 的余数。
- RADIANS(x)：将角度转换为弧度。
- DEGREES(x)：将弧度转换为角度。
- SIN(x)、COS(x)、TAN(x)：正弦、余弦、正切。
- ASIN(x)、ACOS(x)、ATAN(x)：反正弦、反余弦、反正切。
- LOG(x)：返回 x 的自然对数。
- LOG10(x)：返回 x 的以 10 为底的对数。

2. 日期和时间函数

（1）CURDATE()、CURRENT_DATE()：获取当前系统日期，年、月、日。

（2）CURTIME()、CURRENT_TIME()：获取当前系统时间，时、分、秒。

（3）NOW()、CURRENT_TIMESTAMP()、LOCALTIME()、SYSDATE()：获取当前系统日期和时间，年、月、日与时、分、秒。

（4）YEAR(d)、MONTH(d)、DATE(d)、QUARTER(d)：返回一个日期的年、月、日、季度部分的整数。

（5）DAYORYEAR()、DAYORWEEK()、DAYORMONTH()：返回一个日期在一年、一

月、一周中的序数。

（6）DAYNAME(d)：返回一个日期是星期几，并显示其英文名，例如：Monday、Tuesday等。

（7）DAYOFWEEK(d)：返回一个日期是星期几的一个数字，1 表示星期日、2 表示星期一，以此类推。

（8）WEEKDAY(d)：返回一个日期是星期几的一个数字，0 表示星期日、1 表示星期一，以此类推。

（9）WEEK(d)、WEEKOFYEAR()：返回一个日期属于本年度的第几个星期。

（10）HOUR(d)、MINUTE(d)、SECOND(d)：返回一个时间点的时、分、秒。

（11）DATEDIFF(d1,d2)：计算两个日期相隔的天数。

（12）DATE_ADD()、DATE_SUB()：可以对日期和时间进行算术运算，分别用来增加和减少日期值。语法格式为：

```
DATE_ADD | DATE_SUB(d, INTERVAL int keyword)
```

其中：d 参数表示一个具体日期，INTERVAL 关键字是语法关键字，int 参数是一些整数用来表示一个时间间隔，keyword 参数表示一个时间间隔单位的关键字。

keyword 参数的取值及对应的 int 参数时间间隔值的格式如下。

➤ DAY：日期。
➤ DAY_HOUR：日期值:小时值。
➤ DAY_MINUTE：日期值:小时值:分钟值。
➤ DAY_SECOND：日期值:小时值:分钟值:秒钟值。
➤ HOUR：小时值。
➤ HOUR_MINUTE：小时值:分钟值。
➤ HOUR_SECOND：小时值:分钟值:秒钟值。
➤ MINUTE：分钟值。
➤ MINUTE_SECOND：分钟值:秒钟值。
➤ MONTH：月值。
➤ SECOND：秒钟值。
➤ YEAR：年值。
➤ YEAR_MONTH：年值-月值。

3. 字符串函数

（1）CONCAT(s1, s2, … , sn)：连接 s1, s2, …, sn 为一个字符串。

（2）INSERT(s1, x, y, s2)：将字符串 s1 从第 x 位置开始，y 个字符长度的子字符串替换为字符串 s2。

（3）LOWER(s)：将字符串 s 中所有的字符转换为小写。

（4）UPPER(s)：将字符串 s 中所有的字符转换为大写。

（5）LEFT(s, x)：返回字符串 s 最左边的第 x 个字符。

（6）RIGHT(s, y)：返回字符串 s 最右边的第 y 个字符。

（7）LPAD(s1, n, s2)：用字符串 s2 对 s1 最左边进行填充，直到长度为 n 个字符长度。

（8）RPAD(s1, n, s2)：用字符串 s2 对 s1 最右边进行填充，直到长度为 n 个字符长度。

（9）LTRIM(s)：去掉 s 中最左边的空格。

（10）RTRIM(s)：去掉 s 中最右边的空格。

（11）REPEAT(s, x)：返回 s 中重复出现 x 次的结果。

（12）REPLACE(s, s1, s2)：将字符串 s 中的 s1 更换为 s2。

（13）STRCMP(s1, s2)：比较字符串 s1, s2。

（14）TRIM(s)：去掉字符串 s 两边的空格。

（15）SUBSTRING(s, x, y)：返回字符串 s 中第 x 位置开始 y 个字符长度的字符串。

4. 控制流函数

（1）IF(expr1,expr2,expr3)函数：判断表达式 expr1 是否为真，如果为真，则返回 expr2，否则返回 expr3。

（2）IFNULL(expr1,expr2)函数：判断表达式 expr1 是否为空，如果为空，则返回 expr2，否则返回 expr1。

反侵权盗版声明

　　电子工业出版社依法对本作品享有专有出版权。任何未经权利人书面许可，复制、销售或通过信息网络传播本作品的行为；歪曲、篡改、剽窃本作品的行为，均违反《中华人民共和国著作权法》，其行为人应承担相应的民事责任和行政责任，构成犯罪的，将被依法追究刑事责任。

　　为了维护市场秩序，保护权利人的合法权益，我社将依法查处和打击侵权盗版的单位和个人。欢迎社会各界人士积极举报侵权盗版行为，本社将奖励举报有功人员，并保证举报人的信息不被泄露。

举报电话：（010）88254396；（010）88258888

传　　真：（010）88254397

E-mail：dbqq@phei.com.cn

通信地址：北京市万寿路 173 信箱
　　　　　电子工业出版社总编办公室

邮　　编：100036